新世纪文论读本　党圣元　主编

审美现代性

陈定家　选编

中国社会科学出版社

图书在版编目（CIP）数据

审美现代性/党圣元主编，陈定家选编．—北京：中国社会
科学出版社，2011.1
（新世纪文论读本）
ISBN 978－7－5004－9361－7

Ⅰ．审… Ⅱ．①党…②陈… Ⅲ．①审美分析 Ⅳ．①B83－0

中国版本图书馆 CIP 数据核字（2010）第 230134 号

策划编辑 郭沂纹
责任编辑 史慕鸿
责任校对 周 昊
封面设计 四色土图文设计工作室
技术编辑 李 建

出版发行 中国社会科学出版社
社　　址 北京鼓楼西大街甲 158 号 邮　编 100720
电　　话 010—84029450（邮购）
网　　址 http://www.csspw.cn
经　　销 新华书店
印刷装订 北京一二零一印刷厂
版　　次 2011 年 1 月第 1 版 印　次 2011 年 1 月第 1 次印刷
开　　本 890×1240 1/32
印　　张 10.75 插　页 2
字　　数 294 千字
定　　价 30.00 元

编委会名单

总序:新世纪文论转型及其问题域

党圣元

进入新世纪以来,在迅速推进的消费社会转型、电子媒介扩张以及迅猛发展的全球化等合力的交织作用下,中国文化的发展出现了许多新的景观。文化尤其是文艺审美活动,作为最敏感的意识形式,无论是其理论形态抑或实践形态,都在回应着这种剧烈的时代变动,因此相应地亦正经历着一种转型性质的变化。对于新世纪以来中国文论研究的这种转型,只有置于中国当代社会转型中加以考察,其理论价值和实践意义才能充分展示出来。在全球化语境中,从中国当代社会转型中所出现的新的社会、文化、文艺现实出发,对新世纪文论转型以及在这一转型过程中生成的一系列重大理论问题作深入、系统的探讨,对于推进顺应当代社会转型的中国文论的整体转型,推动中国化马克思主义文艺学创新体系的建设,意义确实重大。

一

新世纪以来的中国文论研究,是以理论创新为姿态,来因应世纪之交所出现的这一发展契机的。如果从千禧之年算起的话,在经历了10年的转变之后,我们可以说当下的文论研究在学术理念和方法论意识方面确实发生了重大的变化,在话语体系、理论范式上正在经历着一场重大的转型，这一切无不意味着新世纪以来的中国文论研究，又进入了一个新的发展时期。从学理层面来考察，新世纪中国文论研究在转型的过程中产生的一系列话题和论争，实际上或显或隐地表现为许多新的问题域。这些问题域包括审美现代性、生态批评与生态美学、媒介文化及其后果、文论转型与文学史理论建构等。

（一）关于审美现代性问题

新世纪中国文论转型是在全球化进程中生成的，因此也当置于全球化中来审视。我们知道，19 世纪末以来席卷资本主义世界的经济危机，尤其是两次世界大战的爆发，引发了"现代性"宿病的集中大爆发，并且促使西方学者对自己曾经热情讴歌的启蒙现代性产生了强烈的怀疑，深刻的反思也由此展开。对"现代性"弊端反思的维度是多重的，而其中的重要理论成果之一就是对"现代性"本身内在分裂的充分揭示。

"审美现代性"是现代化进程在文学艺术领域，扩大而言，在人的精神领域中所必然提出的命题。在西方，理论家们试图通过这个命题来讨论资本主义制度与审美精神的复杂关系，其中有对抗性的一面，也有同根同源的一面。尽管在现代性发轫之初，审美现代性就与资本主义的经济现代性、技术现代性等存在着对抗与互补关系，但是，对这种对抗与互补关系进行自觉而深入的反思并使之成为理论关注的焦点，却是在"现代性"宿病大爆发后，尤其是在两次世界大战前后，才较大规模展开的，其中主要理论代表有阿多诺、哈贝马斯和丹尼尔·贝尔等。丹尼尔·贝尔在《资本主义文化矛盾》中指出，后工业社会的"社会结构（技术—经济体系）同文化之间有着明显的断裂"，所揭示的实际上就是包括审美艺术在内的文化现代性与技术现代性、经济现代性之间的内在断裂。斯科特·拉什、约翰·厄里在《符号经济与空间经济》中提出，"消费资本主义"的一大重要特征是"自反性"的增强，其中包括"认知自反性"与"审美自反性"，侧重于揭示技术现代性与审美现代性之间的内在互动性。后现代社会的另一重要现象是大众文化的迅猛发展，这就进一步突出了审美现代性作为理解后现代消费社会的一种基本理论视角的重要性。

审美现代性问题很大程度上是在后现代消费转型中才凸显出来的，二战前后的西方马克思主义理论皆与西方社会新转型，尤其是消费社会转型密切相关，其后出现的西方种种社会理论也程度不等地与马克思主义有着较为密切的关联。法兰克福学派所谓的"文化批判"以及伯明翰学派所谓的"文化研究"，在很大程度上就是针对西方当代消费社会文化而展开各自的话语的。与消费社会转型密切相关的是西方学术界"语言转向"后出现了"文化转向"，所以"文化研究"引起了各学科领域的高度关注，出现了如鲍德里亚、理斯曼等研究消费社会文化的重要理论家，并对很多研究领域产生了影响。20世纪90年代以来，随着冷战的结束，市场经济的全球化全面提速，"文化转向"的势头更加强劲，出现了像费瑟斯通等重要研究者，并且提出了"日常生活审美化"等重要理论。从理论渊源上看，消费社会文化研究与马克思主义理论尤其是其政治经济学理论、法兰克福学派的文化批判理论、伯明翰学派的文化研究、法国列斐伏尔及德塞都的日常生活研究等密切相关。从方法论上来看，又与结构主义、解构主义符号学（巴特、德里达、福柯等）密切相关。消费社会文化研究与现代性、后现代主义等研究也密切相关，从学科来看，经济学有关奢侈和消费的研究是消费社会文化研究的重要组成部分之一，这方面有桑巴特、凡勃伦等重要研究者。当然，在消费社会文化研究中，"社会学"是"显学"，在这方面，丹尼尔·贝尔、弗罗姆、斯科特·拉什，以及约翰·厄里、大卫·理斯曼、波德里亚等等，都是这方面重量级的研究者。从研究对象来看，消费社会涉及了时尚（如西美尔《时尚哲学》）、身体（如乔安妮·恩特维斯特尔的《时髦的身体》）等等。这其中，波德里亚的一系列著作直接提到了文艺与美学等问题，而布迪厄的《区隔——关于趣味判断的社会批评》，更是艺术美学方面的重要著作，其中的主要观点：文艺消费活动乃是社会身份差异的生产和再生产的活动——更是成为当代消费社会文化研究重要的基本理念之一。从总体上来看，西方有关消费社会文化的理论，是以批评马克思主义的"经济决定论"为出发点的，一方面，这些理论确实揭示了马克思、恩格斯时代所未曾出现的新的社会文化现象，另一方面，总体上也产生了走向"文化决定论"的弊端。

在中国，20 世纪 80 年代中期以后，"审美现代性"问题开始引起学界注意。但是，其时关于"审美现代性"的讨论，主要还停留在观念启蒙的层面，对其的关注更多地集中在译介方面，尚缺乏深入而系统的研究，尤其是缺乏本土化的问题意识和观念立场，因此在当时的文论研究格局中并没有真正形成一个问题域。90 年代中后期以来，尤其是进入新世纪之后，文论界关于"审美现代性"的讨论出现了一个明显的变化，就是本土的社会、文化发展为"审美现代性"讨论提供了现实的土壤，现代中国文学理论学科并逐步深化，时至今日，已经渐臻成熟。从 1990 年代开始，尤其新世纪以来，中国也开始由传统的生产型社会向消费型社会转型。随之，西方的消费社会文化理论不断被引进，因而形成了"西学东渐"的又一引人注目的新景观。首先，所谓"日常生活审美化"成为文论界一段时间以来相关研究和争论的一个重要关键词，随着研究的深入，有些学者已经开始将这一问题与消费社会文化理论研究结合起来作更进一步的探讨，这方面也已取得不少研究成果。其次，与消费社会转型相关的"身体写作"现象也及时地引起了文论界的关注，许多学者开始从"身体政治"等多种角度来对此加以探讨。最后，与文论转型相关的讨论集中体现在有关"文化研究"、"文化批评"之性质和定位，及其与文艺学的关系、"文艺学学科边界"等问题的学术论争中。经过一段时间的引进、消化，新世纪中国学术界有关消费社会文化的理论研究正在全面展开，并且逐步回归学理性和趋于成熟，而其中尤为重要的是，这促进了新世纪文艺学研究的理论话语和范式的重要转型。但是，检阅新世纪十年来这方面的研究，我们认为，从总体上来说，对西方理论的引进、介绍要远远多于深入、系统的研究，而结合中国当下具体实际的本土化的问题意识尚不够自觉：一些理论在热闹的争论之后并未得到更进一步的深入探究，而在充分结合中国当代社会转型的特点，从经济现代性、技术现代化和审美现代性之间互动关系的角度而展开系统、深入的研究等方面，尚略嫌不足。

（二）关于生态批评与生态美学问题

其实，人类对自然生态的干扰和破坏早就开始了，只是人类活动对自然界施加的这种干扰和破坏行为，在后现代消费社会转型及全球化迅猛发展中愈演愈烈，因而其作为一个生存性问题，便更加凸显出来了。人文研究领域介入生态问题，有其不同于自然科学和社会科学领域的视角和价值取向，即是对于消费社会转型所带来的发达国家经济实体的过度消费能源的霸权主义，以及他们为了实现资本最大限度增殖而刺激人类过度消费行为的消费主义意识形态，采取批判的立场，并且将文化研究、文化批评的观念和方法论范式引入生态批评，使之成为一个具有终极关怀性质的本体论色彩浓重的人文性话语。在价值取向方面，则坚守了诗意生存、诗性智慧、精神和谐，以及个性化与多样性等范畴，这就为美学和文艺介入生态问题敞开了大门。

从哲学层面上来讲，生态主义首先与对西方传统文化整体上的哲学反思有关。在这方面，海德格尔对两方文化中的"人类中心主义"的批判对生态哲学的影响很大，美国学者戴维·埃伦费尔德的生态哲学著作《人道主义的僭妄》也采用了与其相近的观点。此外，亨利·梭罗的《瓦尔登湖》、蕾切尔·卡逊《寂静的春天》等，亦对西方生态主义基本理念的形成产生了重要的影响。随着生态主义理念的逐步深入人心，西方学界不断出现生态学与其他学科相结合的交叉性学科，如生态伦理学提出了"大地伦理"、"敬畏生命"、自然的"内在价值论"、"荒野"本体论等重要理念，环境社会学则有"新生态范式"、"代谢断层理论"、"苦役踏车理论"等重要理论。与此同时，又出现了生态学与文艺学、美学交叉而形成的"生态批评"学科，如美国学者彻丽尔·格罗特费尔蒂就把"生态批评"定义为"探讨文学与自然环境之关系的批评"，与此相近的还有"生态学的文学批评"或"生态学取向的批评"、"文学的生态批评"等说法。1992 年，在美国内华达大学成立了一个国际性的生态批评学术组织——"文学与环境研究会"，该组织经常举办学术研讨会，积极地推动生态批评的发展。进入新世纪以来，西方生态批评在继续发展过程中充分吸收生态主义理论的思想成果，将其运用于文学理论和文学史研究，从文艺学和美学的角度对生态主义思想作出了理论贡献，从而与生态伦理学、环境社会学等一起，共同促进了全球范围内的生态主义思潮的发展。这其中，詹姆斯·奥康纳的《自然的理由——生态学马克思主义研究》，力图将生态学与马克思主义理论结合起来，对我们尤其有理论启示。

　　生态批评和生态美学也是新世纪中国文论转型过程中出现的一个极具前沿性和热点性的研究领域。因其研究的对象和关注的主要理论问题与现实中的全球生态环境问题紧密地保持着同步关系，因此可以说，介入性、反思性、批判性是新世纪以来生态批评和生态美学发展建构过程中逐渐体现出来的一种越来越明晰的思想和学术品格，因而业已成为当前文学理论和美学研究中的一个极其重大的理论热点和前沿问题，为新世纪十年来的文艺学和美学研究，提供了一个新的学术生长点。西方的全球化理论、生态哲学、生态伦理学、环境社会学、文化批评、反思性社会学等等理论，对中国的生态批评和生态美学研究和理论争鸣产生了深度的影响。在借鉴西方的理论之同时，密切关注中国当下的生态问题；在保持对现实问题的话语发言权之同时，注重理论和学科方面的基础建设，尤其是注重发掘中国传统文化中的生态观念，是新世纪中国生态批评和生态美学发展所表现出的一个显著特点。

生态批评和生态美学之成为"显学"，体现了文艺学、美学理论研究的现实品格，同时也在相当程度上预示着新世纪文论、美学转型的一个向度。当然，当代中国的生态批评和生态美学研究，还面临着诸多学理方面的困境和问题：1. 加紧生态批评和生态美学的学科、学理建设；2. 生态批评和生态美学在 21 世纪的文论建设中要担当起促进中国传统生态观念的现代转化和赋予其普适性价值意义的重要任务；3. 揭示生态危机的思想文化根源，进行生态哲学角度的文化批判和社会批判，是中国生态批评和生态美学未来发展的主要任务。

（三）大众媒介文化及其后果问题

现代大众传播媒介乃是审美现代性与技术现代性的交汇点，或者说，作为西方当代"显学"之一的现代媒体研究，把审美现代性与技术现代性绾结在一起，形成了大众传播媒介理论研究范式。这方面，麦克卢汉提出了著名的"媒介即信息"的断言，就是说现代传媒已非仅仅只是传播信息的手段，其本身就成为信息，对人的社会活动起着重大的组织作用。因此，当代传播理论认为，"媒体"不仅只是传播信息的单纯手段，"媒体"本身也是信息生产、传播、消费的重要制约力量。创立了所谓"媒体生态学"的尼尔·波兹曼的名著《娱乐至死》，则具体地分析了大众传播媒介对人的文化、政治生活等方面所产生的巨大而深刻的影响。"娱乐化"是现代大众传播媒介的一个重要特性，这种与现代大众传播媒介不可剥离的"娱乐化"，正在深刻地改变着文艺的存在方式乃至人的基本生活方式，并且对当代文学理论话语转型产生了深刻的影响。马克·波斯特、道格拉斯·凯尔纳等对现代大众传播媒介均有较为深入的探讨。与此相关，西方学者首先提出了"图像转向"问题。有关"图像"在当代社会生活中的重大作用，鲍德里亚的"拟像"理论、德波的"景观社会"理论等，均有较为深入的探讨。图像化的现代大众电子传媒迅速扩张所产生的一个重要后果是其对以语言为载体的文学产生了严重的冲击，所以德里达《明信片》中提出了"在特定的电信技术王国中，整个的所谓文学的时代将不复存在"的论断，而希利斯·米勒则相继发表系列论文，提出了"文学终结论"问题，并且被介绍进来，引发了较大反响，成为新世纪以来文论、文化研究和论争中的热门话题之一。

新世纪以来，中国学界从传播学、文化学、社会学等多重视角对现代媒体理论的研究逐步展开，文艺学和美学研究领域也及时地注意到了当代大众媒介文化对于当下中国人的文化生产和消费的深刻影响，以及由此而产生的一系列文论问题，逐步展开了这方面的研究。十年来，文论界通过对于所谓"读图转向"、"文学性泛化"、"文学祛魅"等现象的分析讨论，对现代大众媒介文化在包括文艺生活在内的当代社会生活中的重要作用的认识越来越深入。通过对于这一问题域的讨论，与媒体研究相关的"图像转向"、"文学性泛化"、"文学终结论"等问题，已经成为新世纪中国文论中的重要话题。

现代电子媒介使"文学性"越出传统的文学领域向经济领域、大众日常生活领域扩展，这同样对传统意义上的文学的存在与发展提出了挑战。这是因为，一方面，中国新时期以来的改革开放导致了剧烈的社会转型及文化转型，因此图像社会出现所带来的文化断裂、文化冲击和文化重构的力度便更大，问题也要更为复杂和独特。另一方面，中国文论自身的学科危机、学科重建问题也日益突出，而现代媒介文化及其对文艺的影响后果的研究，使得文论界对于学科危机、学科重建问题反思的角度、维度、深广度均得以确认和强化。近年来，这方面的研究又出现了一个明显的变化，就是与本土的、现实的文化、文艺新现状的联系逐渐紧密起来了，所关注和探讨的问题的在场性初步得到了体现，从而使新世纪中国文论关于媒介文化及其影响后果的研究，初步呈现出人们期待已久的问题意识本土化和现实在场性的特点。但是，从总体上来说，新世纪中国文论对于媒介文化及其后果这一问题域所涵盖的诸多问题的讨论，基本上是在分散的情况下进行的，尚缺乏整体性的观照，而围绕现代性的发展及其内在分裂来做深入、系统的研究也显得比较薄弱，同时现象性描述多于学理性分析，这便使得一些研究论文的理论性还不够强。

（四）文论转型与文学史理论建构问题

新世纪文论转型及其问题域的形成，对于新世纪以来中国文学研究产生了多方面的影响，并且引发了文学史理论的反思和重构，由此而形成了文学史理论自身的问题域。新世纪文论转型，对于既有的文学史观念提出了挑战，而西方后现代主义、解构主义对"文学"含义的无限泛化，又使文学史的研究陷入了困境。近年来文论界关于本质主义、非本质主义与反本质主义的研究和论争，也深刻地影响了文学史研究，并且促使文学史观念发生裂变。

由于受当代社会转型、文化新语境，以及诸如全球化理论、后现代史学、后解构主义、后殖民主义、反思社会学、文化诗学、新媒介理论、新传播理论、性别诗学、生态理论、文化和文学人类学等当代理论的深层次影响，文学史理论研究在文学史的问题意识、文学史方法论、文学史观、文学史本体论、文学史功能论、文学史书写和学术史反思等方面均出现了转型性质的变化。在新的社会转型、新文学理论形态的双重推动下，产生了一批新术语和新观念，出现了一批有影响力的研究成果，形成了理论与实践形态的文学史研究间的良性互动，这些都构成了新世纪以来文学史理论研究的新格局。

在中西文化的相遇中，要建构出理想形态的文学史理论研究体系，必须切实挺立中国文学的主体意识，达成现代视野与传统资源之间的健康互动，使中国文学之自性不再是以自在的形态而潜隐，而要在明确的理论自觉中成为自为的学术追求，在充分地成就文学史理论自性的自觉意识中推进中西理论互诠互释、共生共荣，从而在古今、中西文学史理论视野的互动融合中形成新的意义世界。大体而言，问题意识的转变和研究方法的更新是新世纪文学史理论研究新格局的两个基本前提条件。

但总体来说，充分利用这些新理论探讨文学史理论重构问题的研究尚有待深入展开。

二

以上在全球化的背景中梳理了新世纪中国文论所涉及的新话语，这些新话语之间的联系是非常密切的，但是总体来看，文论界从整体的角度对这些新话语之间存在的复杂的关联性的把握还做得不够，而只有在统观的整体把握中，中国文论才能真正实现自身的理论转型，全面展开自身的理论创新。新世纪中国文论乃是对新的时代的敏锐的理论回应，因此，对其统观把握首先要求对新的时代有某种整体的把握。那么，该如何来描述和把握我们这个瞬息万变的时代呢？我们更倾向于借用"边界逾越"这一表述——更准确地说是"边界开放"或"边界交融"，来描述当下新的时代特征，这种边界开放与交融发生在政治、经济、文化之间，区域之间，民族文化之间，以及科技与人文之间、知识与经验之间、哲学社会科学各学科之间，如此等等。拉什、厄里的《符号经济与空间经济》对"边界的逾越"作了更具体的描述："经济日益向文化弯折。而文化也越来越向经济弯折。为此，两者的界限逐渐模糊，经济和文化不再互为系统和环境而起作用了"。其实，这同样适用于描述其他方面的边界开放和交融。边界封闭似可相安无事，边界开放则会带来冲突，但同时也会带来发展的大好机遇，关键在于我们如何积极应对。新世纪中国文论的转型特点，正是在诸种边界的开放与交融中体现出来的。对此，我们初步有如下的概括：

其一，新世纪中国文论具有突出的全球化和跨文化色彩，因此，如何把握好"全球化视野"与"本土化立场"之间的关系，是其中的一个重要问题。

其二，新世纪中国文论具有极强的跨学科特点，处理好跨学科研究与坚持文论自身学科立场之间的关系是其要解决的另一重要问题。

其三，新世纪中国文论的重大理论问题皆与现代性问题密切相关，而在现代性的研究框架中，文学艺术又首先直接与审美（文化）现代性相关，这种审美现代性又是相对于技术现代性、经济现代性等而言的，而后现代理论的重要贡献之一就是揭示了传统所谓的"现代性"并非铁板一块，而是存在内在分裂。因此，在今日之后现代语境中，应将其置于技术现代性、经济现代性等的内在分裂与交互作用中，来重新审视审美现代性问题。

除了从诸种边界的开放与交融来把握新世纪中国文论的转型特征外，还应注意用"范式"来总结和概括文论新转型的趋向，大致说来有以下几种范式值得注意：（1）媒体本体论范式：媒介不仅只是文艺乃至人的存在的简单手段，而且也是文艺和人的存在方式，现代电子媒介在改变文艺乃至人的生存特性方面发挥着至关重要的作用。（2）消费主义范式：局限于传统的"生产主义"范式，已无法准确理解和充分把握我们当下所处时代的新特征及包括文艺在内的人类社会文化的新特征。（3）生态主义范式：生态主义理念不仅只是应对现实生态问题的一种策略，它还促使我们重新审视人的生存及包括文艺在内的社会文化的价值和意义。

媒体、消费主义、生态主义等等，不仅只是文艺研究的新视角，而且也是在整体上影响文艺研究总体发展趋向的深层的基本理论范式，只有充分认识到这些范式的重要性并充分利用这些基本范式，才能使文论在新的时代状况下实现新的有效转型。同时，如何在统观的基础上对转型文论的哲学基础进行概括，将是新世纪中国文论转型所要完成的重要理论任务之一。

三

正是基于以上认识，我和中国社会科学院文学研究所理论室的同仁选编了《新世纪文论读本》系列，其目的不外有五：其一，通过选编此读本系列，对新世纪中国文论转型与学术推进的轨迹作一次扫描。其二，在扫描的基础上，对新世纪中国文论的"新变"进行深入的反思。其三，在反思的基础上，总结和归纳出问题域，以有利于我们发现新的学术生长点。其四，为新世纪中国文论发展的前十年立此存照，留下一个思想文档。其五，通过读本的形式，为文学专业的学生和青年研究者了解新世纪中国文论转型和发展状况，掌握文论新知识，提供一个入门的路径。

本读本系列，按照话题形式，编选新世纪以来国内文论界学者围绕这些话题所发表的有代表性的重要理论论文，由于话语的连续性，也适当地选了个别发表于 90 年代末的论文。我们所选择的话题计有：

1. 审美现代性

2. 图像转向

3. 消费社会

4. 文学终结论

5. 全球文化与复数"世界文学"

6. 生态批评

7. 身体写作

8. 文学史理论

这八个方面的话题，集中体现了新世纪中国文论转型过程中所呈现出的若干大的问题域，围绕着这些问题，学界进行了广泛而深入的理论探讨和争鸣，一定程度上已经形成了分别涵盖有若干子问题的一系列理论主题，每一话题亦初步建构起了自身的思想、知识谱系，实际上构成了 20 世纪 90 年代以来我国文学理论转型演变的问题史、观念史，并且在整体上展现出了新世纪中国文论的知识和思想状况。

在具体的编辑体例方面，我们在每卷前置一《导读》，介绍该话题的来龙去脉、主要观点，并有选编者对该话题讨论情况的深度评论。

本读本系列，被列为 2008 年度中国社会科学院文学研究所重点项目。

本读本系列，有幸被中国社会科学出版社列为出版选题，在课题的研究过程，以及读本的编选过程中，郭沂纹编辑提供了诸多建议和有力的支持，赵剑英总编和王磊主任亦为该读本系列提供了难得而珍贵的建议和支持，在此一并深谢之。

编选读本系列，对于我们来说，是一个新的尝试，加之我们对于新世纪中国文论转型及其问题域的研究，还处于刚刚开始的阶段，因此一定存在着诸多不足乃至错误。为此，我们将会以诚恳的态度，接受读者、专家同行，以及入选论文作者的批评和建议。

目　　录

问题意识与提问方式

审美现代性的诸多面孔

审美现代性的理论意义

建构"全面的现代性"

导　读

陈定家*

世界上一切坚固的东西都已烟消云散/美在丧失，群山在崩裂，森林轰轰作响/海正枯而石欲烂，黑雪翻飞于虚幻的冰川/诸神作鸟兽，一哄而散/人在急转的车轮上，在自己的空洞中/进入了无穷无尽的螺旋……

——韦白《近作八首》

　　"现代性"这个词语在西方问世了 1500 多年，[①]作为思潮在艺术与文学语境里也至少流行了 150 多年。[②]汗牛充栋的现代性研究文献表明，长期以来，中西方学界一直有大批学者紧紧围绕着现代性这一"未完成的启蒙规划"殚精竭虑、冥思苦想。特别是 20 世纪 90 年代以来，"现代

*　陈定家：中国社会科学院文学研究所编审。

①　［美］弗雷德里克·詹姆逊：《单一的现代性》，王逢振、王丽亚译，天津人民出版社 2005 年版，第 1 页。

②　这个说法可参考马泰·卡林内斯库《现代性面面观》（1977）、安托瓦纳·贡巴尼翁《现代性的五个悖论》等著作。齐格蒙特·鲍曼的《现代性与矛盾性》提到了另外两种时限：一是 13 世纪至 17 世纪末；二是限于 20 世纪上半叶，参见邵迎生译，商务印书馆 2003 年版，第 6 页注释。多数人认为现代性发源于 16 世纪的文艺复兴和宗教改革，到 18、19 世纪之交初步成形，直到今天我们继续生活在现代性的后果之中。参见汪民安等编《现代性基本读本》前言，河南大学出版社 2005 年版。本文的讨论参阅和借鉴了网络相关资料。

性"这个堪称"三代陈典"的"老概念"在中国学界表现得异常活跃，现代性启蒙话语的无限延展性和审美理论的强大穿透力更是令人大开眼界。① 如今，现代性观念已从哲学、社会学等领域全面辐射到政治学、文化学、历史学、美学、文艺学等人文学科；我们看到，当代中国的现代性研究，已经出现了学术队伍日益壮大且研究成果渐成规模的发展态势，就其引发的传统学说之激变程度而言，现代性与全球化互为表里，构成了一代学术思潮之盛况。特别是进入新世纪以后，现代性与审美现代性研究作为一种激动人心的国际化学术景观，正日益呈现出一种海纳百川的包容性、向死而生的矛盾性、重估一切的反思性和一往无前的超越性。

按照美国学者劳伦斯·E. 卡洪的说法，我们原本就生活在一个现代性世界之中："这个地球上绝大多数成员一涉足这世间就是现代性的子孙，可不管他们自己是投怀送抱还是却之不恭。"② 如果将这种观念应用到学术研究领域，我们也完全可以说，作为一名当代人文学者，无论他研究的是"东海西海"抑或"南学北学"（钱钟书），也不论是"从孔子到孙中山"（毛泽东），还是"从柏拉图到现在"（塞尔登），他/她几乎都不可能完全冲出"现代性"及其相关理论体系交织的天罗地网，因为，原本生活

---

① 2009 年元旦，笔者将"现代性"输入"卓越图书"检索，结果发现，题名包含"现代性/现代"字样的图书竟然多达4826 件。在"当当网"搜索"现代性"，结果"共有2715 种商品，其中影视（23）、图书（2646）、音乐（9）"。"中国知网"以现代性为题的论文竟然多达5007 篇，其中1981—1985 年7 篇；1986—1990 年24 篇；1991—1995 年86 篇；1996—2000 年470 篇；2001—2008 年4176 篇；博士学位论文100 篇；硕士学位论文309 篇……关于审美现代性的博士论文被收入国家图书馆的也有数十篇之多，例如：彭文祥《中国改革题材电视剧及其审美现代性研究》、李进书《法兰克福学派的审美现代性》、董燕《林语堂文化追求的审美现代性倾向》、傅其林《阿格妮丝·赫勒审美现代性思想研究》、叶世祥《20 世纪中国审美主义思想研究》、陈瑞红《审美现代性语境中的王尔德》、宋宝珍《论中国话剧的审美现代性》、艾秀梅《论日常生活及其审美化》、杜卫《中国现代美育理论现代性研究》、张辉《审美现代性批判》等，至于专著、译丛、编著的数量更是数不胜数，如周宪、许均主编的"现代性译丛"，规模宏大，视野广阔，译文精当，为言说现代性问题提供了极为丰富的理论资源。

② 劳伦斯·E. 卡洪：《现代性的困境》，王志宏译，商务印书馆2008 年版，第1 页。

在现代性世界之中的芸芸众生，谁都不可能真正摆脱"现代性子孙"的文化身份，当今时代的任何学术研究都必然要打上现代性的烙印。

一　现代性概念与审美现代性

如所周知，"现代性"是一个极为复杂的概念，中西学界有很多不同看法。根据马泰·卡林内斯库（Matei Calinescu）《现代性的五副面孔》一书考证，"现代"概念实际上至少在西塞罗（Marcus Tullius Cicero，公元前106—前43）的著作中就已有端倪可察了。但直到被称为第一次文艺复兴的12世纪那场"古今之争"，这个概念才真正具有现代意义。那是1170年前后，代表"新的诗学"的"现代人"与"古代的诗歌信徒"之间，因"美学意见明显不统一"等原因而发生的论争。不难想见，那些直到今天仍然没有被人遗忘的关于"风格和哲学"等方面的观念，对后来的文艺复兴必然产生过不可低估的影响。在布瓦洛、拉封丹和佩罗、丰特奈尔等人引发的17—18世纪的"古今之争"中，多数"现代人"都认为，美是一种超验的、永恒的典范。直到19世纪早期，自美学现代性在"浪漫主义"的外衣下对古典主义发起挑战以来，普遍可感知的、无时间性的美的概念经历了一个逐渐销蚀的过程。其间，司汤达的《拉辛与莎士比亚》（1823）提出的相对主义的浪漫主义，就其对那个时代的当下性的信奉而言，可谓是现代性觉醒的"大事件"。

学界比较普遍地认为，波德莱尔是将美学现代性同传统对立起来的始作俑者，这个公认的事实大约也是审美现代性肇始于波德莱尔的主要依据之一。波德莱尔说："现代性就是过渡、短暂、偶然，就是艺术的一半，另一半是永恒和不变。"① 这句"自相矛盾"的名言发表于1863年11月26日

---

① 波德莱尔：《波德莱尔美学论文选》，郭宏安译，人民文学出版社1987年版，第485页。这段话顾爱彬等人译作："现代性是艺术昙花一现、难以捉摸、不可预料的一半，艺术的另一半是永恒和不可改变的……"

的《费加罗报》。这里的"现代性"被用来描绘"现代生活的画家"。作者认为，"每个古代画家都有一种现代性"，因为"每个时代都有自己的仪态、眼神和微笑"。但是，"为了使任何现代性都变成古典性，必须把人类生活无意间置于其中的神秘美提炼出来"。也就是说，"现代"艺术中那些"过渡、短暂、偶然"的东西必将消逝，而某些体现"纯艺术、逻辑和一般方法"的东西则是"永恒不变的"。波德莱尔警告说："谁要是在古代作品中研究纯艺术、逻辑和一般方法以外的东西，谁就要倒霉！因为陷入太深，他就忘了现时，放弃了时势所提供的价值和特权，因为几乎我们的全部的独创性都来自时间打在我们感觉上的印记。"① 历史地看，波德莱尔这些言论的意义在于，那些可以看作是"共通美"的概念经过收缩，已与同它相对应的现代概念即所谓的"瞬时美"达成了某种微妙的平衡。

波德莱尔之后，现代性转瞬即逝、奔流不息的意识压倒并最终根除了艺术的"另一半"。传统遭到了日益粗暴的拒绝，艺术想象力开始以探索和测绘"未然"之域为时尚。现代性开启了走向反叛先锋派的门径。同时，现代性背弃自身的趋向越来越明显，尤其是普遍自甘"颓废"的矛盾心态，更是加剧了其深层的危机感。从 19 世纪上半叶的某个时刻开始，两种现代性之间的分裂日渐加剧且无以弥合，两种现代性之间自此一直是无法化约的敌对关系，尽管彼此都要竭尽全力消灭对方且都不把对方的影响放在眼里，但敌对关系的激励作用却不容小觑。② 事

---

① 波德莱尔：《波德莱尔美学论文选》，第 485—486 页。艺术作品中阿喀琉斯的一声怒吼胜过希腊联军的十年征战，花木兰的一身戎装比一场民族战争更有审美意义，因为"百战死"与"十年归"的古老模式只能为流星般的"瞬时美"提供一个象征"永恒"的背景。审美现代性颠覆传统、憎恶模式、拒绝平庸等特点都可以看作是其追慕新奇事物的外在表现。对于现代艺术而言，只有瞬间即逝的东西才具有永久的魅力。

② 两种现代性：一种是作为西方文明历史中某个阶段的启蒙现代性——它是科学和技术进步的产物，工业革命的产物，资本主义所引起的广泛的经济和社会变迁的产物。另一种是作为美学概念的审美现代性。马泰·卡林内斯库：《现代性的五副面孔》，顾爱彬等译，商务印书馆 2002 年版，第 3、48 页。

实上，正是这种针锋相对的敌对关系，锻造出了现代性思想既激越又超然的卓越品性，赋予了现代性思潮既深情又深刻的深厚内涵。

值得注意的是，作为一名比较文学教授，卡林内斯库偏爱审美/美学现代性既是兴趣使然，也是职业使然。他认为，美学现代性应被理解成一个包含三重辩证对立的"危机概念"——对立于传统；对立于资产阶级文明（及其理性、功利、进步理想）的现代性；对立于它自身，因为它把自己设想为一种新的传统或权威。这些观点既闪烁着波德莱尔的影子，也弥补了波德莱尔的偏颇。

在潜心于现代性研究的专家们培植的话语森林中，我们随时都有可能遇到波德莱尔的幽灵。例如，齐格蒙特·鲍曼（Zygmunt Bauman）关于现代性的"时期"、"秩序"和"隐忧"诸说都潜藏着波德莱尔的影子。但鲍曼显然充分利用了"时势"所提供的价值和特权，在波德莱尔的基础上提出了新的见解："现代性的历史就是社会存在与其文化之间紧张的历史。现代存在迫使其文化站在自己的对立面。这种不和谐恰恰就是现代性所需要的和谐。"① 尽管现代性研究者谈及概念来源大都会援引波德莱尔的上述名言，但诗人那些"恶之花"式的狂放言辞，根本就不能被看作是对现代性的理性化定义。

如何为"现代性"下定义，这是现代性研究中无法回避的尴尬话题。比较著名的说法来自安东尼·吉登斯的《现代性的后果》："现代性指社会生活或组织模式，大约十七世纪出现在欧洲，并且在后来的岁月里，程度不同地在世界范围内产生着影响。""在现代观念的内部，有一种与传统大相径庭的东西。……在传统文化中，过去受到特别尊重，符号极具价值，因为它们包含着世世代代的经验并使之永生不朽。""现代性动力的三种主要来源，其中每一种都与另一种相关联：时间和空间的分离；脱域（disembeding）机制的发展；知识的反思性运用。""现代性

---

① Zygmunt Bauman, *Modernity and Ambivalence*, Cambridge：Polity, 1991, p. 10.

内在就是全球化的……现代性内在地是指向未来的，它以如此方式去指向'未来'，以至于'未来'的形象本身成了反事实性的模型。"① 吉登斯对现代性的解说，包含着明确的时间、地点、历史、动力、影响、未来等因素，对现代性的本质特征及其内涵与外延皆有简要说明，从全球化的社会联系到日常生活的本质性变化等，方方面面均有涉及。尤其是其动力来源说，对现代性概念的时空分离、脱域机制和反思品格的深度阐释与新奇展开，为《现代性的后果》这一小册子奠定了经典的学术地位。

当然，现代性一向蔑视任何"别黑白而定一尊"的言论，因此，对于定义问题如果众口一词而非见仁见智，那反倒是与现代性精神格格不入的怪事。仅以西方学者对现代性的定义及其相关论述而言，颇有影响的说法就有数十种之多，譬如：马克思的"烟消云散"说，马克斯·韦伯的"世界祛魅"说、齐美尔的"心理主义"说、乌尔里希·贝克（Ulrich Beck）的"政治自由"说、马歇尔·伯曼（Marshall Berman）的"生命体验"说、迈克·费瑟斯通的"文明投射"说、米歇尔·福柯的所谓"态度"或"气质"论、于尔根·哈贝马斯的"分离"与"自律"论、斯图亚特·霍尔的"社会特征"论、亨利·列菲伏尔（Henry Lefebvre）的"反思与批判"说、伊曼努尔·列维纳斯（Emmanuel Levinas）的"认识的自由"说、弗朗索瓦·利奥塔的"发现现实"说、约翰·麦克因斯（John MacInnes）的"身份冲突"论，等等。这些五花八门的描述、定义或概说可能不同程度地抓住了"现代性"某些侧面的本质特征，但对非哲学领域的读者而言，大多数定义具有强烈的"反体系的体系化情结"，某些言论还明显失之于"后形而上学"的抽象与晦涩。某些论述

---

① 安东尼·吉登斯：《现代性的后果》，田禾译，黄平校，译林出版社2000年版，第32、47、155页。这里的"disembeding"有不同译法，如田禾译作"脱域"，王一川译作"抽离"。

具有明显的非本质主义或反本质主义的倾向，刘小枫甚至认为，现代性的本质就是没有本质。[①]

我们看到，"现代性"作为社会的一种类型、模式或阶段，最初，它主要是指西欧国家从文艺复兴到大众传媒的崛起的这段历史；在这一历史过程中，先前处于封闭、孤立状态的区域群落被大规模地整合，从而告别传统与宗教，走向个体主义、理性化和科学化社会。现代性嬗变的历史标志性事件包括：民族国家的兴起、工业化、社会主义国家的出现、代议民主制（又称"间接民主制"）的崛起、科学与技术发挥的作用愈益增大、城市化、大众传媒的增生和扩散，等等。现代西欧历史较为具体地体现为地理大发现、文艺复兴、启蒙运动、宗教改革和反宗教改革、法国革命、美国革命、工业革命等。[②] 这既是互为表里的全球化与现代性产生与发展的历史根源，也是它们赖以生存其间的文化环境。

总之，"现代性"无论作为一种观念、态度、运动、历史或任何其他东西，它首先发端于西欧，然后随着欧洲文明四五百年的扩张逐渐弥散于整个世界，这已是不争的事实。在现代性的全球化展开过程中，欧洲与美国率先铸造了一种日渐获得广泛认同的现代性模式。然而，现代性作为新兴的人类生存和生活方式，在其艰难摸索出带有普遍性和理性化的社会结构、制度框架和符号系统的同时，也在日渐走向自己的反面，并在自我毁灭与自我更新的道路上越走越快，越走越远。"现代性一直在为自己的覆灭创造条件。"[③] 然而，现代性这种矛盾性和"自反性"所造成的致命伤，却为现代审美意识的发生与发展提供了大显身手的"市场"，有如蚌病成珠，审美性从一开始就已"珠胎暗结"于现代性的自

---

① 刘小枫：《现代学的问题意识》，《读书》1994 年第 5 期。

② "哥伦比亚大学全球百科全书"，李小科编译，http：//www. xschina. org/show. phpid＝889。现代性历史演变情况也是一个众说纷纭的难题，如英国哲学家奥斯本将其分为六个阶段，周宪则将其分为三个时期。

③ 大卫·莱昂：《后现代性》（第 2 版），郭为桂译，吉林人民出版社 2004 年版，第 49 页。

调节系统之中了。作为支配认知与道德活动的理性主义强权的制衡因素与"救赎"力量,审美意识就如同现代性机车的动力减压阀和阻力调节器。不仅如此,在现代性观念萌生的"古今之争"中,正是美学批评和自然科学所体现的进步观念扮演了接生婆和清道夫的角色。哈贝马斯甚至断言,奠定现代性根基的核心观念首先发轫于美学批评。

二 现代性悖论及其理论困境

法国学者安托瓦纳·贡巴尼翁(Antoine Compagnon)在《现代性的五个悖论》中讨论了现代性的"五个悖论":对新的迷信、对未来的笃信、对理论的癖好、对大众文化的呼唤和对否定的激情。作者把"现代的传统"这个充满矛盾的术语,看作是一个不断与传统决裂过程的辩证化表述。他认为这种决裂孕育着源自根源的日趋更新。而更新的根源则注定会被迅速超越。每一代都在与过去决裂,决裂本身也就构成了传统,即"反传统的传统"或"决裂的传统":

> 这种"决裂的传统"岂不必然是对"传统"的否定和对"决裂"的否定?奥克塔维奥·帕斯在《会聚点》一书中写道:"现代的传统就是掉转头来否定自身的一种传统,这种悖论宣告了审美现代性的命运,即自身的矛盾命运:它在肯定艺术的同时又在对其加以否定,同时宣告了艺术的生命与死亡,崇高与堕落。"这相互对立的一对对词语揭示了现代既是对传统的否定,也就必然是否定的传统:它也揭示了其逻辑上的疑难与困境。①

_____

① 安托瓦纳·贡巴尼翁:《现代性的五个悖论》,许均译,商务印书馆2003年版,第1—2页。

在贡巴尼翁看来，现代传统从一条死胡同走向另一条死胡同，不断背叛自身，因为现代性原本就是这一现代传统所拒斥的东西。现代性理论的矛盾与悖论更是无处不在，哈贝马斯认为现代性是一种"未竟之业"；阿兰·杜兰（Alain Tourain）提出一个"有限的现代性"；乌尔里希·贝克把现代性看成是依赖"危机管理的危险进程"；贝克、吉登斯和拉什在体察风险社会的基础上提出了"自反性"现代化概念；布鲁诺·拉图（Bruno Latour）甚至写过一本题为《我们从未现代过》的专著；① 齐格蒙特·鲍曼的《流动的现代性》流布天下，阿诺德·盖伦却偏用"凝固化"来称呼现代文化……

在三教九流对现代性五光十色的阐释中，关于现代性的复杂性、多样性和易变性等特征的描述给我们留下了深刻印象。从新近出版的众多西方论著的核心命题中，我们可以清晰地感受到当代学人刻骨铭心的现代性之"阐释焦虑"：博格斯的《知识分子与现代性的危机》、伊凡·休伊特的《修补裂痕》、伊格尔顿的《后现代主义的幻象》、鲍德里亚的《完美的罪行》、贝克的《自反性现代性》、齐格蒙特·鲍曼的《现代性与大屠杀》《现代性与矛盾性》、戴维·弗里斯比的《现代性的碎片》、大卫·库尔珀的《纯粹现代性批判》、安托瓦纳·贡巴尼翁的《现代性的五个悖论》、吉登斯的《现代性的后果》、查理斯·泰勒的《现代性的隐忧》、卡洪的《现代性的困境》、乔万尼·凡蒂莫的《现代性的终结》、马歇尔·伯曼的《一切坚固的东西都烟消云散了》……这里的"危机"、"裂痕"、"幻象"、"罪行"、"自反"、"屠杀"、"矛盾"、"碎片"、"批判"、"悖论"、"后果"、"隐忧"、"困境"、"终结"、"消散"等组成了一个"具有某种磁力线的符号场或概念场"（韦尔默），让我们深切地体验到了学者们对现代性的关切、痴迷、焦虑、惶惑、无奈……甚至恐惧，甚至愤怒。令人惊异的是，这些焦灼错乱的非理性的"现代理性"之

---

① 参见大卫·莱昂《后现代性》（第 2 版），第 60—62 页。

导

读

9

思，至今仍旧弥漫着睥睨秩序和愤世嫉俗的波德莱尔那种"恶之花"式的气息。

美国学者理查德·沃林在《瓦尔特·本雅明：救赎美学》中说，波德莱尔（1821—1867）站在两个时代的交界点，见证了现代工业资本主义对传统生活最后痕迹的消灭，所以他是记录这一重大变迁过程最合适的人选。① 这个说法让人想起了与波德莱尔同时代的马克思（1818—1883）。处于现代性崛起时期的马克思清楚地看到，一切事物都处在生成和灭亡的不断变化过程中。正如列宁所说，在马克思从黑格尔那里继承与改造的辩证哲学面前，根本就"不存在任何最终的东西、绝对的东西、神圣的东西；它指出所有一切事物的暂时性；在它面前，除了生成和灭亡的不断过程、无止境地由低级上升到高级的不断过程，什么都不存在"。② 在重新阅读《共产党宣言》、《恶之花》等经典文献时，我们不无惊讶地发现，在对现代性纷纭万状之复杂性的描述中，那些富有激情、诗意和想象力的热血文字不仅出现在波德莱尔等诗人的笔下，而且也反复出现在马克思等思想家的笔下。

在当代理论家们的笔下，现代性的复杂性更是有增无减。譬如，齐格蒙特·鲍曼在《流动的现代性》（*Liquid Modernity*）一书中把当前的社会状况描述为"轻灵的"或"流动的"现代性，以区别昔日"沉重的"或"稳固的"现代性。作者首先从物理学意义上对"流体"（liquid）的"流动性"（fluidity）特征进行了详细的探讨，认为流体具有惊人的流动能力，它能绕过或溶解障碍，也可渗透静止的物体。在遭遇固体时，它完好无缺，而固体却被改变了，或者变得潮湿，或者被浸透。对于流体而言，真正具有意义的是流动的时间，而不是它们临时占用的空间。因

---

① 理查德·沃林：《瓦尔特·本雅明：救赎美学》，吴勇立、张亮译，凤凰出版传媒集团/江苏人民出版社 2008 年版，第 232 页。

② 列宁：《卡尔·马克思》，《马克思恩格斯选集》第 1 卷，人民出版社 1972 年版，第 6—7 页。

此，鲍曼强调说，"在描述固体时，我们可以总体上忽略时间；而在描述流体时，不考虑时间将是一个严重的错误"。这种说法表面上与福柯的"现代性不是时间概念"针锋相对，但从二者对"瓦解传统"（马克思）的基本态度看，他们的观点却又存在着惊人的相似性。

鲍曼反复以洛克菲勒和比尔·盖茨的情况为例，不厌其烦地比较"两种现代性"的差异：前者是"沉重的/稳固的"现代性的典型，后者是"轻灵的/流动的"现代性的标杆。鲍曼认为，洛克菲勒可能希望他的工厂、铁路和油井日益壮大，并且岁岁年年为我所有。而比尔·盖茨则可以随时放弃令他自豪的职业，且不为之遗憾，因为在一个流变万端的时代，"坚守成功便是失败"。在今天，是商品令人难以想象的流通、成熟、倾销和更替的速度——而不是商品的经久耐用和持久的可靠性——给业主带来利润。与长达数千年的传统引人注目不同的是，今天，强人们憎恶、躲避持久性的东西，并珍爱短暂性的事物，然而，却是那些失败者——尽管有极大的困难——正在激烈地抗争，以使他们微不足道、没有价值、昙花一现的所有权持续得更久一点，并提供更为长久的服务。① 两代人的比较，生动形象却又相当深刻地揭示了工业现代性与后工业现代性（后现代性）之间的本质区别。

在鲍曼看来，现代性之所以不可遏制地一路狂奔，这倒不是因为它希望索取更多，而是因为它获得的还不够；不是因为它变得日益雄心勃勃、更富冒险性，而是因为它的冒险过程已日益令人难堪，它的宏大抱负也不断受挫。有如一个怀着乡愁冲动四处寻找家园的浪子，一刻不停地跋涉在危机四伏的征途上，他左冲右突，忧心如焚，却始终不知道何

---

① 齐格蒙特·鲍曼：《流动的现代性》，欧阳景根译，上海三联书店 2002 年版，第 20 页。鲍曼的 liquid 若译作"流质的"似乎更能够体现现代性的多变性特征，康有为评梁启超之善变就挑选了"流质"二字。此外，罗义华的《论梁启超的"流质性"与转型期中国文学的现代品格》（2007），借鉴鲍曼的"流质现代性"理论研究梁启超的"流质易变性"，成功地将"流质性"观念融入中国文学研究视野，值得关注。

处是归程。用本雅明的话来说，在根本就没有路的地方，现代性却处处开辟出新路来，但恰恰因为如此，"他总是使自己置身于十字路口，这一刻不知道下一刻会发生什么，他将存在的事物化为瓦砾，并不总是为了瓦砾本身，而是为了那条穿过瓦砾的道路"。① 现代性的历时过程延展于无以为继的昨日和不可企及的未来之间。这里没有过渡地带。光阴如流，时间最终消融于苦难之海，从而使指示物得以继续漂浮下去。② 这种难以琢磨的易变性和令人焦虑的不确定性，学者们有各种各样的解释，但其根本原因究竟何在，至今仍众说纷纭。相较而言，《共产党宣言》为我们提供了一种颇为令人信服的答案：

> 资产阶级除非对生产工具，从而对生产关系，从而对全部社会关系不断地进行革命，否则就不能生存下去。反之，原封不动地保持旧的生产方式，却是过去的一切工业阶级生存的首要条件。生产的不断变革，一切社会关系的不停的动荡，永远的不安定和变动，这就是资产阶级时代不同于过去一切时代的地方。一切固定的古老的关系以及与之相适应的素被尊崇的观念和见解都被消除了，一切新形成的关系等不到固定下来就陈旧了。一切等级的和固定的东西都烟消云散了，一切神圣的东西都被亵渎了。人们终于不得不用冷静的眼光来看他们的生活地位，他们的相互关系。③

由此不难看出，伯曼把马克思说成是"对现代性发难的始作俑者"是颇有道理的。因为他"是理解了资本主义具有永远都既是压迫力量又是解放力量这种根深蒂固的矛盾本性的第一人"。而这一点正是此后逐渐得到

---

① 戴维·弗里斯比：《现代性的碎片》，卢晖临等译，商务印书馆2003年版，第4页。
② 齐格蒙特·鲍曼：《现代性与矛盾性》，邵迎生译，商务印书馆2003年版，第17—18页。
③ 《马克思恩格斯选集》第1卷，第254页。

发展的"辩证的现代性理论"的核心信条。在马克思看来，资本主义依靠生产的不断革命化来维持自身的生存，由于生产资料和产品销路永无满足的需要，驱使资产阶级奔走于全球各地。它必须到处落户，到处开发，到处建立联系。"由于一切生产工具的迅速改进，由于交通的极其便利，把一切民族甚至最野蛮的民族都卷到文明中来了。它的商品的低廉价格，是它用来摧毁一切万里长城、征服野蛮人最顽强的仇外心理的重炮。它迫使一切民族——如果它们不想灭亡的话——采用资产阶级的生产方式；它迫使它们在自己那里推行所谓文明制度，即变成资产者。一句话，它按照自己的面貌为自己创造出一个世界。"① 即一个不断变革，永远动荡，永不安定的世界；一个全球化的世界；一个流动不居、瞬息万变的世界；简而言之，资本主义按照自己的面貌创造出一个"现代性"的世界！

从现代性的视角来看，马克思的全部著作几乎都会直接或间接地与现代性观念产生这样或那样的联系。例如，罗伯特·安托尼奥编的《马克思与现代性：核心读本与评论》② 一书，实际上可以说是一本"现代版"的"马克思恩格斯选集"，从《共产党宣言》到《法兰西内战》，马克思、恩格斯的大多数知名论著都被安托尼奥编入了关于"现代性"的"核心读本与评论"之中。特别是《共产党宣言》，它比较普遍地被认为是最高亢、最激越、最深刻、最精辟的现代性和审美现代性理论的范本，譬如美国学者马歇尔·伯曼就曾盛赞《共产党宣言》是"第一个伟大的现代主义艺术品"，他甚至干脆将马克思的名言冠为著作之名：《一切坚固的东西都烟消云散了》。

类似的例子俯拾即是，如斯科特·拉什和约翰·厄里的《符号经济

---

① 《共产党宣言》，《马克思恩格斯选集》第 1 卷，第 254—255 页。

② *Marx and Modernity: Key Readings and Commentary*, edited by Robert Antonio. Malden, MA: Blackwell, 2002.

与空间经济》开篇即赞叹说："最先分析现代性的"马克思在"令人惊诧的而立之年"就提出了"随着现代性的到来，'一切坚固的东西都会烟消云散'的洞见"，并认为马克思应对社会结构巨变的"锦囊妙计"就藏在《资本论》中。拉什和厄里借鉴马克思的"资本流通"理论，创造性地论证了"流动"对"空间化时间"的意义，在"流动空间替代地点空间"的状况下，他们追问："资本、形象、思想、技术、人员的来去匆匆、铺天盖地，会令地点消失，变得无影无踪吗？主客体的这一强流动性难道不会产生无地点性吗？"古往今来，地点始终在受到再造，而全球性流动使这种再造日益加快。最后，拉什和厄里仍然用马克思的话结束了他们合作的厚重著述："一切建造的东西或一切'自然的'东西都融入了形象。"① 毫无疑问，这里的形象包含着现代性的错综复杂的人间万象和矛盾重重的社会百态。

现代性林林总总的悖论和重重叠叠的困境，有如盘根错节且斑驳无序的热带雨林，任何探险者开辟的路径都只具有极为有限的延展性，当执著于现代性理论的拓荒者移步远去，他们身后依旧荆棘密布，斜枝杂树很快掩盖了先驱们的足迹。一方面，现代性与生俱有的那些难题和悖论所交织的文献如恒河沙数，它们斑斓芜杂，异彩纷呈，乱花迷眼，枝蔓张狂，任凭是谁也都难以从举步维艰的话语丛林中清理出一条亚里士多德式的大道来。另一方面，具有强烈"自反性"的现代性以摧枯拉朽之势，彻底地粉碎了一切体系建构冲动和整一性情结，黑格尔式的"总体化图景"早已支离破碎。不仅如此，流质的现代性早已从知识分子阶层的沙龙四散于大众狂欢的广场，汇入日常生活的洪流之中，"它四处逃逸，不容任何约束力的存在"（肖布朗）。

尤其值得注意的是，现代性还与现代化有着千丝万缕的联系。影响

---

① 斯科特·拉什和约翰·厄里：《符号经济与空间经济》，王之光等译，商务印书馆2006年版，第2、438页。

日益深广的"现代性研究译丛"的"总序"指出:"现代性总是和现代化过程密不可分,工业化、城市化、科层化、世俗化、市民社会、殖民主义、民族主义、民族国家等历史进程,就是现代化的种种指标。……现代性并非一个单一的过程和结果,毋宁说,它自身充满了矛盾和对抗。社会存在与其文化的冲突非常尖锐。作为一个文化或美学概念的现代性,似乎总是与作为社会范畴的现代性处于对立之中,这也就是许多西方思想家所指出的现代性的矛盾及其危机。"① 在《审美现代性批判》、《文化现代性与美学问题》等书中,周宪也反复强调过现代化与现代性的矛盾与共生关系。

的确,在现代性的家族相似概念体系中,"现代化"无疑是一个至关重要的概念。在詹姆逊的著作里,"现代化"一词与冷战时期宣传用词为伍,据说在马歇尔计划时期,苏联流行着一种斯大林主义的现代化,它坚持技术和重工业出口,坚持赶上所谓的现代国家。在詹姆逊看来,"现代化"这个术语的启示作用是多方面的。首先,它突出了技术问题的不可回避性——在美学中,想到勒考比西埃对轮船的赞美或布莱希特对飞机的赞美——并使我们对科学技术带来的物化危险保持警惕;其次,它还强调了写实艺术和社会历史叙事的重要意义——这种历史还没有陷入标准的观念历史的诱惑,崇拜伟大的科学发明和伟大的工业和技术革命。②

基于类似的考虑,一种比较流行的看法是,理性化是现代社会赖以形成的基石,而现代社会的理性化主要表现为自然科学的飞速发展、科层制的广泛采用、技术的无孔不入的扩张、社会各个领域的标准化和人的理性化。主体性的张扬、理性化的加速和资本的扩张,这就是现代社

---

① 周宪、许均:《现代性研究译丛·总序》,见《现代性的碎片》,商务印书馆2003年版。

② Marion J. Levy, *Modernization: Latecomers and Survivors.* pp. 32—33. 弗雷德里克·詹姆逊:《单一的现代性》,第108—109页。

会的三大支柱。这三个方面促进了人类社会的巨大进步，塑造着人们的物质生活和精神生活。但是，现代性是一把双刃剑，它在带来社会发展的同时也产生了许多弊端：一是主体恶性膨胀，其直接后果是人与自然分离，自然资源的无限制开发和掠夺导致的生态危机、环境恶化、资源匮乏等。人与自然关系的外在化也必然伴随着人际关系的异化和人自身的异化，这种异化扩展到文化、政治等社会生活的各个领域。二是理性的作茧自缚即韦伯所谓的"理性铁笼"。① 当标准化、均质化、规范化的理性化成为衡量一切事物的尺度时，人反而变成了自己编织的理性牢笼中的囚徒。我们看到，不仅查理斯·泰勒关于现代性的"三大隐忧"——道德视野的褪色、工具理性的猖獗、人之自由的丧失——无不与此相关。从更宽泛的视角看，前文提及的现代性之"完美的罪行"、"自反性"、"矛盾性"、"碎片"、"悖论"、"后果"、"困境"、"终结"与"烟消云散"，等等，无不与现代性之"曲折和展开"形影不离的种种弊端与悖谬密切相关。

三　审美现代性与后现代主义

关于现代性的本质特征，马克思和恩格斯于1848年发表的《共产党宣言》无疑是最为震撼人心的权威说法之一，两个初出茅庐的年轻人，激情奔涌、文思喷发，以大无畏的精神撕破了"存在即是合理"的道德哲学的铁幕。马克思主义"碰巧"诞生在那个"不知道黑格尔的人就没有说话权利"（托尔斯泰）的时代，此后不久，"突然所有关于他（黑格尔）的一切没有了踪影，甚至没有关于他的任何线索，好像他不曾存在过一样"。②

---

① 江文富：《关于现代性研究的一些思考》，《哲学研究》2007年第7期。
② 列夫·托尔斯泰：《论科学和艺术的价值》，黄琼岚、黄丽嫣译，江苏教育出版社2006年版，第5页。

哲学大师的无上权威和优雅风范，经不起时代骤然而起的风吹雨打，转眼之间"烟消云散"了。

1880年，恩格斯在《社会主义从空想到科学的发展》中对《共产党宣言》中的革命性论断进行了精辟而具体的描绘。他清楚地看到风云激荡的西方社会正在发生翻天覆地的巨变，理性与科学，替代了君临万物的上帝。宗教、自然观、社会、国家制度等一切传统观念都受到了最无情的批判。"一切都必须在理性的法庭面前为自己的存在作辩护或者放弃存在的权利。思维着的悟性成了衡量一切的唯一尺度。……从今以后，迷信、偏私、特权与压迫，必将为永恒的真理，为永恒的正义，为基于自然的平等和不可剥夺的人权所排挤。"但是，人们很快发现，资产阶级这个所谓的"理性王国"在你死我活的残酷竞争和疾风骤雨式的社会变革过程中迅速土崩瓦解了：

> 早先许下的永久和平变成了一场无休无止的掠夺战争……以前只是暗中偷着干的资产阶级罪恶却更加猖獗了。商业日益变成欺诈。革命的箴言"博爱"在竞争的诡计和嫉妒中获得了实现。贿赂代替了暴力压迫，金钱代替了刀剑，成为社会权利的第一杠杆。初夜权从封建领主手中转到了资产阶级工厂主的手中。卖淫增加到了前所未有的程度……总之，和启蒙学者华美的约言比起来，由"理性的胜利"建立起来的社会制度竟然是一副令人极度失望的讽刺画。①

悲凉之雾，笼罩欧洲，失望情绪，四处弥漫。随着现代社会理性化进程的日渐深入，崇高的终极关怀、神秘的彼岸信仰、克制私欲的美德等传统价值观念都已从公共生活中销声匿迹，甚至家庭生活温情脉脉的面纱也被赤裸裸的金钱交易撕得粉碎。社会结构的物化成为必然，心灵自由

---

① 《马克思恩格斯选集》第3卷，人民出版社1972年版，第404、405、408页。

的丧失无可避免，过去那种神人以和的非理性宗教模式也渐渐被非人格化的货币模式所取代，过去，对纯洁的圣徒来说，身外之物只应是"披在他们肩上的一件随时可甩掉的轻飘飘的斗篷"。① 然而，命运却注定这个斗篷必将变成一只囚困现代人的铁笼。社会学之父马克斯·韦伯对现代人的"铁笼"生涯是否会导致文化精神的全面倾覆深怀忧虑："有人精通于专门之学却没有了性灵，有人沉溺于酒色却没有了真情实感；这种虚无状态自以为是，认为它已经到了前所未有的文明程度。"② 这种悲观而深刻的洞见，即便在物欲横流、信仰失位的今天，仍然具有振聋发聩的警世力量。

随着启蒙理性逐渐演变成恶性膨胀的工具理性，自然科学几乎变成了真理的化身。与此同时，"上帝之死"（尼采）和"西方的没落"（斯宾格勒）造成了无可挽回的社会心理颓势，"精神世界的崩溃"使原本光怪陆离的人间万象变得更加匪夷所思。一方面人们开始纷纷藏起自己的良心，倚仗现代技术的恩宠，像放肆的动物那样遵循快乐原则寻欢作乐而毫无顾忌（托尔斯泰）。另一方面又常常因为"面对现实无能为力而心烦意乱"（李普曼）。尤其是在知识分子中间，"早先对实证主义科学的批判，发展成为对整个科学的不满，他们认为科学已经完全被工具理性所同化了。……理性已经被放逐出了道德和法律领域。因为随着宗教—形而上学世界观的崩溃，一切规范标准在惟一保留下来的科学权威面前都名声扫地"。更糟糕的是，两次世界大战使得"理性的最后一点光芒已经从现实中彻底消失了，剩下的只是坍塌的文明废墟和不尽的绝望。……历史在它快速发展的瞬间，凝固成了自然，并蜕变为无法辨认

---

① 马克斯·韦伯：《新教伦理与资本主义精神》，于晓、陈维纲等译，生活·读书·新知三联书店1987年版，第142页。

② 劳伦斯·E. 卡洪：《现代性的困境》，第20—21页；韦伯的这段名言，于晓、陈维纲的译文极为流行："专家没有灵魂，纵欲者没有心肝，这个废物幻想着它自己已达到了前所未有的文明程度。"《新教伦理与资本主义精神》，第142页。

的希望之乡"。① 从哈贝马斯的这些转述中，我们能够清晰地感受到阿多诺和霍克海默对"启蒙理性"的深度失望。

从一定意义上说，正是从对启蒙的绝对信任到极度失望的突转过程中，审美现代性的救赎、宽容和反思意识才获得了萌生与成长的土壤。自康德明确提出启蒙应成为时代的"核心文化追求"之后，人们已开始普遍地把启蒙理性看作新世界的"辉煌日出"，看作人类"真正的救星"。启蒙的欢呼声在欧洲的上空日夜回响，人们甚至认为，"在解除了魔咒的条件下，科学理性主义的'救赎'已理所当然地被视作'生活的根本前提'"，② 在一个充满暴力、欺诈和剥削的"绝望时代"，"启蒙是我们唯一的希望，仅仅是批判启蒙就是故意向堕落屈服"。③ 然而，被启蒙压抑的声音，很快出现了报复性的反弹，审美现代性摆出一副决战者的激进姿态进入了现代性思潮无休无止的混战之中。

当然，对待现代性和审美现代性这样复杂的研究对象，激进操切和敷衍塞责都是不可取的态度。库尔珀曾批评那些将现代性等同于科层化和技术性的人太过草率，王蒙甚至断言一切把问题说得像"小葱拌豆腐那样一清二白"的言论都是不可信的。④ 我们也意识到，就像不能将启蒙与理性等同于现代性一样，也不能将启蒙现代性对审美现代性的催生作用绝对化，也就是说，对启蒙现代性"华美约言"的极度失望并非审美现代性乘势而起的唯一动因。事实上，现代美学的诞生及其曲折的发展历程，始终伴随着意欲对欧陆理性主义至上倾向补偏救弊的各种文化思潮。康德论证了审美的非功利特征，席勒从审美现象中寻找人性分裂的救治功能，黑格尔指出审美带有令人解放的性质，所有这些表述均彰

---

① 于尔根·哈贝马斯：《现代性的哲学话语》，曹卫东等译，译林出版社 2004 年版，第 128、134 页。

② W. 施路赫特：《理性化与官僚化》，顾忠华译，广西师范大学出版社 2004 年版，第 41 页。

③ 托马斯·奥斯本：《启蒙面面观》，郑丹丹译，商务印书馆 2007 年版，第 12 页。

④ 王蒙：《我的处世哲学》，http://book.sina.com.cn，2003 年 7 月 18 日。

显了审美在现代社会中的独特性质。这种思想到了韦伯那里，径直表述为现代社会的工具理性化为审美的"世俗救赎"提供了背景。① 作为启蒙现代性的对立面和批判力量，审美现代性日渐成长为维系现代社会精神生态平衡的最重要的思想主潮之一。

我们还看到，现代社会最突出的特点之一是宗教图景的骤然瓦解和精神凝聚力的日渐涣散。社会观念的急剧动荡和突然变化，不可避免地会激起蛰伏于仁人志士内心深处的"救赎"欲望。譬如，席勒在《审美教育书简》中提出了以艺术代替宗教的设想，他试图以艺术建立共同感来维护统一的社会"公共特征"。谢林也看到了艺术能够带来自由与必然的最高统一，能够引导人们达到"认识最崇高事物"的境界，使无限的矛盾得到高度的统一，并产生"无限和谐的感受"。他写道："艺术对于哲学家来说就是最崇高的东西，因为艺术好像给哲学家打开了至圣所，在这里，在永恒的、原始的统一中，已经在自然和历史里分离的东西和必须永远在生命、行动和思维里躲避的东西仿佛都燃烧成了一道火焰。"在谢林看来，是艺术而非哲学，在陷入极端反思的现代条件下，"保护着那道曾经在宗教信仰共同体的隆重祭祀中燃烧起来的绝对统一性的火焰。艺术以一种新的神话面貌重新获得了其公共特性"。② 这也许还不是我们期许的审美现代性的火焰，但至少它们之间明显具有足以彼此辉映的可能性。

哈贝马斯在分析"黑格尔的现代性观念"时，也附带地讨论了席勒的《审美教育书简》，他说："现代艺术是颓废的，但也因此正在迈向绝对知识。古典艺术仍然保持其规范性。但最终还是被现代艺术合理地取代了：'虽然古典艺术形式在艺术感官化方面已经达到了极致。'（黑格

---

① 周宪：《审美现代性批判》，商务印书馆2005年版，第9页。
② 谢林：《先验唯心论体系》，商务印书馆1983年版，第226—227页；转引自陈嘉明等《现代性与后现代性》，人民出版社2001年版，第9页。

尔）不过，艺术领域自身的局限性在浪漫主义的消解倾向中有着明显的表现，而对此的反思却还缺乏素朴性。"尽管哈贝马斯在"前言"中将"艺术和文学中的现代主义问题"排除在自己讨论的话题之外，但在他的"现代性的哲学话语"中我们仍然可以看到艺术和文学中的现代主义以及现代性问题几乎无处不在。事实上，在哈贝马斯的这些讲稿中，"艺术"、"诗歌"、"审美"等词汇始终都在其频繁使用的关键词之列。在该书的开篇之作《现代的时代意识及其自我确证的要求》一文中，他说：

> 我们要是循着概念史来考察"现代"一词，就会发现，现代首先是在审美批判领域力求明确自己的。18世纪初，著名的古今之争导致要求摆脱古代艺术的样本。主张现代的一派反对法国古典派的自我理解，为此，他们把亚里士多德的"至善"概念和处于现代自然科学影响之下的进步概念等同起来。他们从历史批判论的角度对模仿古代样本的意义加以质疑，从而突出一种有时代局限的，即相对的美的标准。①

众所周知，哈贝马斯的现代性思想的深刻影响主要发生在"从现代性转向后现代性的热烈讨论中"。哈贝马斯在1980年接受"阿多诺奖"时发表的《现代性对后现代性》是学界公认的"审美现代性"研究的经典之作。他认为："审美现代性的特征体现为在变化了的时间意识中探寻共同焦点的态度以及这种时间意识通过前卫派或先锋派这类隐喻得以表现出来。先锋派就把自己看作一种对未知领域的闯入，并使自己处于突发的危险之中，处于令人震惊的遭遇之中，进而征服尚未为人类涉足的未来。先锋派必须在那些看来还无人问津的领地中寻找方向。"令人疑惑的是，哈贝马斯同时提醒他的听众："现代性的冲动被耗尽了。任何认为

---

① 于尔根·哈贝马斯：《现代性的哲学话语》，第42、10页。

自己是先锋派的人都会读到自己的死亡宣判书。虽然先锋派仍被认为还在扩大，但它被认为已经失去了创造性。尽管现代主义仍具有支配地位，但是它已寿终正寝。"① 联想到后来他把荣膺"阿多诺奖"的答谢辞改为《现代性——一项未完成的设计》，我们对其"耗尽"、"死亡"、"寿终正寝"等说法不免产生了一些困惑。

即便在他的同胞甚至他的学生那里，哈贝马斯的自相矛盾也是令人生疑的。沃尔夫冈·韦尔施认为，哈贝马斯的这篇"攻击后现代"为"新保守主义"的著名演说，使人们"有理由猜测，现代的事业最后会转化为后现代的事业"。"哈贝马斯断言，先锋派艺术终结，就足以宣告后现代主义的产生——这种看法产生了一种附带的刺激性效果，似乎早在 1980 年哈贝马斯就是一个后现代主义者。"② 这也难怪哈贝马斯的学生阿尔布莱希特·维尔默会在《论现代与后现代的辩证法》中放弃他这位老师的"整合战略"而转向利奥塔的后现代的多元性策略。

哈贝马斯从现代立场出发，斥责后现代为"新保守主义"，这段颇为暧昧的公案至今依然扑朔迷离，以致哈贝马斯究竟是后现代的敌人还是盟友似乎也成了难解之谜。对此，安托瓦纳·贡巴尼翁的"悖论说"也许能为我们提供一些启示："如果说现代性是对现时的痴迷，而先锋性是历史性的一次冒险，那么拒绝被人们以历史的术语加以思考的后现代的意向性看来对现代性的敌意便少于对先锋的敌意。除非是一种犬儒主义的、商业的变种——这是媚俗的最后一个灾难——后现代主义并不反对波德莱尔的现代性，因为后者也始终被先锋主义所背叛。它所要反对的，是历史先锋最典型的对进步与超越的偶像化崇拜。"但令人困惑不解

<hr />

① 周宪主编：《文化现代性精粹读本》，中国人民大学出版社 2006 年版，第 139—140 页。

② 沃尔夫冈·韦尔施：《我们的后现代的现代》，洪天富译，商务印书馆 2004 年版，第 242、246 页。

的是——"后现代是否比现代更现代?"① 这些关于现代性与后现代性的悖论,让人联想到彼得·科斯洛夫斯基之"后现代古典主义"的情形。

尽管我们对"古典的妖魔"处处严加防范,但来自古典的诱惑依旧魅力难挡。"以往,后现代古典主义被看作一种悖理,一种自相矛盾的东西。但是现代性延续了如此之久,人们无法阻止现代性渐而开始接受古典主义的东西,并且导向一种后现代古典主义的综合。"② 其实,我们也能够在哈贝马斯的《后形而上学思想》和韦尔默的《后形而上学现代性》中受到启悟,那就是后现代所具有的一种海纳百川的包容与综合,它既要避免传统形而上学的"理性陷阱",又要保有启蒙理性之批判锋芒。一言以蔽之:"后现代性"就是"现代性"——就是"反思性"现代性的内省与外突,是"自反性"现代性的回归与拓展——比较确切的说法是,"后现代"是"现代"的继续,更为确切的说法是:后现代性其实就是现代性本身。

令人疑惑的是,长期以来,现代性与后现代性的关系一直是一个纠缠不清的问题。奥斯卡·拉封丹说,现代性已经堕落成时髦的概念,在这种概念下你什么都可以去想。尽管大卫·库尔珀的《纯粹现代性批判》和詹姆逊的《单一的现代性》风行一时,但谁都明白,实际上根本就不存在什么"纯粹的现代性",更不用说什么"单一的现代性"了。意味深长的是,詹姆逊这个世所公认的后现代大师如今对现代性产生了浓厚兴趣,他竟然会援引吉登斯的话说:"我们不是在进入一个后现代性的时期,而是在进入一个现代性的后果正走得比以往更激进化、更普遍化的时期。"在他看来,现代性是一系列的问题和答案,它们标志着未完成或部分完成的现代化的境遇的特征;后现代性是各种倾向于更完善的

---

① 安托瓦纳·贡巴尼翁:《现代性的五个悖论》,第140—141、138页。

② 彼得·科斯洛夫斯基:《后现代文化——技术发展的社会文化后果》,毛怡红译,中央编译出版社1999年版,第173页。

现代化的境遇中获得的东西。① 正如《现代性哲学话语》让韦尔施对哈贝马斯的现代主义者身份提出质疑一样,《单一的现代性》不禁让我们对詹姆逊的"后现代大师"身份产生了怀疑。

严格说来,古典、现代、后现代原本只是同一条奔流不息的历史长河,人为的分界并不能割断它们之间气脉相通的本质联系,它们之间的种种矛盾与悖论实则是其相互依存的证明。"如果我们把后现代状况与20世纪的艺术的基本特征对比,也会发现它们之间惊人的一致。觉醒中的现代一步步地获得的轰动一时的东西在后现代变为理所当然的和普遍的东西。由火山喷出的东西变成了土地。如果我们把现代的社会的分化理解为多元化的持续的动力,如果由于科学的现代多元性的意识变得必不可少,那么这种多元性在现代艺术里找到了自己的榜样。那么,现代艺术是什么呢? 它是艺术的古老的和整体的本质的一种巨大分解,是对如此纷繁多样的艺术因素的卓越的加工和纯粹的表现。"② 韦尔施的这番话,让人想起了周宪谈审美现代性的四个层面——审美救赎、拒绝平庸、宽容歧义、审美反思。在二者看似毫不相干的高论中,我们获得了这样的洞见:在"喷发的火山"与"沉寂的大地"之间,救赎与平庸的分别在哪里? 歧义及其反思意义又何在? 一切坚不可摧的东西烟消云散了,而烟云浮泛的东西反倒凝成了铁幕坚冰!

《圣经》上说,"太阳之下没有新东西"。大地之上又有什么是永恒不变的呢? 今天,我们已经清楚地看到,波德莱尔从现代性无休止的永远前进的滚滚车轮中"抓拍"的"静态"画面已失却了当年光彩照人的颜色,即便艺术生产者仍然在挥汗如雨或醉生梦死的氛围中过活,那些必将腐朽之物仍然随着"短暂"的狂歌痛饮而尘归大地,但是,年年岁

---

① 弗雷德里克·詹姆逊:《单一的现代性》,第 23 页。必须指出的是,对詹姆逊的"单一"不可望文生义,他所说的单一主要是指全球化背景下民族—国家的生产和市场正在纳入单一的范畴。

② 沃尔夫冈·韦尔施:《我们的后现代的现代》,第 292—293 页。

岁花相似，只是相似；岁岁年年人不同，毕竟不同。如果说人类艺术与审美精神中确实存在着某些生生不息、历久弥新的所谓"不朽"的东西，那也只是岁月长河周而复始的淘洗与磨砺的结果，因其不断改变，从而熠熠生辉。

我们看到，在文学艺术领域，群星璀璨的"现代性"夜空，奇光四射，异彩纷呈，令人目不暇接，可以说，形形色色的现代主义为过去的两个世纪的文学艺术创造了最富时代特色的丰功伟绩。但我们也看到，在现代主义主要以想象建构的自由的心灵世界里，现代性的矛盾性也有十分突出的表现。长期以来，"现代"一词一直都是明指或暗示某种邪恶、荒诞、怪异等不好的东西。譬如，艾伦·塔特（Allen Tate）就明确地指出："'现代的'暗示出一种历史的中断感，一种陌生、失落和惆怅感（a sense of alienation，loss，and despair）。它不仅抛开历史，而且也抛开了传统的价值和观点，甚至同样抛开了人们用来表述和传播这些价值和观点的华丽文词，我们认为自我和内心的自我存在高于人的社会存在。现代主义则看中无意识而轻视意识。信奉弗洛伊德和荣格心理学的现代主义艺术以挖掘无意识和创造神话世界为乐事，并乐于充当现实主义和自然主义以及赖以产生的科学理论的反叛者。现代主义作家往往沉湎于与现实有序世界迥然有异的纷繁无序的内心世界。"① 今天我们回望那已成为历史的流金岁月中喧哗与骚动的天光云影——马克思、涂尔干、韦伯、弗洛伊德、海德格尔、萨特、波德莱尔、里尔克、瓦莱里、卡夫卡、迪伦马特、乔伊斯、尤奈斯库、阿斯图里亚、奥里埃、杜拉……这一串串闪光的名字，仍然是当代审美文化中最富有生命力的组成部分，现代主义大师们所创造的那些真正具有历史价值的哲学、美学和文学作品既是当代世界的精神瑰宝，也是当代人得以诗意栖居的心灵化家园，因为

---

① 范岳等编：《现代西方文化艺术词典》，辽宁教育出版社1996年版，第382—383页。

他们的思想与艺术仍然充满生机与活力，仍旧像他们生前一样饱受争议与追捧，被视为经典或异端，总之，他们开创的"现代性"的伟业还是一项"没有完成的工程"，一切仍在不断的变化过程中。

如前所述，当马克思预言的全球化真正到来之时，现代性问题不仅没有陷入沉寂状态，恰恰相反，它竟然成为一个更加引人瞩目的学术热点问题。今天，在当代审美文化领域，"'审美现代性'几乎垄断了我们关于美学这个学科的知识。……也统治了我们对艺术的认识。'艺术'一词本来在西方具有技能或技巧，甚至魔法的意义。……只是由于'现代性'所形成的人的分工，才出现了人群间的分化，才出现从事艺术活动的人与从事其他活动的人之间的分化，出现有关艺术的'灵韵'感，并将'艺术'用大写字母开头"。① 从一定意义上说，以大写字母开头的艺术正是审美现代性诞生的重要标志之一。

从一定意义上说，中国现代性的源头大约可以追溯到鸦片战争时期，但直到新文化运动时期才引来了第一个高潮。由于历史的特殊性，中国现代性始终与革命和救亡纠缠在一起。鸦片战争之后的一百多年，审美在现代性进程中始终处于被压抑的从属地位。直到 20 世纪 80 年代，在个性解放和思想自由的旗帜下，审美意识与现代性的关系发生了重大变化。按照金惠敏先生的说法，80 年代文艺审美意识的觉醒，在一定程度上支持和推动了现代性潮流。当年有关文学意识形态性的论争，如所谓"向内转"、重审"大地与云霓"的关系、"回归文学自身"、关注"自律性"、加强"内部规律"研究等观点，都可以说是审美意识觉醒的具体表现。与此同时，文艺市场群情雀跃，大众文艺高歌猛进，武侠小说横行天下，言情作品倾倒众生……整个社会为沸腾的欲望而惶惶不可终日。当审美现代性成为当代中国文化界的热门话题之时，不知不觉之间，审

---

① 高建平：《评周宪〈审美现代性批判〉》，《文学评论》2007 年第 1 期。

美意识却已悄然转化为对现代性补弊纠偏的批判与救赎的力量了。①

　　我们不无惊异地看到，审美现代性在中国当代社会的生存与发展状况，与西方历史上的际遇竟然如出一辙。审美现代性在近20年的流变与演进历程，证明了刘小枫在20世纪80年代末提出的论断："并没有与欧美的现代性绝然不同的中国的现代性，尽管中国的现代性具有历史的具体性。因此，把对中国的现代性的思考引入对欧美社会理论的审理过程是有益的。……带着中国问题进入西方问题再返回中国问题，才是值得尝试的思路。"② 中国当代审美现代性的研究思路，亦当如是。

　　顺便要说的是，当我们意欲对中国当代审美现代性研究状况进行一次摸底式考察时，追寻现代性话语的思路却总是不知不觉地陷入西方话语的"圈套"。编者原本想写一篇中国当代审美现代性研究的综述，半年多的艰苦劳作之后才发现，本书收录的作品所呈现的思想盛宴竟然如此丰富多彩，以致我们在一再研读集中专家们的文字之后，仍不禁要发出"妙处难与君说"的慨叹。鉴于所选论文均以讨论"审美现代性"为中心，本着"详人所略与略人所详"的为文原则，"导读"对审美现代性的讨论尽量不与"选文"内容重复。但愿这篇冗长乏味的导言不会败坏读者欣赏集中华彩乐章的胃口。譬如，王杰先生是最早关注审美现代性问题的重要学者之一，他的《审美现代性：马克思主义的提问方式与当代文学实践》，是国内学者明确以"审美现代性"为题的最早的学术论文之一。高建平先生的《美学与艺术向日常生活的回归》一文，经《北京大学学报》发表后很快就被《新华文摘》等多家选刊转载。刘小枫、周宪、张辉等学者对审美现代性问题都有专深精到的研究，他们发表过许多文采斐然、洞见迭出的相关著述，只因篇幅所限，该文集只能

　　① 参见金惠敏《后儒学转向》，河南大学出版社2008年版，第2—8页。
　　② 刘小枫：《现代性社会理论绪论——现代性与现代中国》，上海三联书店1900年版。

各收一篇文章，其他宏论不得不忍痛割爱。

最后，我要特别感谢我的老师和朋友——蜚声海内外的著名学者金惠敏先生。金先生宏博深邃的学术眼光和严谨细密的治学风格有口皆碑。他视学术为生命的敬业精神，对我的求学生涯产生了深刻的影响。就拿本书的编撰工作来说，从基本创意到篇目选定以及《导读》写作的每一个细节，都倾注了金先生大量的心血，即便是在欧洲讲学期间，他也没有中断过对本书编写工作的关切和牵挂。他的热情鼓励和悉心指导使我受益良多。由于编者资质鲁钝且常常"自以为是"，因此这个选本及其《导读》与他当初的预想颇有出入。金先生作为该丛书的创意者之一，具体承担《身体写作》和《审美现代性》的主编工作，我作为他的助手，主要承担两书的资料整理工作。由于金先生近年精力主要花费在与欧美学者的国际学术合作项目上，所以，书中不成样子的"导读"由我捉刀，如有可取之处，也主要是源于金先生的启迪与教诲，而文中浅薄错讹之处，理所当然应由笔者负责。对于一个矢志于求知问道的读书人而言，生活中的喜怒哀乐几乎无不与书相伴，阅读与写作是人生旅途上最平常也是最美丽的风景。含英咀华，自醉于编撰之乐；战战兢兢，总不免憾而遗珠。作为编者，除了对书中各位作者的无私奉献深怀感激之外，我们还要对关注本书的读者致以真诚的谢意。

问题意识与提问方式

现代学的问题意识

刘小枫 *

当今的"后现代"言论不得不返回"现代性"问题去延伸，进而触发了理解现代性现象的新一轮需求。"后现代"题域的鼓动者们一开始就面临双重性的尴尬：即使不是所有的，至少也是基本的"后现代"题旨，现代性现象知识学文献已表明其仍为百年前的"旧"话新语，以致"后现代"论者的课题论证显得颇为费力；更为尴尬的是："现代性"本身尚是一个未理清的题域，当随不清楚的"现代性"而欲"后"之的"后现代"知识学仍然要以"现代性"知识学来界定身份时，发现关于"现代性"的知识学尚在建构之中。

可以有把握地谈论的仍是现代性现象。这是一种普世性的转置每一个体、每一民族、每种传统社会制度和理念形态之处身位置的现实性力量。在现代性现象中，社会和文化制度以及个体的处身位置正在于自己已然不知自身的位置。何谓现代性现象之本质？对此现象有敏锐感受性和把握力的齐美尔（Georg Simmel, 1851—1918）的回答调校了问题的提法：现代性现象之本质是它根本就没有本质这个东西。哈桑（Inab Hassan）用来描述和界说后现代主义的两个主要本质倾向的述词——"不确定性"和"内在性"早已被齐美尔占用并贴在了"现代性"的身体上。

* 刘小枫：中国人民大学人文学院。

取消本质，这是现代性现象的标志之一，恰恰显明的是，现象本身成为了本质。把握现代性现象的形态结构，成为现代性现象知识学赖以成形的基本课题。从形态面观之，现代性现象是人类有史以来在社会经济制度、知识理念体系和个体—群体心性结构及其相应的文化制度方面发生的全方位转型。从现象的结构层面看，现代性事件发生于上述三个相互关系又有所区别的结构性位置，我用三个不同的述词来指称它们：现代化——政治经济制度的转型；现代主义——知识和感受之理念体系的变调和重构；现代性——个体—群体心性结构和文化制度之质态和形态变化。

区分现代主义与现代性在现代性现象中的结果位置显得重要而且迫切：在现有的关于现代性现象的知识学文献中，现代主义少有例外地被用于描述那些主要发生在"精英"层的文人、学者和艺术家圈内的话语事件——为此，人们习惯于例举从尼采到福柯，从萨德（Marquis de Sade）到昆德拉以及自梵高、勋伯格以降……问题正在于，现代性事件并非主要是，更非仅仅是一场文人—学者—艺人们的言变事件。在现代性事件的总体现象中，更为引人注目的是不断扩张的群众文化的造反运动，是社会现实中个体生活的行为和感受方式的质态和形态变化，是群体伦理的内在结构的变换，是作为制度的文化形态的发生性重构。

现代学作为关于现代性事件的知识学，要扭转知识学界对现代主义的过多倾注（文人的自恋性自语），一旦现代学履行从知识学上审视现代主义话语的职能，这种扭转就已然达成。

因此，区分两种不同类型的关于现代性的知识话语就显得必要。C. Newmann 注意到，后现代主义首先表现为一种话语的通胀（inflation of discourse）。事实上，这种话语通胀现象百年来从未间歇，它属于现代性现象，而非后现代主义的特质。现代主义话语作为对现代性冲动的肯定性或否定性表述，仍是一种知识类型——无论其为单纯知识性的，还是叙事性的。这类话语呈现为名目繁多的"主义"式话语，躁动着难以遏制的现代性知识——感受的欲念冲动，或标高新异，或愤世媚俗，或大开社会病药方。与这种类型的现代性话语相区别（如果因与之有瓜葛而不是截然对立），现代学作为关于现代性事件的知识学，虽然也是一种现代性话语，但它要求首先抑制现代主义式的感受性表达和现代性的欲望冲动，寻求建立一种有知识学逻辑距离的话语体制。如果现代主义话语是一种现代性的话语，现代学则是一种关于现代性的话语。如此"关于"的知识学距离才能把现代主义话语置于现代学的审视效力之内。

我将齐美尔、韦伯、特洛尔奇（Erust Troeltsch，1865—1923）和舍勒（Max Scheler，1874—1928）看作现代学的奠基人。尽管他们并没有采用现代学这一术语，但现代性现象（Moderne）已作为一种学问的主题词着重性地出现在他们的知识学言述中。他们不仅相当充分地确立和展开了现代性现象这一学问对象，而且试图设立关于这一现象的学问逻辑和知识学上的结构性题域。因此，把现代性现象与知识学加以联结（Modern-logy）不仅合法，而且已有相当可观的知识学上的材料（杜尔凯姆、本雅明、霍克海默、洛维什、艾利亚斯、列斐弗尔、艾森斯塔特、姚斯、布罗岱尔、贝尔、布鲁门伯格、卢曼、贝克、哈贝马斯等在学问的技术性层面和课题拓展方面积累了现代学的文献索引）。

韦伯对现代学之确立的贡献，不仅在于众所周知的他对现代性社会制度的社会学分析以及对资本主义精神之起源这一现代学子课题的出色研究（当然，还不能忘记松巴特和特洛尔奇的贡献），同样重要的是，他提出了力图设立现代学之学问逻辑的学问论；齐美尔，这位被确认为"第一位现代性社会学家"的现代学学者，首先向现代性题域的纵深突入，致力于把握现代性社会中个体和群体的心性质态和形态以及文化制度的形式结构：他对"钱"的文化社会学分析、对都市人的处身位置和新的社会分层以及与之相应的文化心理现象（审美主义）的社会学分析，相当周到地确定了现代学诸课题的位置和命题；特洛尔奇，一位博学（取得过神学、哲学、法学博士）的现代学大师，致力于描述古代社会思想的内在性质，为界定古代性与现代性在形态和质态上的差异奠定了知识学的基础，并通过对历史理念和历史思想话语的社会哲学的分析，给出了审理现代主义话语的一个范例；舍勒，一位天才魅力型（韦伯曾用七个不同的"某某学家"描述过他）学者，则致力于分析现代性精神气质的质态"怨恨"及其形态分布，并基于松巴特的"市民"概念拓展出作为类型的"现代人"题域，基于狄尔泰的世界观类型学说拓展出古代—现代文化理念类型题域，并卓有成效地展开了对现代主义话语的批判。

现代学不是一门新的学科，而是一门新的学问形态。现代学从现代性现象的三结构要素获得属己的知识学课题。就审理政治经济制度的转型（现代化理论）而言，现代学的知识学建构依托于经济学、法学、政治学、史学、社会学、宗教学的材料和法则；就审理知识—感受理念的变调（现代主义批判）而言，依托于哲学、语文学、社会学、文化学的材料和法则；就审理个体—群体心性结构和文化制度转型（现代性问题）而言，则依托于哲学、社会学、神学（宗教学）、心理学的材料和法则。因此，不奇怪的是，人们已很难以"哲学家"或"社会学"或"神学家"来称谓前述四位学问家；奇怪的倒是，某些"后现代"论者现在还惊诧于难以界定福柯的学者类型。

现代学的生成史形于力图与现代主义话语划清界限的努力。作为现代性冲动来表达的现代主义话语——无论其质态是否定性的还是肯定性的或混然然的言述，经常以某种知识学的形态出现：知识学成了现代主义表达冲动的工具，其质态是学问的审美化；构想多于观察，诗意铺陈多于描述性分析、解放主张多于症候分析、新异的知识话语的建（或解）构多于对现存知识文本的审理。从巴霍芬、尼采、斯宾格勒、荣格到海德格尔、巴歇拉、施特劳斯、德里达，堪称声势浩然的审美化学术思潮。当年韦伯教授与斯宾格勒先生那场面对面的辩论，是两种截然异质的学问形态的交锋。加达默与德里达、哈贝马斯与利奥塔的对抗还带有那场交锋的火药味。

问题的极端性在于：由于现代学与现代性问题紧密地纠缠在一起，

现代学是否确能企达韦伯在学问论中提出的知识学之合理化尺度，有效地抑制社会解放的形而上学冲动？哈贝马斯为什么重提这类问题？在马克思的学问中出现的社会知识学之分析力度与宗教性社会解救冲动之强度的融合，是要继续予以拒绝，还是加以调校后再度推进？

即便在现代学创始人那里，情形也相当复杂：齐美尔的个体心态在多大程度上可与他呈示分析的现代性心态划分泾渭？特洛尔奇最终退守绝对的个体性；舍勒只是在他转向知识社会学的晚期才基本遏制住宗教性形而上学批判，并敏锐地看到隐藏在韦伯的合理化学问论中的非理性成分（"魅力"理念及世界观与知识学之间的关联）。然而，可以确定的是：现代学至少在知识学的形态质素上坚决抵制审美化的学问，由此与现代主义话语划清了界限。

现代学自身中隐含的两难困境表明现代性问题——现代性根本就不是一个构想，而是一个问题——的开放性和艰难性。对此，现代学创始人从未放心：韦伯——工具理性与价值理性的矛盾，齐美尔——个体原则与社会关联、生活质态与生活量化的矛盾，特洛尔奇——伦理多元性、历史相对性与文化价值系统的统一性的矛盾，舍勒——本能冲动与逻各斯的矛盾。从根本上讲（如果今天还能谈论"根本性"的事情），现代性关涉个体和群体的安身立命问题。在现代性中，身体的置身之基如果没有被抽掉，至少也被置换了。某些后现代论者到今天才感到惊讶，为什么是身体和爱欲而非纯粹理性成了哲学、社会学关注的中心，就显得过于反应迟钝。舍勒在 20 世纪初已多少有点耸人听闻地宣称：现代性——一言以蔽之曰：本能冲动造反逻各斯。"巴黎最后的探戈"以来的哲学、社会学、文化学以至大众文化和"精英"文人们的情欲高潮，不过是一个被他不幸言中的现象而已。仅此一例便已表明，欲深入现代性问题，还得先了解一下现代学之经典学者们想、看、说了些什么。

中国，从政治经济制度的转型而言，百年来已在现代化中扭行，而现代主义话语，自严、康、梁以降，从未止言，作为问题的现代性亦在汉语域中出场。无论从哪一课题位置上讲，现代学都不是汉语学术的异姓学问。从这门学问的知识学立场看，则"三十年河东、三十年河西"之类的言论，或"21世纪是中国文化的世纪"一类的高瞻远瞩，都带有过于审美化的浓艳娇媚。

1993年8月巴塞尔中街

（原载《读书》1994年第5期）

审美现代性与日常生活批判

周　宪*

一　问题的提出

　　从历史角度说，艺术作为人类文化一个不可或缺的重要组成部分，是与社会生活密不可分地联系在一起的。审美发生学的研究已经证实，艺术的基本社会功能就是协同功能，通过艺术活动来教化社会成员，协调社会关系，传递文化、道德和行为方式，沟通社会成员之间的情感联系。这种功能我们可以在原始艺术、古典艺术甚至一切前现代艺术中清楚地看到。

　　在前现代，艺术与社会的功能关系基本上是协调一致的。虽然在传统文化中不乏反抗现存社会的艺术，特别是面临巨大变迁的时代的艺术，但从总体上说，艺术和社会成员的日常生活及其意识形态是基本吻合的。倘使我们把艺术和社会的这种功能关系视作艺术的基本发展线索，那么，面对西方现代主义艺术，我们便不难发现一个重大的转变，那就是现代主义艺术的基本面貌显然有别于传统艺术：与其说它与社会相一致，毋宁说它与社会处于尖锐的对立之中。从诗集《恶之花》到小说《尤利西斯》，从绘画《阿维侬少女》到勋伯格的音乐，我们可以清楚地看到艺术和日常生活的对立与反抗。

* 周宪：南京大学中文系教授。

如果我们把现代主义视为一个总的文化风格，一种文化大风格，那么，其总体上对日常生活的否定倾向十分明显。这不但体现在主张艺术不是生活本身，表现出对艺术是生活的模仿的古典观念的深刻反叛，而且直接把古典的模仿原则颠倒过来：不是艺术模仿生活，而是生活模仿艺术。艺术不必再跟着日常现实的脚步亦步亦趋。不仅如此，美学中那些被认为天经地义的原则，也在现代艺术无所顾忌的创新和实验中被打破了。感性与理性相对抗，个体对社会进行抗拒，英雄主义对庸人哲学加以批判，新奇的追求取代了对经典的崇拜和规范的恪守，非现实的、理想的和乌托邦的审美世界彻底打碎了以日常经验为基础的古典艺术。恰如尼采"重估一切价值"的呐喊一样，现代主义艺术是日常生活的彻底背离和颠覆，熟悉的世界和生活逐渐在艺术中消失了，取而代之的是一个陌生的乌托邦。

然而，我们的疑问是，在现代主义阶段，艺术变成现代日常生活的颠覆力量和否定力量，这何以可能？换一种问法，审美的现代性为何与审美的传统性断裂开来？

现代性是一个非常复杂的文化范畴，它既是一个历史概念，又是一个逻辑范畴。自启蒙时代以来，现代性就一直呈现为两种不同力量较量的场所。一种是启蒙的现代性，它体现为理性的胜利，呈现为以数学为代表的文化，是科学技术对自然和社会的全面征服。从社会学角度看，用韦伯的理论来描述，这种现代性的展开，就是"祛魅"与"合理化"的过程。然而，启蒙的现代性诞生伊始，一种相反的力量似乎也就随之降生，并随着启蒙现代性的全面扩展而得到了进一步的加强，这种现代性可以表述为文化现代性或审美现代性。

审美的现代性从一开始就是启蒙现代性的对立面。卡林内斯库指出，波德莱尔是第一个用审美现代性来对抗传统、对抗资产阶级文明的现代性艺术家，他提出现代性就是"过渡、短暂和偶然"。"现代性已经打开了一条通向反叛的先锋派之路，同时，现代性又反过来反对它自身，通过把自己视为颓废，进而将其内在的深刻危机感戏剧化了。""在其最宽泛的意义上说，现代性乃是一系列对应的价值之间不可调和的对抗的反映……审美的现代性揭示了其深刻的危机感和有别于另一种现代性的根据，这另一种现代性因其客观性和合理性，在宗教衰亡后缺乏任何迫切的道德上的和形而上学的合法性。"① 这里，卡林内斯库揭示了两种现代性之间不可调和的冲突。现代主义艺术就是以感性主义、个性主义、神秘主义、多变和短暂，来反抗日益合理化和刻板的日常生活。

以下，本文以现代美学中几种重要的学说为线索，进一步考察审美现代性的真义。

二 唯美主义——"为艺术而艺术"

唯美主义是现代性意识的最初形态之一。从文化的现代性角度看，唯美主义提出的一系列命题都带有革命性。假使说康德率先在哲学上提出了审美无功利性的命题，那么，从严格意义上说，唯美主义是率先实践这种美学观的文学派别。首先，唯美主义率先提出了"为艺术而艺术"的口号。从戈蒂耶到王尔德再到佩特，"为艺术而艺术"可以说是一个基本主题，它隐含着一个重要的诉求，那就是把艺术和非艺术区分开来。这种区分一方面反映在最早的一批现代主义者对现存的资产阶级道德的鄙视中，力求把艺术从道德的约束中解脱出来；另一方面，又体现了唯美主义者的一个更深刻的动机，亦即将艺术和日常生活彻底区分开来。

这一分离是通过几个更加激进的主张实现的。第一，不是艺术模仿生活，而是生活模仿艺术。王尔德提出的这个命题几乎是颠倒了西方艺术自古希腊以来的模仿论传统，艺术和日常现实的关系彻底改变了。但艺术如何为生活提供楷模呢？这就涉及第二个命题：艺术是形式的创造。

---

① Matei Calinescu, *Five Faces of Modernity*, Durham: Duke University Press, 1987, p. 5.

在王尔德看来,"看"和"看见"是两个不同的概念,艺术不是看而是看见,亦即看见"美"。因为"文学总是预示着生活。前者并不照搬后者,而是依照它的旨趣去塑造生活"。"生活尤为欠缺的是形式。"韦勒克总结说,王尔德看出了艺术对生活的深刻作用,针对典型的单调、风俗的奴役、习惯的专制,艺术具有振聋发聩的使命和瓦解的力量。① 艺术弥补了生活的不足,在王尔德看来恰恰就是它为生活提供了新的形式,是摆脱"看"的陈规旧习,进而使人"看见"美。这一主题在后来的俄国形式主义、卡西尔的符号美学、法兰克福学派,以及种种后现代理论(尤其是波德里亚的理论)中均可看到。过去我们的文学史理论在分析这一倾向时往往持否定态度,即认为唯美主义是一种形式主义,反映了颓废落后的资产阶级价值观。其实,如果我们从唯美主义的这种主张在整个审美现代性中所起的作用来看,上述看法是有疑问的。我认为,唯美主义的形式主义隐含着一种本质上的政治激进主义和颠覆倾向。德国学者比格尔在论述这一问题时发现,唯美主义是西方艺术发展的一个关键阶段,因为正是在唯美主义中提出了艺术自律性。唯美主义率先把艺术和生活实践区分开来。这种分离一方面是对艺术的传统社会功能(如道德和宗教教化功能等)的否定,另一方面又为其他更激进的艺术(如先锋派)的出现创造了条件。唯美主义把形式视为内容,在这个转换中,服务于传统社会功能的艺术内容实际上被否定了。艺术这时达到了一种自觉和反思的阶段。"唯美主义结果成了先锋派意旨的前提条件。只有其具体作品的内容不同于现存社会的(糟糕的)实践的艺术,才能成为组织新生活实践起点的核心。"② 马腾科洛的观点更值得注意。他发现,形式在唯美主义那里是一个崇拜对象,当它转入政治领域时,内容的非决

---

① 参见韦勒克《近代文学批评史》第 4 卷,上海译文出版社 1997 年版,第 481—482 页。

② Peter Bürger, *Theory of the Avant-Garde*, Minneapolis: University of Minnesota Press, 1984, pp. 49—50.

定性便为任何意识形态的扩展敞开了大门。① 这就是说，形式主义在现代主义美学中，是服务于审美现代性的基本倾向的。如果我们把现代性的内在张力视为启蒙现代性（工具理性）和审美现代性之间的冲突，那么，可以得出一个合理的结论：唯美主义主张生活模仿艺术和形式主义，有一种对抗启蒙理性的工具主义的颠覆功能。卡林内斯库认为，"为艺术而艺术"在法国、英国和德国的出现，暗中隐含着一个目的，那就是对抗资产阶级平庸的价值观和庸人哲学。这种倾向在戈蒂耶的理论中体现得彰明较著。"为艺术而艺术是审美现代性反叛庸人现代性的第一个产物。""对于以下发现我们将不会感到惊奇，宽泛地界定为为艺术而艺术，或后来的颓废主义和象征主义，这些体现激进唯美主义特征的运动，当它们被视为对中产阶级扩张的现代性的激烈雄辩的反动时，也就不难理解了，因为中产阶级带有这样的特征，他们有平庸的观点，功利主义的先入之见，庸俗的从众性，以及低劣的趣味。"②

三　先锋派的艺术哲学——"非人化"

从历史角度说，最早对审美现代性特征作出理论上系统表述的，也许是西班牙哲学家奥尔特加。他率先对先锋派艺术（他称之为"新艺术"）进行了界定。在他看来，20世纪西方社会和文化出现了巨大的变迁，突出地体现在大众的出现，这些没有差别的"平均人"充斥在社会的各个角落。过去只是少数达官显贵出入的场所，如今人头攒动。大众的出现导致了文化的分裂，先锋派艺术和大众文化截然对立。前者是为"选择的少数"而存在的，而后者则是大众的消费方式。奥尔特加发现，以前艺术从不流行到流行有一个逐渐转变的过程，但新艺术则注定是不

① Peter Bürger, *Theory of the Avant-Garde*, Matei, p. 111.
② Calinescu, *Five Faces of Modernity*, pp. 44—45.

流行的，根本原因就在于它不是大众的文化。

新艺术与大众文化的对立，不只是艺术与其受众关系的体现；奥尔特加更深入地从艺术与社会的角度揭示了新艺术的本质。他从以毕加索的立体主义为代表的新艺术出发，探究了这种艺术形态与传统艺术的根本区别：

新风格倾向于：（1）将艺术非人化；（2）避免生动的形式；（3）认为艺术品就是艺术品而不是别的什么；（4）把艺术视为游戏和无价值之物；（5）本质上是反讽的；（6）生怕被复制仿造，因而精心加以完成；（7）把艺术当作无超越性结果的事物。①

奥尔特加所揭示的诸特征中，"非人化"（dehumanization）是最基本的特征。这个概念特指传统写实风格在新艺术中的消失。他曾比较了19世纪60年代的绘画和毕加索的作品，最大的区别就在于人们生活于其中的那个熟悉的世界消失了，取而代之的是一个陌生的、奇特的、甚至是人的想象力难以触及的世界。人们可以想象性地和《蒙娜丽莎》"相爱"，可很难对《阿维侬少女》再产生同样的移情。于是，艺术和生活之间那种模仿的相似的关系丧失殆尽，人们所熟悉的日常生活世界在艺术中已不再有立锥之地。唯其如此，所以现代主义艺术所采用的最基本的艺术风格就是反讽。艺术不是对日常生活的逼真摹写，它本身就是一种戏谑嘲弄。艺术不但嘲弄了现实，而且同时也嘲弄了艺术自身。奥尔特加深刻地指出：现代艺术家不再模仿现实，而是与之相对立。他们明目张胆地把现实加以变形，打碎人的形象，并使之非人化，旨在摧毁艺术和日常现实之间的"桥梁"，进而把我们禁锢在一个艰深莫测的世界中。

那么，现代艺术家为什么要将艺术"非人化"呢？奥尔特加对这一问题的解释极有见地。在他看来，一个重要的原因就是对西方现代文明的一种憎恶态度。这种艺术与社会的对抗，其直接后果是艺术在现代生

---

① Ortegay Gasset, J., "The Dehumanization of Art", in W. J. Bate （ed）, *Criticism: The Major Texts*, New York: Harcourt Brace & Jovanovich, 1970, p. 664.

活中重要性的下降。在传统的文化中，艺术是围绕人类社会生活事务这一轴心运转的，而现代艺术由于非人化以及对日常生活的否定，必然偏离这一轴心。奥尔特加的这个发现道出了现代艺术与社会生活的一种新型关系。不过，这个问题也可以从另一个方面来理解：艺术与日常生活的这种距离，恰恰是艺术反抗社会进而颠覆日常生活意识形态的前提。这种看法在法兰克福学派的审美现代性阐述中体现得最为明确。

四 法兰克福学派——救赎与"震惊"的美学

法兰克福学派美学十分强调审美的现代性就是与日常生活的意识形态相对抗。在阿多诺看来，资本主义商品的生产和交换法则已广泛渗透在日常生活之中，体现为他为的原则和可替代原则，而艺术本质上是自为的存在，它是不可替代的自律存在。因此，现代主义艺术的审美现代性，就呈现为一种对日常生活的否定功能。阿多诺认为，日常生活的意识形态实际上是启蒙的工具理性发展到极端的产物，理性压制感性，道德约束自由，工具理性反过来统治主体自身，启蒙走向了它的反面，其最极端的后果乃是法西斯主义乃其奥斯威辛集中营。在他看来，面对资本主义社会的严峻现实，破除工具理性压制的有效手段之一乃是艺术，因为艺术是一种世俗的救赎。所以，现代主义艺术必然抛弃传统艺术的模仿原则而走向抽象性。在此基础上，他进一步重申了唯美主义的两个重要口号："为艺术而艺术"和"生活模仿艺术"。"我们必须颠倒现实主义美学的模仿理论：在一种微妙的意义上说，不是艺术作品应模仿现实，而是现实应模仿艺术作品。艺术作品在其呈现中昭示了不存在的事物的可能性；它们的现实就是非现实的可能的东西实现的证言。"[1] 其结

---

① Theodor W. Adorno, *Aesthetic Theory*, London：Routledge & Kegan Paul, 1984, p. 192.

审美现代性与日常生活批判

43

论是："艺术是社会的，这主要是因为它就站在社会的对立面。只有在变得自律时，这种对立的艺术才会出现。通过凝聚成一个自在的实体，而不是屈从于现成社会规范而证实自身的'社会效用'，艺术正是经由自身的存在而实现社会批判的。纯粹的和精心营造的艺术，是对处于某种生活境况中人被贬低的无言批判，人被贬低展示了一种向整体交换的社会运动的生存境况，在那儿一切都是'他为的'。艺术的这种社会背离正是对特定社会的坚决批判。"①

浪漫主义以降，在唯美主义的引导下，现代艺术家和思想家发展出一种美学，它假定审美超越了刻板的日常生活；艺术成了批判工具理性的最重要手段。席勒的表述是以审美的"游戏冲动"来弥合"感性冲动"和"形式冲动"的分裂；马克思强调人是按照美的规律来塑造的，而美的规律则是对异化的非人道的社会的否定；韦伯的论述更为清晰：艺术变成了一个越来越具有独立价值的世界，它承担了世俗的救赎功能，把人们从日常生活的刻板、从理论的和实践的理性主义的压力中解脱出来。②

如果说阿多诺是从对工具理性的否定角度来分析审美现代性，那么，本雅明则是从现代生活的体验角度来规定审美的现代性。在本雅明的理论中，存在着一个复杂的二元对立结构。传统艺术和现代艺术的二元对立，是以韵味和震惊两种不同的审美范畴体现出来的。所谓韵味是指传统艺术中那种特有的时间地点所造成的独一无二性，它具有某种"膜拜功能"，呈现为安详的有一定距离的审美静观。③ 与之相反，震惊则完全是一种现代经验，它与大街上人群拥挤的体验密切相关，与工人在机器

---

① Theodor W. Adorno, *Aesthetic Theory*, London: Routledge & Kegan Paul, 1984, p. 321.

② 参见 H. H. Gerth & C. Wright Mills（eds）, *From Max Weber: Essays in Sociology*, New York: Oxford University Press, 1946, p. 342。

③ 详见本雅明《机械复制时代的艺术》，浙江摄影出版社 1993 年版。

旁的体验相似。它具体呈现为一种突然性，使人感到颤抖、孤独和神魂颠倒，体现为惊恐和碰撞的危险和神经紧张的刺激，并转化为典型的"害怕、厌恶和恐怖"。① 在本雅明看来，这种现代体验已经把传统艺术的那种韵味彻底消散了。如果我们以震惊的体验来看待整个现代主义艺术，一个显而易见的倾向是，震惊可谓是现代主义艺术的主导风格。艺术家非但不避而远之，反而是趋之若鹜。热衷于震惊体验及其表达，与现代日常生活经验有何联系呢？如果我们把本雅明的震惊描述与西方现代主义的另一种表述——恐惧美学联系起来，恐怕可以找到一些合理的解释。

与震惊体验相近，恐惧也是现代主义艺术和美学的一个重要特征，这和传统艺术截然不同。如果说震惊强调一种对日常生活的激烈反应和表征的话，那么，恐惧的美学则关注艺术如何给人们带来日常生活的平庸和无聊所不具有的某种东西，亦即一种英雄式的甚至残酷的体验。这种美学有左右两种形态：左的恐惧美学对现存世界强烈不满，要求一种激进的变革，是审美现代性的一种表现；而右的恐惧美学也对现存的资本主义日常生活强烈不满，但却是站在对过去理想化的立场上来谴责当代现实。恐惧的美学反映在现代主义艺术的各个方面，尤其是超现实主义、未来主义、立体主义、表现主义等诸种流派风格中。从渊源上说，它是尼采"超人"和反虚无主义的思想在艺术上和美学上的体现，是其重估一切价值并呼唤"20世纪野蛮人"的延伸。恐惧美学的基本表现形态体现为，它对现存资本主义社会日常生活的刻板、平庸和千人一面非常痛恨，渴望一种崇高的、超凡脱俗的英雄体验；它赞美个性甚至是危险的个性，它崇拜权力和力量甚至是强权和暴力；它对各种"极端情境"大声喝彩，主张艺术的生存方式。

---

① 详见本雅明《论波德莱尔的几个主题》，载《发达资本主义时代的抒情诗人》，生活·读书·新知三联书店1989年版，第133—145页。

由此来看，为什么现代主义艺术中充满了怪诞甚至恐惧的形象和事件，为什么现代主义艺术家总有一种尼采式的破坏快感，为什么他们总是醉心于超越日常现实的另一种生活，便不难理解了。用马尔库塞的话来说，艺术是一种独特的现实形式，它凭借自己的内在动力，正在成为一种政治力量。它之所以加入造反的行列，仅仅是因为它否定日常生活的升华，为可能的和恐怖的事物提供意象、语言和声音形式："这一发展解放了人的身心并使之具有了新的感性，这种新感性再不能容忍支离破碎的经验和支离破碎的感性。"①

五 结构主义——语言人为性与日常经验的颠覆

我们要考察的最后一种审美现代性理论，是 20 世纪 60 年代兴起的结构主义理论。缘起于索绪尔的结构主义理论十分庞杂，但有一点似乎是很明确的，那就是对语言及其用法的自然性的深刻质疑。它从一个侧面显现出对审美现代性的理解，以及对日常经验的否定。

巴尔特从索绪尔的语言学理论出发，依据能指和所指的人为约定性原理，对文学及其意义的理解提出了严峻的挑战。他认为，人生活的世界是一个符号化的世界，我们用以交流沟通的语言其实并不像人们通常所认为的那样是自然而然的和理所当然的。相反，语言的任何用法都是被文化和历史所决定的。更进一步，巴尔特对日常经验及其意识形态构成的过程进行了祛魅分析，他要揭露隐含在所谓的自然性之下的语言的人为性和意识形态性质。比如，巴尔特对法国古典主义写作的考察，就鲜明地揭露了资产阶级是如何将自己的意识形态巧妙地融入其作品之中的，并伪装成自然的和理所当然的样子。既然语言的能指和所指是人为

---

① 马尔库塞：《作为现实形式的艺术》，载《西方文艺理论名著选编》下卷，北京大学出版社 1987 年版，第 720—721 页。

地约定的，那么，运用语言的写作以及各种作品，也同样是人为的；既然是人为的，那么，一切就都不是一成不变的，包括资产阶级的社会和文化秩序本身，也同样是可以改变的。这里我们看到了巴尔特结构主义理论中的布莱希特动力学观念的深刻影响。在巴尔特的思想中，通过对文学语言人为约定性的肯定，来揭示人们不但可以改变语言的用法，而且可以通过这种改变来进一步改变这个世界，改变人们看待世界的方法。被资产阶级作为经典而加以神圣化和永恒化的任何东西，其实都不是不可改变的。这里，我们注意到巴尔特理论的真实意图，那就是打碎日常经验中那些习以为常的观念，借助于能指和所指关系的解析，通过符号和社会潜在关系的揭露，来破除人们认为一切都是"自然的"和不可变的观念。

不仅如此，巴尔特还通过宣判"作者之死"来解放对文本意义解释的垄断，进而解放了读者，赋予读者以解释文本意义的权利。"作者之死"正是读者角色的诞生，意义不再被少数人垄断，它的暴力被粉碎了。于是，文学成为颠覆日常经验和语言用法的乌托邦，文本的策略就是意义解放的途径，因为他坚信马拉美的名言："改变语言就是改变世界。"①他甚至主张用一种"精神分裂"的越轨方式来对抗现存资本主义社会的意识形态和意义暴力。卡勒明确地指出了巴尔特的结构主义美学的真谛："结构主义者认为文学作品与世界的关系不在于内容上相似（小说描写一个世界，是表现一种经验），而在于形式上的相似：阅读行动和赋予作品以结构的活动同赋予经验以结构和弄懂经验的活动是类似的。因此文学的价值就在于它是对我们用以理解这个世界的解释方式提出挑战的方式。文学对解释提出了障碍，它自觉地遵循或反抗约定的传统，这些都带有偶然的和约定的性质。这样，文学的价值就和它默认文学符号的人为性联系起来：文化一直在使人们相信意义是自然而然的产物，这种努

---

① 参见 Susan Sontag（ed），*A Barthes Reader*，New York：Hill & Wang，1982，p. 466。

力受到了破坏，因为文学肯定了它本身作为人为产物的存在条件，使读者对他组织经验的方式进行自觉的探讨。"①

六 结语

艺术对抗日常生活虽然不是现代主义的发明，但必须注意的一个关键之处在于，现代主义从整体上说扮演了一个社会批判者、越轨者和颠覆者的角色。与传统艺术判然有别的是，现代艺术家似乎生来就是一个社会反叛者，或者说他们及其艺术的存在理由，似乎就是为了对日常生活进行颠覆和批判。恰如尼采所言，当一个社会濒临衰败时，绝不要极力挽救它，而是给它以致命的一击。"酒神精神"或许正是这种艺术倾向的文化象征。

从现代性自身的矛盾和对立角度来看，审美现代性反抗启蒙现代性是不难理解的。对此拉什说得很明白："从范式上看，存在着两种而非一种现代性，第一种现代性基于科学的假设，可以包括这样一个谱系：伽利略、霍布斯、笛卡尔、洛克、启蒙运动、（成年的）马克思、库布西埃、社会学的实证主义、分析哲学和哈贝马斯。另一种现代性是审美的现代性。除了在巴洛克和德国某些地方浮现出来外，它充满活力地呈现为19世纪浪漫主义和现代唯美主义对第一种现代性的批判。……这第二种现代性的血统通过并作为对第一种现代性的反思和对它的叛逆而成长起来，它就是浪漫主义、青年黑格尔、波德莱尔、尼采、齐美尔、超现实主义、本雅明、阿多诺、海德格尔、舒尔茨、伽达默尔、福柯、德里达和（当代社会学中的）鲍曼。"② 两种现代性恰好反映为西方现代社会

---

① 卡勒：《文学中的结构主义》，载《西方文艺理论名著选编》下卷，第538页。

② Ulrich Beck, Anthony Giddens, & Scott Lash, *Reflexive Modernization：Politics, Tradition and Aesthetics in the Modern Social Order*, Cambridge：Polity, 1996, p. 212.

和文化中的基本冲突：客体—主体、理性—感性、秩序—混乱、集体组织化—个体自由、工具理性—审美表现、庸人哲学—英雄主义、日常现实—乌托邦，等等。我以为，现代性和传统性不同的根本之处在于，它诞生伊始就是一个矛盾体，启蒙的现代性同时孕育了它的对立面——审美的现代性。换言之，后者的存在就是为了与前者冲突和抵触。倘使说资本主义的日常生活及其意识形态在相当程度上已经受到工具理性的控制的话，那么，审美的现代性就是对日常经验（常识、流俗、成规旧习、习惯看法，以及最重要的工具理性等）的全面挑战。也正是在这个意义上，审美现代性的积极意义才呈现出来。

总结以上几种基本的审美现代性理论，我们不能看出现代性自身的矛盾，以及审美现代性的基本功能和倾向性。前引韦伯关于艺术反对工具理性和实践理性的救赎作用的经典陈述，道出了为什么现代主义艺术要和资本主义社会日常生活相对抗的真谛。否定日常生活及其意识形态，就是否定工具理性的暴力和压制；颠覆日常经验而提供新鲜的审美经验，就是打破常识和常规的习惯势力和无意识，以变革的眼光来透视这个世界；拒绝模仿日常生活形象和事物，就是拒绝与现存的资本主义社会认同，为主体的精神和幻想留有一个理想王国和乌托邦。如果没有这种审美的现代性与启蒙的现代性的抗衡和制约，我们很难想象在现代化进程中会出现反思工具理性的局限性和现代化的负面影响的文化运动。关于这一点，鲍曼的看法值得注意。他认为："后现代并不意味着现代性的某种终结，拒绝现代性的疑惑。后现代性不过是现代精神在远处密切地和清醒地注视它自身，注视它的状况和过去的劳作，它并不完全喜欢所看到的东西，感受到变革的迫切需要。后现代性是一个时代来临的现代性：这种现代性在远处而不是从内部审视它自身，编制着其得失的完整清单，对自己进行心理分析，发现以前从未明说的意图，并发现它们是彼此不一致的和抵触的。后现代性就是与其不可能性妥协的现代性，是一种自我监视的现代性，它有意识地抛弃了自己曾经不自觉地做过的那些事情。"① 尽管鲍曼这里说的是后现代性，但如果我们把他的看法和利奥塔的理论结合起来，问题就很清楚了。利奥塔曾经说过一句颇费思量的话："后现代主义并不是处于终结的现代主义，而是处于初期状态的现代主义，而且是这种状态的不断延续。"② 这就是说，后现代性就是现代性的一种，就是审美的现代性的一部分，它在启蒙现代性诞生之初就已经存在了。

从认识论角度说，审美现代性对日常生活及其意识形态的否定，体现出对日常经验的怀疑，甚至是对科学理论的认识——工具理性的深刻质疑，渴望一种接近真理的新途径，对感性的审美经验的礼赞；从伦理学角度说，审美现代性对日常生活及其意识形态的否定，反映出对道德—实践理性的不信任和疏离，强调艺术与道德的分野，对日常生活意识形态压抑性质的反叛和抵抗，向往一种理想的更高境界的生活。尼采当年把日常生活和常人视为平庸无聊的，鼓吹超人哲学和生活的艺术化，恰恰是这种审美现代性的预言。韦伯明确提出，艺术在当代生活中扮演着把人们从理论——工具理性和道德—实践理性的压制和刻板性中救赎出来的重要功能。海德格尔极力强调"诗意栖居"的本体论含义，主张以此来对抗常人流俗闲谈式的平庸生活。所有这些都表明，审美现代性对日常经验的否定的确具有积极意义。

但是，就现代性自身的矛盾来看，这种积极作用的背后也隐含着某些值得思考的负面因素。首先，审美现代性在批判日常生活意识形态的工具理性和惰性时，往往夸大了其负面功能，甚至是不加区分地反对一切非艺术的生存方式和理性功能，于是不可避免地造成了极端化。正是

---

① Zygmunt Bauman, *Modernity and Ambivalence*, Cambridge：Polity, 1990, p. 272.

② Jean-Francois Lyotard, "What is Postmodernism?" in Wook-Dong Kim（ed），*Postmodernism*, Seoul：Hanshin, 1991, p. 278.

在这一意义上，我们不难发现审美现代性自身的极端性和激进色彩。其次，在颠覆和否定日常经验和生活的同时，审美现代性割裂了艺术与日常现实和普通民众的传统联系。虽然艺术不再是日常现实的模仿，不再是熟悉生活的升华，乌托邦阻止了人们对现实生活的认同，但问题的另一面也就暴露出来：艺术与现实的联系显得十分脆弱，艺术与公众的纽带被割断了。所以，我们可以清晰地看到现代主义艺术的那种"文化精英主义"色彩。奥尔特加一针见血地指出，现代主义艺术成了社会分化的催化剂，造成了少数精英和大众的分裂。退一步说，即使我们承认现代主义艺术所主张的审美现代性确有批判颠覆启蒙现代性之工具理性的功能，但由于远离普通民众、远离日常社会生活，这种批判和颠覆的作用充其量不过是小圈子里想象的游戏而已。实际上现代主义艺术正是带有这样的局限性。最后，否定、批判和颠覆多于建设，这恐怕是审美现代性的另一局限。启蒙理性尽管有问题，但必须承认，没有这种启蒙，社会文化就不可能获得巨大的进步，甚至连审美的现代性也不可能产生。正是从这个角度说，审美现代性是受惠于并发源于启蒙现代性的。它作为后者的对立面，尽管暴露了工具理性的压抑性质，但在如何改变这种状况、建设性地去除糟粕保留精华上，却显得无能为力。这一点到了后现代主义者那里显得尤为突出。

（原载《哲学研究》2000 年第 11 期）

美学与艺术向日常生活的回归[①]

高建平[*]

近年来，首先是在国外，然后在国内，出现了许多关于日常生活审美化的争论。这些争论，对于我们深入了解当代美学所面临的任务，了解当代艺术的处境，对于我们思考美学和艺术的未来，是非常有益的。然而，在国外和国内，讨论日常生活审美化的理论语境不同，因而这个提法所具有的含义也不相同。部分参加争论者对相关的一些理论预设的表述还不够清晰，常引起对争论所包含的理论意义的误读。在此，我想简要地作一些客观分析和梳理工作，对有关的历史和现状作一个提要性表述。

一 "美学"概念的起源与现代艺术概念的形成

在欧洲，作为高等艺术的组合的"美的艺术"（beaux-arts）的概念是18世纪才出现的。1746年，法国人夏尔·巴图神父出版了一部名为《归结为单一原理的美的艺术》一书。在这本书中，作者将音乐、诗、绘画、雕塑和舞蹈这五种艺术确定为"美的艺术"，认为这些艺术与机

---

① 本文原发表于《北京大学学报》2007年第4期，并被《新华文摘》2007年第20期和其他一些刊物转载。各刊物发表时，都有不同程度的删节，这里发表的是未删节的原文。

* 高建平：中国社会科学院文学研究所研究员。

械的艺术不同，前者是以自身为目的的，而后者是以实用为目的的。在这两者之间，还有着第三类，即雄辩术与建筑，它们是愉悦与实用的结合。巴图的这一区分，后来被达朗伯、孟德斯鸠和狄德罗等人作了种种修改以后运用到《百科全书》的学科框架之中，成为一个被普遍接受的观念。①

几乎与此同时，德国人创立了"美学"这个词。1735年，当时只有21岁的理性主义哲学家和逻辑学家鲍姆加登在他的博士论文《对诗的哲学沉思》一书中指出，事物可分为"可理解的"和"可感知的"，后者是"美学"（"感性学"）所研究的对象。一段话语可以在声音、韵律其中所包括的隐喻、象征等方面获得完善或不完善的表现，研究这种感性表现的完善的科学，就是"美学"。鲍姆加登对他的这一发明很重视，1750年，以这个词为书名，发表了他的巨著《美学》第一卷，这套书他后来没有写完，在第二卷出版后不久他就去世了。他的书用拉丁文写，读的人也不多。但是，这个概念的影响是深远的。②

在18世纪中叶的差不多同一时期，不同欧洲国家中的人分别创造出了"美的艺术"的体系和"美学"概念。正像一切科学上和思想上的发明一样，近距离观察其具体的发明过程，都可看到种种偶然因素，例如，发现他们由于某种机缘，突然产生某种想法。但是，这两个人都不是思想界的重要人物，不属于那种可独自改变历史的思想巨人之列。甚至，如果不是分别由于这两项创造，一般哲学史和美学史著作可能不会提到他们。因此，我更愿意认为，这两个人的历史功

---

① 有关现代艺术体系的形成，请参见 Paul Oskar Kristeller, "The Modern System of the Arts: A Study in the History of Aesthetics" 一文，载 *Journal of the History of Ideas Volume 12. Issue 4*, Oct., 1951, 496—527。这里的观点，亦可参见门罗·比厄斯利《西方美学简史》，高建平译，北京大学出版社2006年版，第136页。

② 有关鲍姆加登和18世纪德国美学的情况，可参见 Paul Guyer, "18th Century German Aesthetics"，见网络版 The Standford Encyclopedia of Philosophy，以及包括比厄斯利《西方美学简史》在内的各种美学史著作。

绩主要在于创造了当时的历史发展所需要的两个关键概念。也就是说，不管他们的创造活动本身如何偶然，这些创造在当时被接受，是有着必然的原因的。

将他们放在当时的历史发展进程之中，看成是对现代美学的形成做出贡献的众多的人中的两位，我们就会形成一个更为合理的理解。18世纪之初，在英国出现了夏夫茨伯里、哈奇生，在意大利有维柯，他们对审美无利害、对内在感官的论述，以及对感性、形象和艺术的论述，开启了这一美学的世纪。后来英国人休谟关于趣味的论述，博克和荷加兹对审美性质的分析，德国人摩西·门德尔松的四种"完善"说，莱辛对不同艺术门类间同异的探讨，都是沿着这一总的趋势向前发展。这时，还出现了一个重要的区分，这就是心理学上的知、情、意的分立，在哲学上分别建立与此相对应的认识论、美学、伦理学，也就显得十分必要了。

其实，巴图和鲍姆加登两人最初都分别是作为批判的对象出现的。巴图将"美的艺术"归结为一个"单一原理"，这个原理是"模仿"。这种寻找单一原理的努力，随即就受到了包括让－巴蒂斯特·迪博、摩西·门德尔松，以及莱辛的批评。但是，这些批评"模仿"说的人，也只是作局部的修正。他们最终还是接受了巴图有关诸艺术来自于却又不同于现实生活，共同构成了一个供人愉悦的独立的世界的观点。鲍姆加登的遭遇和巴图一样。在他之后，康德和黑格尔都批评他，甚至对"美学"这个词的合法性提出质疑。特别是康德对鲍姆加登的批判，显示出一种完全不同的思想线索，即对审美作为一种认识的批判。然而，"美学"这个学科恰恰在这种批判中得到了建立和完善。

应该说，直到18世纪末，在德国人康德和席勒那里，完整的美学体系才建立起来。康德将前此一切有关美和艺术的讨论集中到一个焦点之上，形成了以审美无利害和艺术自律为核心的美的体系。席勒将这一主观性的体系加以改变，注入了客观性的因素，使一个满足于哲学上的自我完满性的美学体系成为一个社会改造的假想性模式。

　　将巴图和鲍姆加登这两个人与"美的艺术"和"美学"这两个概念放在这样一段历史中观察，我们就可以发现，这一切都不是偶然的。"美的艺术"概念的形成，现代艺术体系的建立，"美学"作为一个学科出现，反映出艺术在历史发展中的一个独特处境。也许我们可以这样用最简单的语言来作这样的概括：17 世纪的西欧，自然科学发展了起来，这为下一个世纪的"美学"的发展作了准备。18 世纪的欧洲，理性成为至高无上的概念。这一时期，人们开始利用已有的科学和工艺的成果来理解世界，于是，科学主义在哲学中盛行，上帝成了一位高明的钟表匠。当科学与工艺生产分离，出现"为科学而科学"的倾向时，艺术与工艺生产分离，进而出现"为艺术而艺术"的时代就不远了。为了从当时的工商业中独立出来，为了反对在政治上和道德上以马基雅弗里和霍布斯为代表的政治功利主义，审美无利害和对纯粹艺术的追求得到了发展。"美学"和"艺术"的观念正是在这种处境中生长起来的。

二　艺术与日常生活

　　艺术与日常生活分离，出现一个独立于日常生活世界之外的艺术的世界，是这种现代发展的结果。冈布里奇在他的《艺术的故事》一书中多次重复一句话：从来没有存在过以大写字母 A 开头的 Art（艺术），而只是存在"艺术家"（artist）。[①] 当然，大写字母开头的 Art 还是存在过的，他这么说，只是想以此说明他的艺术观念而已。这种观念就是，艺术本来与工艺是一回事儿，都有着外在的目的。将 A 大写，是人的观念在特定时代和社会中发展的产物。

　　我们今天当作艺术作品的古希腊神庙和神像，反映的是当时的宗教

① E. H. Gombrich, *The Story of Art*, London：Phaidon，1989.

观念。我们当作美的典范的维纳斯，智慧与勇武典范的阿波罗，以及各种美丽的男神、女神像，在当时都不过是宗教观念的载体而已。尼采在论悲剧时也承认，悲剧是从宗教精神中诞生出来的。在中世纪，大量存在的是圣像和圣徒像，那些修长的人体，发光的眼神，透露出一个神圣而神秘的神性世界。中国汉魏时代的人物画，也是以帝王像和神佛画像为主。王权和神权崇拜是这种画像的驱动力量。这种宗教性随着历史的发展被逐渐淡化。在文艺复兴时期的意大利艺术中，如果说，其中的《圣经》故事像还多少有些宗教意味的话，那么，在这时出现的希腊神话故事像中的宗教意味就很淡了。

与宗教转化为艺术相反的情况，是一些民间娱乐活动转化成为高雅艺术。戏剧活动是一个典型的例子。它本来具有草根性，只是后来，由于上层和宫廷的提倡、城市商业文化的兴起，逐渐成为高雅艺术。中国的地方戏是如此，在西方也是如此。在今日的英国，莎士比亚的戏剧是最高的文学范本，但在当时，它们只是民间娱乐活动。莎士比亚在英国文学史上的地位，与曹雪芹在中国文学史上的地位一样，是死后被追认的。

类似的情况，在手工艺术活动中也大量存在。在手工艺实用物品的生产活动中，大量存在着为着美的目的对产品进行改造的现象。我们后来当作艺术的一些工艺活动，只是诸多的工艺活动中的几种而已。画匠、雕刻匠、建筑师、乐师，与铁匠、木匠、手饰匠所做的事，本来没有什么本质上的差别。艺术与手工艺的差别，是由于社会分工，由于科学技术和机器工业，由于市场和货币交换的发展，才逐渐被建构起来的。

艺术与非艺术的区分，本来就是历史发展的产物。它从宗教性和实用性的活动转化而来，在社会的变迁中，寻找到一个暂时栖居的位置，以此体现社会中人的复杂分工的一种独特的情况。作为一个学科的"美学"也是如此。审美无利害，艺术自律，知、情、意分立，并将"美学"与这里的"情"相对应，这些维系美学的基本概念，造就了"美学"在历史上的辉煌，也预示着这个学科将会出现的危机。

三 日常生活审美化理论的渊源

目前，人们对日常生活审美化观点的起源，有着不同的说法。有人说，最早提出这种观点的是迈克·费瑟斯通，有人说是沃尔夫冈·韦尔施，有人说是理查德·舒斯特曼，其实，这种观点很早就有，是一个被主流美学所压制，但却一直存在着的传统。

在18世纪"美的艺术"体系和"美学"学科出现，并在康德的影响下转向无利害和艺术自律的同时，反对的声音一直存在着。在19世纪的欧洲，早期社会主义运动的代表人物，如圣西门、傅立叶，都曾经表达过反对将艺术与生活的其他部分分隔开来的做法，强调艺术为建立理想社会服务的观点。孔德对未来社会计划时，认为艺术培养人与人之间的爱，这是社会秩序的真正基础。在法国社会学美学中，让－马里·居约提出，艺术在本质上是有着深刻的道德性和社会性的，这种道德性和社会性会给社会以健康和活力。英国的罗斯金为艺术的社会责任辩护，莫里斯提出重新回到艺术与工艺结合，认为真正的艺术是"人在劳动中的快感的表现"。除此以外，俄国的列夫·托尔斯泰强调艺术为增强一种在上帝的父爱之下的人们之间兄弟之爱的感觉服务的思想。美国的爱默生指出美与实用事物的完善有关。这些思想家的出现说明，在美学和艺术的圈子里，并非是"审美无利害"和"艺术自律"观的一统天下，它们只是这些思想在一段时间里占据着主导地位而已。在19世纪，另一个有着重要影响的美学线索就是马克思主义的美学观。马克思主义美学强调对社会和历史的现实主义反映，强调艺术家对生活的干预。由于马克思、恩格斯的许多有关文艺的著作和书信在当时并没有发表，马克思、恩格斯也主要被人们看成是社会运动的指导者，因此这些论述直到20世纪，才在俄国和一些东欧国家开始被人们系统研究，形成强调艺术的社会功能的马克思主义美学。

对当代日常生活审美化思想影响最大的，应该是杜威的美学。杜威的《艺术即经验》一书，从这样的一个前提出发：人们关于艺术的经验并不是一种与日常生活经验截然不同的另一类经验。他要寻找艺术经验与日常生活经验、艺术与非艺术、精英艺术与通俗大众艺术之间的连续性，反对将它们分隔开来。他认为，过去的种种美学都从公认的艺术作品出发，这种出发点是错误的。如果人们只是对挑选出来的美人作形体测量，就不可能形成关于美的根源的理论，其原因在于，人们在挑选对象时，就已经投射了主观的美的标准。如果只是对公认的艺术品进行分析，也不能达到艺术的理论，这些作品被当作艺术品，是由于另外的原因，被人们人为划定的。他提出要绕道而行，从日常生活经验出发。他从日常生活经验中发现了一种他所谓的"一个经验"，即集中的，按照自身的规律而走向完满，事后也使人难忘的经验。他说，这种经验就是具有审美性质的经验，这与人在艺术作品中所获得的审美经验是非常接近的。与此相反，那些松弛散漫的经验不构成"一个经验"，也就不是审美经验。①

杜威认为，艺术作品的特点，就在于它能够提供经验。他的《艺术即经验》一书，直译应为"作为经验的艺术"。他认为，不进入人的经验之中，对象就不是艺术作品，而只是艺术产品。艺术作品是他考察的对象，而艺术产品不是他的考察对象。从另一方面说，他考察的对象也不限于公认的艺术作品，而是一切能形成人的"一个经验"的对象。这样一来，他的理论具有这样一种可能性，即过去不被认为是艺术作品，但却能提供"一个经验"的对象，也可以进入他的美学的考察视野。

在美国，杜威的实用主义美学与分析美学之间的斗争经过了两代人

---

① 有关杜威美学思想，请参见杜威《艺术即经验》（高建平译，商务印书馆2005年版）一书，及该书的译者前言。

的时间。分析美学在出现之初占据着上风。杜威美学由于三个原因而在20世纪的中叶失势：第一个原因是它的左翼色彩不能适合麦卡锡时代的美国政治大气候；第二是它反思辨的色彩使它不能适合受过严格训练的思辨哲学家们的胃口；第三是它没有针对当时吸引美学家和艺术史家们注意的先锋派艺术做出回应。也同样由于这三个原因，杜威美学于20世纪末在美国具有了巨大的吸引力：第一，麦卡锡时代终于过去了。在知识界，一般说来是左翼思想占据着主导地位，知识分子中普遍流行着对从里根到布什和小布什政策的不满。第二，在哲学内部也出现了对纯思辨地做哲学的方式的不满，而美学恰恰在这方面扮演着先锋者的角色。第三，先锋派艺术本来就具有使艺术回到现实生活之中的倾向，但是，这种艺术却依赖于艺术界而存在，以至于20世纪后期的新先锋派具有重回艺术体制的倾向。美学家们在仍保持这种艺术关注的同时，将注意力转向了通俗大众艺术。杜威关于"绕道而行"，寻找连续性，从日常经验而不是"公认的艺术品"出发的方法，为这种研究提供了理论依据。①

四　重建美学与日常生活关系的当代理论背景

在20世纪中叶，在英美以及一些欧洲大陆上的国家，例如北欧，美学上占据着主导地位的是分析美学。分析美学具有反康德体系的色彩，强调概念的分析，反对大体系，也反对美学中的心理学倾向。从这个意义上讲，这种美学对美学界走出康德体系，曾经起过重要的作用。然而，分析美学的特点，恰恰是从"公认的艺术品"出发，这正是杜威美学所反对的。分析美学家们将美学定义为元批评，即批评的批评。他们认为，对艺术作品的经验是第一层，所有对艺术进行欣赏的人，都有着这一层

---

① 参见高建平等《实用与桥梁——访理查德·舒斯特曼》，《哲学动态》2003年第9期。

的经验；在这一层之上，建立起对艺术作品的批评，这种工作的从事者只局限于艺术批评家和艺术史研究者，这是第二层；在艺术批评之上，建立起对艺术批评所使用的概念、术语和范畴的分析，这才是哲学家或美学家所应关注的对象，这是第三层，这一层可被称为艺术哲学。对于分析美学家来说，艺术哲学就是美学。对于什么样的作品应该是批评或评论的对象，分析美学家们并不做出规定。他们所做的事只是澄清概念，通过概念的分析将理论的争论建立在理性的基础之上。分析美学家绞尽脑汁要给艺术一个定义，而为达到这个目的所研究的对象，还是那些"公认的艺术品"。分析美学家不担当裁判官的角色，认定某物是或者不是艺术品。对于他们来说，对象是给定的。他们的理论姿态是，既然人们都说它是艺术品，必定有它是艺术品的理由，于是，哲学分析的任务就是找出这种理由。分析美学家们也不将审美与艺术挂钩。他们认定，这两者之间的脱钩是历史发展的必然，美不是艺术品之所以成为艺术品的条件。因此，分析美学导致了一种美学上的间接性，作品美不美，世界美不美，都与这些美学家们无关。间接性使分析美学家脱离生活、实践、艺术和大众，也最终形成反弹，推动了美学向着感性和日常生活的回归。这是从 20 世纪 90 年代起出现的潮流。

中国的情况与西方不同。在中国，20 世纪早期，在美学上占据着主导地位的是王国维、朱光潜线索的，强调无利害的静观，艺术与美的结合的美学。20 世纪中期，与西方分析美学兴起的同一时期，中国人接受的是苏联版本的马克思主义美学，强调艺术为政治服务，艺术对社会生活的干预。中国在 20 世纪 80 年代的"美学热"，呈现出一种复归此前的美学与进一步研究和介绍西方思想的结合。在那一时期，占据主导地位的思想，是建立"审美无利害"和"艺术自律"的权威性，真正打动中国人内心的仍是王国维、朱光潜和宗白华的美学。当时有众多的美学思想介绍到中国，但在美学上产生巨大影响的是，康德影响下形成的鲁道夫·阿恩海姆和苏珊·朗格，而不是在西方正在流行的分析美学。当时形成的"实践美学",具有以"实践"概念为核心,在理论上将康德、马克思、西方马克思主义,以及中国传统思想结合起来的可能性,使它赢得了许多的欢迎者、拥护者和阐释者。但是,由于这一概念在当时,用这一学派的创始人的话说,只解决审美的实践基础问题,不对具体的艺术作品进行介入性研究;对自然成为美的对象,只进行到"自然的人化"这个一般性的论述的地步,而对自然成为人的审美的对象的具体过程,却没有清晰的描述;同时,主张这一观念的人,强调通过康德的视角来解读马克思,从而使马克思美学受到了康德化的改造,这样,"实践"概念本来所具有的挑战"审美无利害"和"艺术自律"的潜力,没有能得到很好的发挥。

20世纪80年代,中国美学界出现了西方思想的全面引进的时期。80年代的中国,由于思想和文艺界走出"文化大革命"时代的意识形态和改革开放的要求,出现了空前的"美学热"。这是中国美学发展的黄金时代,那个时代积累下来的成果是中国美学的永久财富。"美学"这个学科在今天仍积蓄有一股强大的研究力量,与那一时期的"美学热"是分不开的。然而,给80年代的"美学热"提供思想资源的,主要还是西方在分析美学出现之前,从18世纪末到20世纪前期流行的,以"审美无利害"和"艺术自律"为代表的美学。

到了20世纪90年代,走出"审美无利害"和"艺术自律",无论在西方,还是在中国,都成为一个普遍的要求。在西方,日常生活审美化,是走出康德美学和分析美学后的美学。无论是英国文化批评、法兰克福学派、法国社会学派,都对在美学界占据主流地位的分析美学提出了挑战。在严格的美学圈子里,即一直从事分析美学研究工作的人之中,从维特根斯坦的《哲学研究》一书中汲取营养,研究语言背后的生活,发展后分析美学,是主要的努力方向。而在美国,日常生活审美化则主要是从杜威的经验论美学汲取理论资源。

正如我们在前面所说,从圣西门、傅立叶、罗斯金,到托尔斯泰、杜威，还有从马克思到当代的西方马克思主义者们，都具有一种艺术介入生活，使艺术为创造更好的社会服务的情结。这种理论在 90 年代，形成了一种美学转向，要求彻底改变"做美学的方式"的强烈呼声。1995年芬兰的拉赫底国际美学大会，开始关注后现代美学与非西方美学接轨的可能。① 1998 年则提出要走出分析美学，用新的方式做美学。于是，日常生活的审美化的可能性，体育成为艺术的可能被探讨，环境美学成为核心话题。② 此后的东京会议突出亚洲美学，里约热内卢会议将拉丁美洲的美学展现在人们眼前。国际美学协会的一些重要会议，都引领美学上的新方向，而所有这些发展，都与走出"审美无利害"和"艺术自律"有关。

在中国日常生活审美化，具有不同的理论背景。第一，中国美学没有经过一个分析美学的阶段。目前正在流行的关键词的研究，部分起着分析美学补课的作用。这种研究是与日常生活审美化同时发生，而不是在它之前发生，也没有成为它的挑战对象。第二，中国美学告别了"文化大革命"时代的工具论的时间还不久，老一辈学者对此记忆犹新、恐惧依旧。任何建立艺术与生活的联系的努力，都不能摆脱工具论的阴影。第三，也更为重要的是，中国的日常生活审美化是在整个社会的大环境，尤其是市场经济的发展，贫富差别空前拉大的情况下出现的。在这种情况下，日常生活审美化的浪潮就很容易被导向一个与西方理论发展完全不同的方向，将主要的注意力指向生活方式的改变，而不是指向对社会发展的理论批判之上。这时，所谓以美感的本质就是快感，要以快感代替美感，美学要关注高档次的生活方式的观点就出现了。这种发展，是

---

① 这次会议所提交的有关比较美学的论文，曾精选出 20 篇，出版在 *Dialogue and Universalism*，Vol. Ⅶ，No. 3—4/1997 之中，该书由拉赫底大会的主办者 Sonja Servomaa 主编。本文完稿时，听到 Sonja Servomaa 女士逝世的消息，谨在此表示沉痛哀悼。

② 这次会议的精选本出版在 *Filozofski Vestnik*（Filozofski inštitut ZRC SAZU, Ljubljana），2/1999 之中，Aleš Erjavec 主编。

日常生活审美化的一个支流。

五　艺术与文明

在《艺术即经验》的最后，杜威说，在分工和阶级分化的社会中，艺术是文明的美容院。在这种情况下，无论是艺术，还是文明，都是不可靠的。杜威的话向我们提供了重要的启示。

艺术的未来会是什么样子？日常生活审美化是否意味着艺术的终结？这是当时学术界讨论的一个焦点问题。人们都说，艺术终结的观点来源于黑格尔，但实际上，"美学"概念和"美的艺术"体系，是在黑格尔所谓的艺术已经走完了它在古典时期的黄金时代，绝对精神已经转向哲学的时期，即18世纪末和19世纪，才发展起来的。马克思曾经指出，"资本主义生产就同某些精神生产部门如艺术和诗歌相敌对"。① 然而，正如前面所说，恰恰在资本主义生产方式发展，社会分工和商业文化兴起之时，"美学"概念和"美的艺术"体系才得以形成和发展。因此，黑格尔和马克思心目中的"艺术终结"与今天的学者们所说的"艺术终结"，指的不是一个意思。

由于社会分工而使不同的人将自身活动的价值绝对化、科学技术迅速发展给人带来一种科学万能思想，市场经济将一切价值都转化为交换价值，艺术变成了一个孤岛。在这种情况下，艺术为了保护自身的独立性，出现了现代艺术体系，出现了一个不同于日常生活的另一个世界，即艺术的世界。当柏拉图说，艺术作品是"影子的影子"时，他只是从否定的角度来概括艺术。当夏尔·巴图说各门艺术都归结为"模仿"这个单一原理时，他则从肯定的角度，提出艺术从属于另一个世界。本来，

① 马克思：《剩余价值理论》（1861年8月—1863年7月），《马克思恩格斯全集》第26卷，第1册，第296页。

艺术就存在于日常生活的世界之中。将艺术看成是从属于另一个世界，形成艺术与生活的这种区分，归根结蒂是人们的社会分工，劳动与享受分离的结果。随着这种社会状况的改变，艺术的生存环境也会改变。

艺术的未来是什么？显然是要打破这种分离。对于一些人来说，这时，艺术就"终结"了，但对于另一些人来说，则是艺术的真正开始。杜威说，艺术曾经是文明的美容院，它会变成文明自身，说的就是这个意思。将人们在一个个孤岛式封闭的世界，在博物馆、沙龙、音乐厅和歌剧院，在高雅艺术中培养起来的审美能力运用到广大的日常生活世界的活动中，是艺术发展的一个前景。就是说，艺术走出美容院。杜威设想，要寻找高雅艺术与通俗艺术经验、艺术与工艺经验、艺术与日常生活经验的连续性。实际上，经验连续性的可能，还在于人的分工状况本身得到改善。他说，艺术的繁盛是文化性质的最后尺度。也许，更正确的说法是生活的艺术化程度是文明的最高尺度。这种艺术化，在一种两极分化的社会里，是不可能完成的。当一边是穷苦的人在生存和温饱线上挣扎，一边是富人和新贵们穷奢极欲时，宣传生活的艺术化或审美化，很自然地会滑向以快感代替美感，以庸俗代替崇高。人类追求公平正义的运动本身的发展，会给这种艺术化提供准备。这种艺术"终结"，或者说艺术的真正开始，不过是艺术回到自身而已。

当下文学评论界正在兴起一种说法："无产者写作"。无产者写作，是指写无产者，为无产者而写，还是由无产者所写？这里面有着许多意义上的含糊不清之处。这种含糊，有时是刻意造成的，属于叙述手段而已，在理论上没有建设性。通过无产者写作的呼吁可以获得一种政治上的正确性，从而获得一种号召力，但其中却缺乏真实的内涵。比起这种无产者写作来，使艺术成为生活改造的力量，才是一件更加重要得多的工作。杜威早就说过，许多对无产阶级艺术的讨论都偏离了要点。他指出，"艺术的材料应从不管什么样的所有的源泉中汲取营养，艺术的产品应为所有的人所接受，与它相比，艺术家个人的政治意图是微不足道的"。当然，杜威是否抓住了要点，我们可以继续思考，但毕竟，新的社会条件，应该给艺术带来新的生存环境，也使艺术具有新的可能性。

艺术终结了，艺术又新生了。这是第二次终结，也是第二次新生。这种艺术的新生，应该与马克思所说的，"按照美的规律来建造"结合在一起。① 艺术会走出象牙之塔，走出孤岛，走出分区化形成的鸽笼，走向大众。只有在这个意义上，日常生活审美化才成为历史的必然。

（原载《北京大学学报》2007 年第 4 期）

---

① 马克思：《1844 年经济学哲学手稿》，《马克思恩格斯全集》第 42 卷，第 97 页。

现代性与文学研究的新视野

一 序言:文学研究的理论视野期待

长期以来，中国当代文学的历史形成及发展历程一直被一些标志性的时间、事件和文本武断地分离，而这些时间、事件和文本主要是以厚重的政治蕴涵而获得分离和命名历史的特权。在当代中国文学的历史叙述中，总是可以看到各种各样的宣言，它们宣告"结束"和"开始"。历史在不断的"结束"和"开始"的交替中断裂。当代中国文学的历史起源及其发展，主要是以政治运动及意识形态变动而完成历史定格。我们当然不是说文学可能超越政治、超越意识形态而发生和发展；而是说，文学是一种更复杂的人类精神的象征行为和情感表达形式，它与历史及社会实践有着更深刻更广泛的、更多样的联系和互动方式。在文学与政治之间，并不是简单明了的决定关系，而更有可能是一种平等互动关系，并且有着更深层的历史动机把它们加以铰合或分离。

确实，我们称之为当代中国文学的这门学科已经存在了半个世纪之久，我们从来是在意识形态的框架内来建构这门学科，这使它一直无法有效地反省自身。试图跳出既定的思想框架，寻求新的理论出发点，成

为 20 世纪 80 年代中期以来文学共同体的努力。

1985 年，黄子平、陈平原、钱理群提出"二十世纪中国文学"的概念，致力于打通中国近代、现代和当代的学科分野，从近代以来中国社会的现代转化的历史进程从整体上来把握中国 20 世纪文学。① 文章之所以能产生强烈的震撼力，也正在于它说出了人们郁积多年的学术期待：理解中国 20 世纪文学，有必要从整体上加以重新把握；有必要找到新的理论起点。确实，近代、现当代中国文学之所以划分得壁垒森严，并不只是因为人们对时间和专业范围的有限性的清醒认识，更重要的在于，它固定住了意识形态的命名和给定的历史含义。

文学共同体对于文学史叙述的刻板的时间体系和意识形态命名有着强烈的反思。1989 年，汪晖发表《鲁迅研究的历史批判》一文，该文在清理鲁迅研究的历史及其发展逻辑时，尤为尖锐地指出鲁迅研究的意识形态概念化特征。②

90 年代初期，王晓明、陈思和提出"重写文学史"口号，③ 其观点立场，可以看成是对"二十世纪中国文学"的呼应。他们认为，过去的文学史写作乃是依据意识形态给定的意义和标准，实际是政治话语的翻版和延续。

90 年代后期，陈思和主编《中国当代文学史教程》，④ 以"潜在写作"和"民间意识"，作为理论支撑点，重新清理现当代中国文学史，毫无疑问，他们的清理是开创性的，并且卓有成效。当然，不管是"潜在写作"，还是"民间意识"，这个概念也有其复杂的一面，也需要经过

---

① 参见陈平原、黄子平、钱理群《论"二十世纪中国文学"》，载《文学评论》1985 年第 5 期。

② 汪晖在该文中指出："鲁迅研究本身，不管它的研究者自觉与否，同时也就具有了某种政治意识形态的性质。"汪晖随后进行了一系列清理五四时期以及近现代转型时期的思想史范畴的研究，他力图去开掘现代思想起源的社会历史基础，清理那些思想范畴的相关逻辑结构。这些都预示着在我们业已建构的历史叙事之外，有着更为丰富复杂的历史蕴涵。参见《文学评论》1989 年第 2、3 期。

③ 王晓明、陈思和首次提出"重写文学史"是在《读书》的对话。

④ 陈思和主编：《中国当代文学史教程》，复旦大学出版社 2000 年版。

细致的清理。某种意义上，也如李杨所追问的那样，"潜在写作"关涉到文学史叙述的至关重要的版本问题；而"民间意识"与主导意识形态的复杂的同构关系也要具体分析。① 不管如何，这些探索和争论都表明文学共同体的一种努力，那就是回到更丰富复杂的历史本身。用一个更广大深远的视角去看待现代以来的中国文学。

所有这些，都表明文学共同体中出现的创生力量，② 期待以新的理论重新审视历史的总体性。20 世纪的中国文学不再是以必然性的结构推演其历史行程，毋宁说是多种叙事话语拼合而成的精神地形图。近年来，理论界对"现代性"问题表示了较高的热情，"现代性"不仅提示了一个新的理论角度，更重要的也许在于它所具有的极其广大的包容性：其一，它突然间提示了一个广阔的历史视野。它可以包容更长的时段，从前现代、现代起源时期，一直到后现代时期，都可以放在一个历史序列中考察。其二，它给予更广大的空间，它在理论上的中性色彩，使它可以涵盖后现代主义、后结构主义这样的理论视角，而又不具有激进思想立场的倾向性。其三，现代性使理论的融会贯通和学科的综合互渗提供了前所未有的可能性。当然，它在最大限度地拓宽文学研究边界的同时，导致文学研究转变成了文化研究。在给文学研究提供无限活力的同时，也使传统的文学研究处于岌岌可危的地步。

因此，如何把握住现代性这个最具有活力的理论资源的同时，又能回到文学本身，这就是当代中国文学研究（从文艺学到现当代学科）必须认真面对的挑战。就目前学界对现代性的探讨而言，其一，尚未在中国现代性的特定涵义上打开一条突破之路，其二，更少人就文学史和文学文本的具体关联中来理解现代性，我想这是两个需要开拓的起点。

---

① 李杨：《当代文学史写作：原则、方法与可能性》，《文学评论》2000 年第 3 期。

② 我这里用"创生"这个词，相对应的英语是 emergent，来自英国马克思主义理论家雷蒙·威廉斯的观点。他把文化划分为三种类型：1. 主导文化（dominant culture）；2. 剩余文化（residual culture）；3. 创生文化（emergent culture）。

总之，现代性既是一个可能一以贯之的视角，又是一种质疑和反思。当然，最根本的出发点在于，回到历史变动的实际过程；回到文学发生、变异和变革的具体环节；回到文学文本的内在结构中去。不应该把现代性看成一个篮子，把现代以来的文学都扔进这个篮子就完事，而是把它看作一个地形图，看出文学在复杂的历史情势中所表现出的可能性，以及反抗历史异化的力量。现代性使文学的历史梳理具有方向和形状，使它在具有历史连续性的同时，又包含着内在的分离和关联，转折和断裂。有必要强调的是，现代性并不是我们重新建构历史总体性所依靠的一个巨大的脚手架，相反，它也有可能是我们质疑业已建构的历史总体性的一个反思纲目。

二　现代性的内涵与中国的现代性特征

现代性随着资本主义的起源而趋于形成，18世纪可以视为其形成的明确的时间标志。① 现代性不只是预示着强大的历史欲求和实践，以及社会化的组织结构方面发生转型，同时在于它是社会理念、思想文

---

①　在西方的思想史研究中，现代（modern）一词最早可追溯至中世纪的经院神学，其拉丁词形式是"modernus"。德国解释学家姚斯在《美学标准及对古代与现代之争的历史反思》一书中对"现代"一词的来历进行了权威性的考证，他认为它于10世纪末期首次被使用，用于指称古罗马帝国向基督教世界过渡的时期，目的在于把古代与现代相区别。卡林内斯库在《现代性的五副面孔》中，追究现代性观念起源于基督教的末世教义的世界观。历史学家汤因比在1947年出版的《历史研究》一书中，把人类历史划分为四个阶段：黑暗时代（675—1075）、中世纪（1075—1475）、现代时代（1475—1875）、后现代时期（1875年至今）。他划分的"现代时期"是指文艺复兴和启蒙时代。而他所认为的后现代时期，即是指1875年以来，理性主义和启蒙精神崩溃为特征的"动乱年代"。按照"现代性"最权威的理论家哈贝马斯的说法，"现代"一词为了将其自身看作古往今来变化的结果，也随着内容的更迭变化而反复再三地表达了一种与古代性的过去息息相关的时代意识。哈贝马斯于1980年获得法兰克福的阿多戈诺奖时发表题为《论现代性》的学术演讲，该文后来发表于《新德国批评》1981年冬季号。他在该文中指出："人的现代观随着信念的不同而发生了变化。此信念由科学促成，它相信知识无限进步、社会和改良无限发展。"

化、知识体系和审美知觉发展到特定历史时期的表现。也许更重要的还在于现代性表达了人类对自身的意识达到了一个崭新的阶段，人类不仅反思过去，追寻未来，同时也反思自我的内在性和行为的后果。在批判的理论家看来，现代性与其说是一项历史工程、成就或可能性；不如说是历史限制和各种问题的堆积。现代性总是伴随着自我批判而不断建构自身，这使得现代性在思想文化上具有持续自我建构的潜力。

现代性作为一个强大的历史进程，它无疑具有活生生的历史实践品格，显现为一系列推动和主导历史变革发展的事件和运动，它的物化成就清楚地体现为民族—国家、主权与疆域、工业主义、高度的技术物质文明、经济体制与秩序、行政组织、法律程序，等等。对于人文学科来说，思考现代性的内在特性似乎更为重要。

很显然，我们现在理解的"现代性"是指启蒙时代以来的"新的"世界体系生成的时代。一种持续进步的、合目的性的、不可逆转的发展的时间观念。① 在人文学科的思想家看来，现代性更主要体现在精神文化变迁方面。马克斯·韦伯从宗教与形而上学的世界观分离角度出发来理解现代性。这种分离构成三个自律的范围：科学、道德与艺术。自从 18 世纪以来，基督教世界观中遗留的问题已经被分别纳入不同的知识领域加以处理，它们被分门别类为真理、规范的正义，真实性与美。由此形成了知识问题、公正性与道德问题以及趣味问题。哈贝马斯把现代性理解为一个方案、一项未竟的事业。哈贝马斯采用一种批判性的总体性的社会理论，他高度评价早期资本主义的

---

① 在国内的研究者中，汪晖较早概括现代性的理论含义。他指出："现代"概念是在与中世纪、古代的区分中呈现自己的意义的，"它体现了未来已经开始的信念。这是一个为未来而生存的时代，一个向未来的'新'敞开的时代。这种进化的、进步的、不可逆转的时间观不仅为我们提供了一个看待历史与现实的方式，而且也把我们自己的生存与奋斗的意义统纳入这个时间的轨道、时代的位置和未来的目标之中"。参见汪晖《死火重温》，人民文学出版社 2000 年版，第 4 页。

公共领域，批判它在当代社会中的衰落。哈氏并不否认文化的现代性也面临困境，但现代性的原初动机并不要为此负责，它不过是现代性社会化的后果，同时也是文化自身发展的问题。哈贝马斯担忧对理性的拒斥将会导致理论和政治的危险后果，因而他竭力维护他所说的现代性尚未实现的民主潜力。而合理化的艺术或审美，成为哈贝马斯释放现代性潜力的重要途径。

福柯为怀疑现代性奠定了理论基础。但福柯对现代性的批判并不是简单的拒绝，而是在逃离中来形成反思性的理论起点，由此建立了一套反现代性的理论方法。福柯令人惊异地把"启蒙"称之为"敲诈"。在他看来，对我们所处的历史时代的永恒的批判，则构成对启蒙"敲诈"的拒绝。福柯认为，启蒙构成了一个具有特权的分析领域，它是一组政治的、经济的、体制的和文化的事件，我们迄今仍然在很大程度上依赖于这个事件。一个人必须拒绝一切可能用一种简单化的和权威选择的形式来表述他自己的事情，应该用"辩证的"细微差别来摆脱这种敲诈。① 对现代性及启蒙理念给予最尖锐彻底攻击的理论家当推后现代主义理论家利奥塔（F. Liotard），他在1979年出版《后现代状况：关于知识的报告》。在利奥塔看来，"现代性"就是一种宏大叙事，一种以元叙事为基础的知识总汇，具体地说，也就是现代理性、启蒙、总体化思想以及历史哲学。利奥塔分析说，现代知识有三种状况：为使本质主义主张合法化而对元叙事的诉诸；作为合法化之必然后果的"使非法化"（delegitimation）和排他；对同质化的认识论律令和道德法律令的欲求。② 利奥塔认为，现代知识依赖元叙事来建立合化化的话语体系，而那些元话语又明确地援引某种

① 参见福柯《论现代性》，汪晖译，转引自汪晖、陈燕谷主编《文化与公共性》，生活·读书·新知三联书店1998年版，第430—442页。
② 参见利奥塔《后现代状况》序言部分，英文版，1979年。

宏大叙事，这里面显然存在同语反复，理性双方在共识的基础上达成知识的创建。

不管是把现代性看成一个方案（哈贝马斯），一种态度（福柯），还是一种叙事（利奥塔），都表明了现代性是一种价值取向和思想活动。现代性的价值根基就在于它的普遍主义；就精神性品格而言，在于它的反思性；就外在化的历史存在方式而言，在于它的断裂性。

如果说现代性得以代表人类最广泛而又无限进步的理念，这得益于启蒙主义创建普遍主义这种价值基础和认知形式。①

普遍性准则给现代性思想提示了行动的根基，人类的实践和思想活动，都因此统一在共同的社会理想和目标上。自由、平等以及普遍的正义，启蒙主义探求的理念，不是意指人性，或人的行动后果的可能性，而是人的活动先验存在的依据和要基。因此，在普遍性的基础上，现代性的反思活动具有了充分的合理性，同时，也保证着对现代性创立的那些准则的持续推演、质疑和检讨。

----

① 启蒙主义从文艺复兴的人文主义承继来的传统，强调天赋人权，自由平等观念。启蒙主义既居于普遍性的理念探寻人性的自我意识的根源，也据此来设计人类社会存在的共同基础。在启蒙思想中，普遍理念最全面深刻的阐释者当然是康德。在康德的思想中，自由就是服从道德律令，因为道德律令不是从外部强加的，而是理性自身的命令。更重要的在于，理性是普遍适用的，真正理性的主体的行动，都是依照被理解为普遍适用的原则和理性。所有符合人的本性的事物或行动，也就顺应了普遍律令，因而也就是自由的。康德的思想在那个时代具有革命性，有关康德这一意义的论述，可参见查尔斯·泰勒《自我的根源：现代认同的形式》，译林出版社2001年版，第561页。康德的这一思想指明了现代性思想的本源所在，普遍性法则不是外在的，不是实证性的历史、传统或自然法则，而是根源于人本身，是在人的自主性的确立中达成的，因而普遍性与人的自由完全统一。对于康德来说，道德所表征的普遍善，也不能在人类理性之外的地方发现，它是人对自身的内在性的领悟才得以产生。因此，普遍正义的原则也就是人对理性的认识，也就是按普遍准则行事，并且把所有的理性存在物作为目的来看待的决定。康德关于普遍性的观念，直接影响了费希特、黑格尔、马克思，构成了现代性的思想前提和基础。

"反思性"可以理解为人类一切活动的根本特征。① 人们总是在一定的目的、意图和方式引导下展开实践活动，它总是与活动过程及其事物构成特殊的联系方式，这就使所有的活动具有反思性的特征。正如吉登斯使用"行动的反思性监测"这一概念所描述的那样，人类的行动并没有融入互动和理性聚集的链条，而是一个连续不断的、从不松懈的对行为及其情境的监测过程。这并不是特别与现代性联系在一起的反思性的涵义，尽管它构成了（现代性的）反思性的必要基础。吉登斯指出，"随着现代性的出现，反思具有了不同的特征。它被引入系统的再生产每一基础之内，致使思想和行动总是处在连续不断地彼此相互反映的过程之中"。② 很显然，在人类社会进入现代时期之后，社会实践的速率和频度变换过快，各种知识体系、学科的相继建立，实践与知识总是处在不断检验与改造的关系结构中，这就是对现代社会"反思"的根本依据。过去，人们总是认为现代性的本质特征就是追新求异，吉登斯认为这种说法并不准确。他指出："现代性的特征并不是为新事物而接受新事物，而是对整个反思性的认定，这当然也包括对反思性自身的反思。"③

现代性的反思性也就是不断地从不同的立场角度检讨现有的知识结论和经验结论；它由叙述、批判、质疑、分析、推理等思维活动构成。说到底，现代性就是在人们反思性地运用知识的过程中建构起来的，在

---

① 反思性的思想在西方基督教和形而上学传统中由来已久。我们知道笛卡尔的"我思故我在"是典型的现代性反思的陈述。很显然，笛卡尔承继了柏拉图的传统，而从柏拉图到笛卡尔的途中，要经过奥古斯丁。而奥古斯丁关于柏拉图的学说则来自普罗提诺。奥古斯丁强调人应该内在于自己。这一步对于西方的形而上学传统是至关重要的，因为，西方的形而上学传统因此有了非常必要的第一人称立场。根据查尔斯·泰勒的论述，从柏拉图的精神与肉体分离的学说，到奥古斯丁的内在反省的思想，再到笛卡尔的"我思"概念，可以看到西方形而上学反思活动的脉络。但直到笛卡尔的"我思"出现，反思才具有了真正现代性的内涵。参见查尔斯·泰勒《自我的根源：现代认同的形式》，第195页。

② 安东尼·吉登斯：《现代性的后果》，第33页。

③ 同上书，第34页。

现代性的条件下，知识不再是一成不变的，知识的真理性、绝对性都处于可检验的过程中。按照吉登斯的看法，社会科学是对这种反思性的形式化，而这种反思对作为整体的现代性的反思性来说，又具有根本的意义。相比较自然科学，社会科学带有更强的现代性特质，"因为对社会实践的不断修正的依据，恰恰是关于这些实践的知识，而这正是现代制度的关键所在"。① 可以说，如果没有迄今为止的社会科学参与到现代性的建构中去的话，没有那些概念、经验性的描述，以及这些观念、概念和经验性结论的常识化和普遍化，现代社会的制度和生活形态的建立是不可想象的。由于现代性的反思性尤为突出，它当然也导致了知识的更新的速度和范围，促使人们的思想和实践具有更紧密的互动关系。

在现代性反思诸多思维特征中，最突出的莫过于批判性。如此激烈地批判传统与现实，批判社会的种种不合理的现象，这在前现代社会是不可能的。批判性依据特定的社会理想和目标，以此来推进社会进步发展。现代性的批判性反思总是奇怪地包含着对现实强烈不满的情绪，它的社会理想也不只是单纯地朝前看。现代性反思传统中，就有不少思想家怀着对传统的温情脉脉的眷恋，带着美化传统的想象来批判现实。卢梭以及整个浪漫派的哲学和文学都是以回归传统对抗工业主义来表达批判性反思的。在某种意义上，现代性是一种自己批判自己的态度，是一种反对自身的致思趋向。如果把现代性看成一个思想运动，当然其中始终包含着正面建构现代社会的各种思想理念，但那种批判性反思始终占据主导地位。这正是现代性社会得以不断更新变异发展的精神动力。如果一个社会、一种制度丧失了自我批判的能力，它的自我更新的生命力也就极为有限。

当然，并不是说批判性就为现代性发展提示了正确的历史轨迹，只是说批判性是现代性的自我意识、自我调节和平衡的必不可少的手段。

---

① 安东尼·吉登斯：《现代性的后果》，第 36 页。

批判性反思既是一种最有活力的现代性思想，同时也有可能对历史实践产生强有力的反作用。现代以来的社会变革，在很大程度上就与现代性的思想方案和批判哲学相关。例如，马克思主义思想，作为现代性最有力的反思性批判理论，它对人类历史产生的作用是空前绝后的。现代社会变革受到理论思想的影响如此之深，这表明现代社会实践与反思性的理论构成的密不可分的互动关系。

批判性体现着现代性思想活动超越性的和激进的特征，它蕴涵着知识精英变革现实和改造客观世界的强烈愿望。现代性思想总是伴随着强烈的危机感与变革意识，始终对现实不满，以及对未来的理想化，现代性的批判理论在其激进的顶点当然诉诸于社会革命。"批判的武器"终究不如"武器的批判"更彻底，现代以来的人类历史发生的暴力革命，虽然不能说是现代性激进理论的直接产物——社会变革的根源终究是在历史实践的综合关系结构中才得以形成——但它所起到的推动和激化作用则是不容置疑的。整个现代性的历史也可以说就是变革、革命的历史，现代性总是包含和制造历史的断裂，这就是现代性历史的存在方式。

事实上，现代性的起源就是一种断裂。它的持续推演、它在不同阶段不同地域的发展变异，也标志着断裂。断裂作为现代性的一种机制，以至于吉登斯把它看作现代性最重要的特性。尽管吉登斯承认"断裂"（discontinuities）存在于历史发展的各个阶段，这也是马克思历史唯物主义思考的主题之一。但吉登斯认为他理解的"断裂"是与现代时期有关的一种特殊的断裂。在他看来，"现代性以前所未有的方式，把我们抛离了所有类型的社会秩序的轨道，从而形成了其生活形态"。[1] 吉登斯在分辨那种将现代社会制度从传统的社会秩序中分离出来的断裂时指出：首先，是现代性时代到来的绝对速度。这种变迁速度渗透进社会所有领域，特别是在技术领域。其次，断裂体现在变迁的范围上。这种变迁推延到

---

① 安东尼·吉登斯：《现代性的后果》，第 4 页。

全球的各个层面。再次，断裂是现代制度固有的特性。也就是说现代社会的组织形式和社会秩序不能简单地从过去的历史时期里找到。民族—国家的政治体系和城市就是最鲜明的例子。①

不管怎么说，在资本主义的中心地带，现代性产生相对来说与传统社会的冲突不至于过于突然，也不至于是决裂性质的。而在资本主义的周边国家，或者说那些广大的发展中国家和第三世界，现代性在这些文化中激起反应，同时获得存在的社会根基，那就必然要与这些文化的传统和既定的社会秩序产生剧烈的冲突。断裂作为第三世界民族—国家的现代性的特征，显然要比资本主义宗主国来得更加突出。像中国这样的历史传统悠久的国家，它与西方资本主义世界相遇，经历了漫长的冲突磨合，始终寻求自身的现代性之路。近代中国被描述为半殖民地半封建社会，它与西方的关系是极为复杂的。虽然这里没有发生殖民地式的宗主国与从属国的关系，但是在文化上西方对中国构成的强大的压力是显而易见的。自现代以来，中国知识分子就在寻求追赶西方的现代性之路。开始是拒斥，随后则是急迫追赶。这使中国与自身的历史，与传统社会的关系趋于决裂。马克思主义在中国成为社会变革的精神指南，这无疑是中国现代性最突出的特点，马克思主义与中国革命实践相结合从而影响了 20 世纪中国的历史进程，这一事实说明，中国的现代性既与西方的现代性密切相关，同时也显示出中国自身的特征。现代以来的中国一直为一种不断激进化的社会变革所支配，② 社会的进步最终选择了暴力革命，彻底推翻了传统的社会制度和秩序。很显然，"断裂"在中国的现代性发展中表现得更为突出和彻底。由此也就不难理解，现代以来的中

---

① 安东尼·吉登斯：《现代性的后果》，第 6 页。

② 关于近现代中国不断激进化的讨论，可参见余英时《中国近代思想史上的激进与保守》；姜义华、陈炎：《激进与保守：一段尚未完结的对话》；陈来：《20 世纪文化运动中的激进主义》以及拙文《反激进与当代知识分子的历史境遇》，这些论文均收入《知识分子立场——激进与保守之间的动荡》，时代文艺出版社 2000 年版。

国历史中，充满了那么多的结束和开始。一个时代结束，另一个时代重新开始，这不仅表现在大的社会变迁方面，即使是那些阶段性的政治变动，也经常被叙述为（宣布为）一个新的时代开始。急迫地抛弃过去，与过去决裂，追求变迁的速度，以至于人们只有时刻生活在"新的"状态中，才能体会到社会的前进。这一切当然都导源于"落后"的焦虑情结，都来自渴求超越历史、迅速自我更新的理想。

三　在断裂的边界：文学现代性的双重含义

如果把握住"断裂"这一关键性的问题，就可以理解文学的现代性的真实含义。一方面，文学艺术作为一种激进的思想形式，直接表达现代性的意义，它表达现代性急迫的历史愿望，它为那些历史变革开道呐喊，当然也强化了历史断裂的鸿沟。另一方面，文学艺术又是一种保守性的情感力量，它不断地对现代性的历史变革进行质疑和反思，它始终眷恋历史的连续性，在反抗历史断裂的同时，也遮蔽和抚平历史断裂的鸿沟。

后者显然在欧洲的文学艺术史中可以看到清晰的脉络，而前者则在中国现代以来的文学艺术史中显现无遗。即使是后者，也依然可以看到作为文学艺术，它所表达的思想情感具有某种多重性。

欧洲启蒙主义的思想构成现代性的精神形式，就其思考的主题和思想方法，无疑都标示着一个新时代的来临；但在另一方面，启蒙主义一开始就是对现代性进行反思的思想形式。如果说启蒙主义运动作为早期现代性的思想体系，还是以它的正面直接的观点立场表达现代性的思想愿望，而它以后的思想体系则更多地反思现代性的现状及未来目标。在文学艺术方面，伴随着现代性全面兴盛，19 世纪以来的文学艺术始终坚韧不拔地反抗工业资本主义。最典型的莫过于浪漫主义文化传统。浪漫派可以在卢梭那里找到源头，当然，卢梭的后继者们没有卢梭那么激进，他们只是设想回到中古田园社会就心满意足。19 世纪的浪漫派一方面向往历史，另一方面向往未来，对于他们来说，这都不是真实的生活目标，这不过是他们反抗工业资本主义的一种想象方式而已。卡西尔认为，浪漫主义者为了过去的缘故而热爱过去。对他们来说，过去不仅是一个事实，而且也是一种最高的理想。① 这种回到过去和追求未来，都与他们对现实——工业文明的发展现实相关。浪漫派，以及后来的现代主义无不是以反抗工业资本主义为己任，他们的趣味和价值观念似乎都是在有意与现代性的工业主义唱反调。那当然，生长于资本主义兴起的浪漫主义，或是资本主义处于危机阶段的现代主义，事实上与资本主义的工业文明息息相关。它们不过是以对抗的方式，表达了对现代性的反思，他们表现的审美感觉方式、审美趣味以及价值取向，与现代主义构成了一种强大的反差或张力机制。这种反抗和反思，也在一定程度上起到了一种缓冲与调和的作用。现代性所带来的那些社会巨变，那些剧烈的社会动荡，因为这些反思体系，这些批判机制，这些恢复传统的愿望和对未来的理想，而变得可以忍受。这使人们在享用现代性的高速发展的文明成果时，始终保持着心理和情感的平衡。

对于中国现代以来的文学艺术来说，它与现代性的关系显得更为紧张和复杂。正如我们在前面讨论时指出的那样，中国的现代性一直是以断裂的方式展开，这些断裂给社会的组织结构、秩序规范、价值观念和思想意识都产生了剧烈的冲击。现代以来的思想意识一直站在现代性变迁的前列，现代中国的启蒙主义思想，以"德先生"和"赛先生"为先导，强有力地推进中国的现代性。中国的文学艺术一直也扮演着启蒙主义先驱的角色。"文学革命"在文化层面上率先触发了中国社会由传统向

---

① 卡西尔在《国家的神话》中写道："这种把过去理想化和精神化，是浪漫主义思想的一个最鲜明的特征。一切东西，一旦我们追溯到它的本源，那就成了可理解的、正当的、合理的了。这种心情是同 18 世纪的思想家完全相异的。他们对过去进行回顾，是因为他们要为一个更好的未来作准备。人类的未来，新的政治秩序和社会秩序的产生，是他们的伟大主题和真正关切的东西。"范进等译，华夏出版社 1999 年版，第 221—222 页。

现代转变，白话文学对中国现代性的建构是如此之大，以至于我们完全可以说，如果没有现代白话文，现代性的感觉方式、认知方式和情感价值都无法建立起来。随后出现的"革命文学"，更是以激进的方式，为激进的社会变革，为一个阶级推翻另一个阶级的暴力革命提供情感认知的基础。更不用说1949年以后，中国的社会主义文学成为社会主义革命事业的齿轮和螺丝钉，成为巩固无产阶级专政强有力的意识形态。在现代性不断激进化的历史进程中，20世纪的中国文学始终是激进变革的先驱，它既是一面镜子，更是历史最内在的躁动不安的那种精神和情绪。在那些剧烈的变革时期，在那些猛然发生的历史断裂过程中，文学都在扮演一种推波助澜的角色。

现代以来的中国文学，说到底就是一部中国现代性断裂的情感备忘录。它一直在为现代性的合法、合理与合情展开实践，当然这一切都是以对历史变动的敏感性为前提来获取历史的切入点，因而它确实又是历史内在性的一部分。从"文学革命"到"革命文学"，从五六十年代的社会主义现实主义，到"文化大革命"，再到新时期，中国现代以来的文学与社会变革的关系紧密而贴切，它在每一个变革和断裂的时刻，都给出历史的定义，都明确给历史定位、划界，宣布一种历史的结束和另一种历史的开始。它使断裂显得合情合理，它使那些断裂彼此之间息息相关，环环相扣，反倒使那些断裂更紧密地铰合在一起。这就是中国现代性文学的内在性，在一个强大的历史化的运动中，它们又构成一个整体。

文学的现代性运动集中体现在"历史化"方面。尽管传统的文学也有历史观念和历史叙事，但它与现代性的"历史"有着本质的区别。过去的历史不过是一种编年史，它没有强烈的按照一种目的论的意图重新定义历史，也没有给定明确的历史目标。只有现代性的历史观是以合目的性的必然的进步观念标示出的，历史叙事具有强大的概括能力，它把过去、现在和未来结合一体，建立起现代性的宏大叙事。中国的现代性文学重塑了现代性的历史，它不仅在传统向现代的转型中给出了历史断裂的明确标志，同时给那些阶段性的断裂划定界线。关于历史结束和重新开始的叙述频繁地出现在中国现代以来的文学史的叙事中，这些历史化，使断裂具有合理性，并且使它们共同建构现代性的宏大历史叙事。

在中国现代性强烈变革现实，与传统决裂的诉求中，也有可能包含着反思现代性的那些思想意识。在这里当然无法去分析像早期的"国粹派"那些保守性的文化派别的观点，就那些激进的寻求变革的思想家和文学家的思想立场中，也有可能看到反抗现代性的那种情感意向。它们是以非常隐蔽而微妙的形式存在于宏大的历史叙事之下的，因而，那些看上去微弱的痕迹就包含着更为深刻有力的韧性。像三四十年代的那些乡土派文学，那些与传统文化密切相关的文学表达，它们不是现代中国文学的主流，但它们表示了一种与现代性相左的价值选择和趣味。我觉得更有意义的在于那些激进的被主流化的文学叙事中，其实也有可能隐藏着复杂的反思性因素在里面。例如，鲁迅的作品。毫无疑问，鲁迅的作品被看成是中国现代性意义最典型的表达，鲁迅本人的思想明白无误地显示出他对自由、民主、科学的现代性价值的追寻，他信奉进化论，一生追求中国社会摆脱封建主义，走向光明的现代世界，直至他被塑造成民族的脊梁，无产阶级革命战士。但我们仔细看看鲁迅的小说，会发现一些不同于正统定位，甚至与他自己在杂文和其他文体中表达的思想有着明显差异的东西存在。他的小说一直被看成是揭示民族劣根性的典范之作，它对国民性的批判深刻而不留余地。这也许是其主题，甚至是他的创作意图。但是我们在他的作品中还看到其他的东西。例如，在《孔乙己》、《祥林嫂》、《阿Q正传》、《闰土》等作品中，鲁迅不断地写到这些人物的身体。孔乙己的长指甲的手，打折的腿，以及用手走路的姿势；祥林嫂不断重复的语言障碍；阿Q的癞疮疤；闰土的粗糙的手，等等。这些身体的物化形式，其实是乡土记忆的凝聚，它们与鲁迅的小说不断地书写的乡土中国的那种氛围相关。这些无助的人们，并不只是标示着国民的麻木，标示着一种劣根性，同时——也许更重要的在于，鲁迅表达了一种乡土中国的记忆，这些记忆从中国现代性变革的历史空当浮现出来，它们表示了与现代性方向完全不同的存在。鲁迅在这里寄寓的不只是批判性，而是一种远为复杂的关于乡土中国的命运——那些始终在历史进步和历史变革之外的人群的命运。这种情绪无疑显得相当微弱，也许还隐蔽得非常深，只不过是无意识泄露的一种隐忧。但它们却又构成文学更为深厚的那种质地，更为真实的与个人经验和记忆相关的一种书写。在鲁迅的这种书写中，与后来的革命文学对下层人的命运的关切显然不可同日而语，后者是在革命思想的照彻下，居高临下式的为革命寻求合理性的历史化叙事；而鲁迅的这种书写则是试图还原乡土中国的生存境遇，它与个人最真挚的记忆，内在情感和内在生命，因而又是与反抗历史异化的文学书写方式相联的东西。

这种情况也可能发生在那些被认为经典化的革命历史叙事中。例如，像梁斌的《红旗谱》这种作品，无疑被认为是完全依照革命理论写出来的。作者也明确表示过，通过改造世界观，才写出这种革命性的作品。但我们真正分析这部作品，并不能充分感受到里面的暴力革命的残酷性。小说开篇的阶级斗争也不激烈，革命始终不坚决。连中国传统小说中惯有的杀父之仇模式都比不上，农民对地主的阶级仇恨，并没有超出传统乡土中国的家族伦理。严志和要去济南看运涛，直到这时，还想到去向地主冯老兰借钱。虽然碰了一鼻子灰，但看得出乡土中国的阶级斗争远没有到你死我活的地步。再看看作者梁斌创作谈中，津津乐道的并不是阶级斗争模式，而是个人的经历和经验，个人始终怀有关于乡土中国的情感记忆，以及那些与民族传统文化相关的创作技巧和美学风格。这些东西是他所理解的关于文学的东西，它们也构成革命历史叙事不能压抑的一种文学质地——这种质地使文学在任何时候，在任何境况中还可以被称之为文学，还可以被识别为文学。事实上，其他的革命文学也存在相同的情形，那种革命叙事并没有完全压抑住被称之为文学性的东西。① 革命文学一方面促进了历史的断裂，它为剧烈的历史变迁提供了形象认知和情感共鸣的基础。另一方面，它依然有一种不可磨灭的文学性，使文学的历史得以延续。正是在沟通文学的历史的过程中，革命文学在极端断裂的年代，依赖其源自个人经验和个人记忆的东西，弥合历史的裂痕。它使那些变动和分裂的历史时期，人们的形象认知和情感记忆能有一种延续的韧性。

正如我们在前面讨论时指出的那样，中国现代以来的文学整体上与激进的社会变革保持着同步，它一直充当激进革命的先导和前卫。从一种更宽阔的历史视野来看，它像是在促进这种历史断裂，也是在弥合这种断裂。文学的历史化总是为那些断裂提供合理化的形象依据，这种合理性的解释本身，也缓和了历史断裂带来的紧张关系。当人们从一个历史时期走到另一个时期，例如，从旧民主主义革命时期走向新民主主义革命时期，再到社会主义革命时期，文学艺术最大可能地消除了历史变异的裂痕。毛泽东终其一生，都试图寻找一个理想化的革命文学。这种革命的内容与尽可能完美的艺术形式高度结合的东西，始终没有产生。但事实上，它们或多或少以不同的方式实际存在着。② 革命产生了暴力

---

① 也正为此，毛泽东本人及其追随者，从来不认为这些革命文学作品达到无产阶级政治的理想化要求。在"文化大革命"期间，这些作品都被指责为属于资本主义的毒草。有关这个问题的论述可参考拙作《个人记忆与历史叙事》，载《当代作家评论》2002 年第 3 期。

② 在革命的限度内，毛泽东幻想人民群众喜闻乐见的艺术作品，这种作品把现代性最激进的革命内容，与民族传统美学趣味结合在一起。问题不在于这种理论设想是否可能，而在于毛泽东为什么要有这样的想法？这并不仅仅是出于意识形态宣传的需要，也许更为隐蔽的需要在于，如此剧烈的社会变革，拿什么东西从精神上安慰民众？如何让人们在紧张的革命运动中，获得松弛感？尽管革命的内容与完美的艺术形式从未达成过理想的统一，但革命文学的激进与保守的双重功能从未停止过发生作用。例如，在"文化大革命"期间，文攻武卫不过是暴力与调情形式的翻版。这个时期的文艺活动呈现为一场声势浩大的革命狂欢节，高度集体化的情感渲泄。即使在广大偏僻的乡村，群众集体观看样板戏这个毫无色情意味的戏剧形式，经常也变成欲望想象性发泄的场所。任何有过知青经历的人，都不难理解那场景所隐含的色情成分。观看台上的那些异性演员，以及台下暧昧的男女关系，这些都是革命年代的盛会。

和陌生化，而革命的文学艺术经常制造温馨的归乡式的气氛。只要看看那些被称之为革命文学的作品，其中总是不能摆脱情爱故事，不能消除小资情调和乡土记忆，从而产生感人至深的效果。这些情调都是下意识的表达，文学自身的那种延续性的方式依然留存于革命文学的历史叙事中，唯其如此，它才有维系历史断裂的力量。

文学的现代性并不是单向度和单面的，这里面确实存在多种转折、缠绕和悖论。现代的文学艺术创建的那些感觉方式经常与它的观念本身相矛盾，进步的革命文学始终就不能摆脱自怨自艾的小资情调，而后者恰恰是在被贬抑的状态中，维系住现代性情感发展的历史线索。

现代性的断裂确实给社会的精神心理造成强大的压力，这不管是早期资本主义工业革命的强大冲击，还是后来的社会主义革命。当历史学家和社会学家不断地使用"天翻地覆"的变迁来描述现代化的伟大成果时，并没有想到人类在精神心理方面经历的巨大考验。吉尔·德留兹（Gilles Deleuze）和费利克斯·居塔里（Felix Guattari）在其影响卓著的《反俄狄浦斯：资本主义与精神分裂症》一书中，详尽分析了资本主义的精神危机。作为一部继承拉康而又反拉康主义的精神分析学天书，德留兹和居塔里看到资本主义的内在分裂，其根源就在于欲望构成了社会生产的全部基础和动力。在他们看来，社会生产在确定的条件下纯粹是而且仅仅是欲望生产本身。欲望是通过原初压制和在妄想、奇效、独立的序列中被否弃的东西的回复来实现自己的历程的。欲望生产在德留兹和居塔里的论述中，并不是一个否定的概念，欲望既是个体的也是社会的真正人道的本原的无意识表现。他们认为重要的是应当向人们证明欲望的意义和力量，揭示它直接介入生活和改造生活的能力。尽管庞大的社会压力对欲望生产产生巨大的影响，但是，现实终归是欲望生产的产物。德留兹和居塔里猛烈抨击资本主义生产产生了精神分裂症的能量和负荷的积累。资本主义利用它所有的巨大的压制力量来承受这个能量或负荷的积累，而这个能量或负荷的积累继续充当资本主义的限度。他们写道:"因为资本主义坚持不懈地抵制、坚持不懈地约束这个内在倾向,而与此同时,又让这个倾向信马由缰;在要达到它的限度的同时,它又不断地寻求避免到达这个限度。资本主义设立或恢复各种各样残留的与人造的、虚构的或象征的地域,借此试图尽其所能来重新编码、重新引导那些根据抽象量被界定的人们。事物回归或重现:国家、民族、家庭都不例外。"① 这一切使资本主义意识形态成为对一度被信奉的任何事物的混乱概括。简而言之,资本主义生产欲望,又限制欲望,使欲望始终处于不满足的焦虑状态。

在某种意义上,德留兹和居塔里对资本主义的批判,也可以看成是对现代性的批判。他们所寻求的历史唯物主义的治疗,也就是解放人的欲望,使欲望无意识地介入社会。他们还提出"积极的逃逸"这种观念,他们寄望于革命的艺术有可能消除资本主义的精神分裂症。尽管德留兹和居塔里对资本主义精神分裂的诊断颇为有力,但其治疗却未见得可行。但他们确实看到现代性以来的物质生产和精神生产存在的巨大的内在分裂状况,思想、艺术与人的自我意识一直在努力弥合这种分裂。这一切并不意味着人们可以找到一劳永逸的解决方案,但却让人们积极面对现代性的所有后果。这一切也促使我们把现代以来的文学艺术,既看作现代性的产物,又看成是对现代性进行重新编码的能动形式。这当然不是说在现代性的语境中,所有的艺术都具有相同的性质和功能,而

---

① 参见德留兹、居塔里《反俄狄浦斯:资本主义与精神分裂症》,纽约,海盗企鹅,1972/1977。中文译文可参见《后现代性的哲学话语》,汪民安等主编,浙江人民出版社2000年版,第54页。有必要在这里说明的是,在本质上,欲望机器与技术社会机器之间从来没有任何差别,德留兹和居塔里说过:精神分裂症是作为社会生产极限的欲望生产。因此,欲望生产及其与社会生产相比在体制上的差别就是终点,而不是起点。两者之间只有一个正在进行的变化过程,这就是变成现实。不过,德留兹和居塔里还是把欲望机器看成更为本源的生产力量。资本主义的社会危机,也就是精神危机,也就是出在欲望生产方面。因而,他们寻求的"历史唯物主义治疗",也是欲望化的治疗。但是,失去阶级斗争和暴力革命这种经典的马克思主义表述,资本主义的个人/个体,如何具有真正的革命性呢?

是从现代性的维度去看待文学艺术与社会历史、与生命个体构成的互动关系。

作为一名反现代性的理论家，福柯也看到现代艺术在现代性历史语境中所起到的特殊作用。正如我们在前面所讨论时指出的那样，当人们把现代性看成一个时代时，福柯更乐于把它看成一种态度。现代性的态度在福柯的理解中是充满着内在冲突和变异的。现代性的态度始终与"反现代性的态度"相联。福柯选择波德莱尔——他的现代性意识被广泛认可为19世纪最敏锐的意识之一——作为他阐释艺术与现代性的互动关系的例证。当波德莱尔意识到现代性时代的飞逝感觉时，他正是通过艺术的眼光使飞逝转化为永恒。很显然，福柯认为波德莱尔的现代性态度，或者说波德莱尔艺术地处理现代性的方式，也就是把飞逝留存住。当现代性的飞逝存留于艺术中时，艺术在飞逝的瞬间夺回永恒。福柯指出："对于现代性的态度而言，现时的崇高价值是与这样一种绝望的渴望无法分开的：想象它，把它想成与它本身不同的东西，不是用摧毁它的方法来改变它，而是通过把握它自身的状态来改变它。"①

在福柯看来，波德莱尔们的现代性是一种实践，在这种实践中，对于什么是真实的极度关切与一种自由的实践相冲突。福柯特别强调这处自由的实践对现实既尊重又违背。如果联系波德莱尔的例子，可以看出，福柯设想艺术与飞逝变化的现在可以区别开来。艺术当然也不是静止的一成不变的凝固的客观之物，而是对变化的断裂的现在的一种把握和创造。在福柯矛盾而又晦涩的表述中，我们可以领略到，他设想有一种艺术的态度可以表达现代性的态度，就是面对变化的现在创造自身的一种态度。它既把自身从变化的现在中逃离出来，又不是一种固定的静止不变的自我。这个现代性没有在他自己的存在中解放人，它迫使他去面对生产自己的任务。在福柯一贯的反人道主义的思想中，他在这里也面临

---

① 福柯：《论现代性》，转引自汪晖、陈燕谷主编《文化与公共性》，第442页。

着一种关于艺术创造主体的自由这样的人文主义难题。福柯也出人意料地在这里如此明确地谈到各式各样的人道主义，与其说"人道主义"这种思想值得怀疑，不如说是与启蒙相连接的那些人道主义虚假软弱。福柯强调了一种对我们的历史时代的永恒性进行批判的精神气质，而他所暧昧地认可的波德莱尔的艺术气质，也属于这种精神气质。在福柯的思想深处，还是存有一种不与历史妥协的艺术的自主性，在这个意义上，现代性艺术也就具有了一种不被历史化，而能不断重新创造反思现代性的主体自己。它就如同福柯的系谱学方法一样，试图为自由的未经定义的工作寻找一种尽可能深远的新的原动力。

这些论述远不是为现代性体系中的文学艺术的性质和功能定义，只是提示了一种重新思考的可能性。处在现代性历史语境中的文学艺术，是如何建构现代性而又损毁现代性，并且恰恰是在那些严厉的批判和超越中建构了现代性最有力的根基的？正如罗兰·巴特所说的那样："革命在它想要摧毁的东西内获得它想具有的东西的形象。……文学的写作既具有历史的异化又具有历史的梦想。"① 在现代性的框架内来重新思考文学与历史和现实的关系，以及文学的自主性的审美意义，它确实显露出相当复杂的相互缠绕的关系模式。

四　文学现代性研究的趋向

文学的现代性是一个非常复杂，理论含量异常丰富的问题，在这里，我们不过清理了一些前提，提示了一些理论的可能性。当代文学研究如何从过去的简单明了的意识形态框架中解放出来，从 20 世纪这种较为宏观的背景去展开探讨，这确实是一项艰巨的任务。现代性提供的理论视角，无疑有助于从整体上来理解 20 世纪的中国文学，"重写文学史"的

---

① 　巴尔特：《写作的零度》，生活·读书·新知三联书店 1988 年版，第 28 页。

期盼就不是一种理论的奢望，而是一项具体实在的探索。从以上的提纲挈领式的梳理中，我们确实可以看到，20 世纪文学的那种强劲发展的历史，那些截然的断裂，都在现代性的框架内表现出它们的分离、冲突、关联和互动。当然，我们并不想给人以这样的印象：文学的现代性具有一种坚硬的总体性，它具有历史的一致性，它是永久的和不可超越的。与这样一种观点相反，我们所理解的现代性是在不断分离和断裂的历史片断中重新组装的一种状态（精神、气质、态度、风格，等等），它是我们思考的一个参照系，而不是我们要论证的一种历史实在。

在对现代性投入理论热情的同时，也不要指望现代性就提供了一个永久有效的理论方案，特别是不能将问题简单化和公式化，似乎只要挂上现代性的招牌，只要完成现代性的指认，对文学史的总体性把握，对文学现象的新奇时尚的解释就得以完成。如何使文学的现代性研究能最终回到文学，这就需要从文学自身的历史、从文本与历史环绕的那些环节，从具体要点和不同侧面去接近现代性与代文学构成的关系，去触摸现代性的根茎。从文学出发，又回到文学，可能是避免把文学的现代性问题简单化的一个必要思路，现代性的视点终究还是用于揭示文学本身的特质，一种更为深刻有力的审美品质。

当然，讨论现代性不能回避的一个问题就是"后现代性"。众所周知，后现代理论形成于对现代性的反思，但这并不意味着后现代性只是简单地取代现代性。实际上，"现代性"是一个后现代的话题，正是后现代对现代性的反思，使现代性成为一个问题——被后现代反思的问题；或者说被反后现代性的理论家重新阐释的问题。后现代理论通过对现代性展开激烈批判而建立最初的理论起点，如利奥塔、福柯、德里达等人；后现代理论被普遍化之后，它趋向于阐释。对启蒙理性的颠覆性批判，更多为对现代性的历史过程和具体案例分析阐释所替代。后现代研究转向文化研究的同时，也转向了现代性研究。现代性理论与后现代性理论，除了立场和倾向的区别外，在理论概念、术语和论述方法方面，如出一辙。很显然，正如后现代性没有替代现代性一样，后现代理论越来越倾向于转向现代性研究。吉登斯注意到这两种话语之间的微妙关系。他反对用后现代性取代现代性的说法。他指出，这种取代论的观点所诉求的，正是（现在）被公认为不可能的事：确立历史的连续性并确定我们在其中所处的位置。吉登斯主张，把后现代性看成"现代性开始理解其自身"，也就是说后现代性提供了一种对内在于现代性本身的反思性的更为全面的理解，而不是对其本身的超越。① 吉登斯试图把现代性解析为脱离或超越现代性的各种制度的一系列内在转变。虽然我们还没有生活在后现代性的社会氛围之中，但是，"我们已经能够瞥见那不同于现代制度所孕育出来的生活方式和社会组织形式的缕缕微光"。② 考虑到吉登斯的《现代性的后果》一书出版于 1990 年，他对后现代性的看法当然显得老成持重、不偏不倚。在 20 世纪末期，不只是他，我们同样可以看到，历史进化论、历史目的论、关于现代性的一致性问题以及西方中心主义，等等，这些现代性最显著的特征正在消失，而我们生活的时代正在进入到一个全新而多元的情境中。所有这些现象：文化反思性的和社会组织制度方面的变化，在中国这样历史传统悠久而又饱经激进革命洗礼的社会也看到"缕缕微光"。

由此不难理解，现代性问题及其在现时代重新反思的迫切性和必要性，并不是西方学术体制下的一个问题，同样是当代中国人文学科需要面对的重要而根本的问题。也许当代理论话语的运行轨迹颇具反讽意味，我们不是从现代性到后现代性；而是从后现代性回到了现代性。这源于当代理论阐释的后现代性是作为一种先锋派的理论变革单方面提出的，它并不是从我们的现代性历史困境中引申出来。现在谈论现代性，既是补课，也是推进，更是回到我们的历史之中去思考。从这里，我们也许

---

① 参见吉登斯《现代性的后果》，第 42—43 页。
② 同上书，第 46 页。

可以更清晰地看到我们经历过的历史，看到我们建构和解构的历史又是如何与我们生存的现实沟通在一起。

确实，在这里，我们困难的是如何处理中国的本土化经验，特别是当代的经验。我们始终想保持这样一种观点和立场：当代中国的现代性既走到尽头，又是一项未竟的事业。这就是说，在全球化迅猛发展的今天，资本与高新技术输入，以及全球自由市场进一步形成，高速度的城市化等因素，已经使中国社会在某种程度上步入后工业化社会；而学术界自20世纪90年代开始逐步接受后现代主义观点，反思中国的现代性，这些都使中国社会的现代性面临剧烈的冲击。但另一方面，中国社会又依然保持着深厚的前现代传统，并且现代社会的那些理念并未实现。这就使当代中国的社会现实具有相当大的包容性，以其巨大的历史跨度重叠几个时代的内涵。这是我们在理解中国的现代性——从过去到现在——始终要把握的视角。也正因为如此，当前的现代性研究显然是一个更具有历史感，也更具有包容性的理论方案，它肯定会有更大的理论向心力。

（原载《文学评论》2002 年第 6 期）

审美现代性:马克思主义的提问方式与当代文学实践

王 杰[*]

马克思在 1857 年 8 月底撰写的《政治经济学批判·导言》中已经明确提出了现代性问题,这就是历史进步与它所付出的代价的关系问题,[①]对这个问题的思考构成了马克思主义社会和文化理论的历史哲学基础。关于审美现代性的有关思想,我们在《1844 年经济学哲学手稿》中可以看到其基本思路和理论原则。[②]问题在于,在当时以及以后的很长一段时间里,资本主义上升时期的乐观主义情绪和工具理性思想的流行遮掩了马克思的声音,直到 20 世纪下半叶,马克思的声音才在哈贝马斯、詹姆逊、伊格尔顿等人的著作中产生巨大反响。

在现代社会生活中,充满魅力的古典文化以艺术作品的形式重新表达,成为现代人交流思想和感情的重要媒介。它的魅力事实上并不在于古典社会本身,而在于古典文化与现代社会构成的关系。关于审美现代性问题,马克思的提问方式和解答的理路与海德格尔等现代哲学家正好

* 王杰:上海交通大学人文学院教授。

① 马克思在《导言》中指出:"进步这个概念决不能在通常的抽象意义上去理解。"见《马克思恩格斯选集》第 2 卷,人民出版社 1995 年版,第 27 页。

② 参见伊格尔顿《美学意识形态》,广西师范大学出版社 1997 年版,第 8、16 章。

相反。在《导言》中马克思明确指出，古希腊神话时代已经一去不复返了。与现代社会创造的巨大生产力相比，古希腊神话失去了其原有的意识形态力量，升华成具有"永恒魅力"的文化形式。在马克思看来，古希腊艺术的特殊魅力不在于它的古典性，而恰恰在于它的"现代性"，即在于它在现代社会生活中的意义。已经转化为艺术作品的古希腊神话，已经不是一种意识形态，而是一种凝固的意识形式，只有当它与现实生活经验建立某种联系的时候，它才呈现出具体的意义，这个"意义"的根源在于现实经验和现实关系。在我看来，马克思的提问方式不是探究古希腊神话怎样转化为艺术作品，或者说艺术作品怎样"起源"，而是思索并力图解答，通过艺术这种特殊的意识形态形式，现实中的个体怎样与现实关系交流从而改变主体本身。也就是说，在马克思看来，对于理论研究而言，重要的不是从现实到艺术的这个审美转换阶段，而是从艺术作品到现实体验这样一个审美转换过程。马克思在政治经济学研究中研究交换关系和交往关系的理论，对于我们理解马克思的美学思想具有十分重要的意义，如果我们说以往的美学家（包括海德格尔）仅仅是关注美是怎样来的以及美是什么等问题，马克思则要求我们思考"美"有什么用处。因此，在马克思主义理论框架中，审美的现代性问题也就是审美意识形态的现代作用问题。

在马克思的理论视野中，审美意识形态的现代作用主要包括三个方面的理论内容。首先，在现代社会中，由于社会生活的异化，意识形态，包括审美的意识形态必然发生严重的扭曲和异化，审美意识形态与它所表征的社会关系发生某种程度的脱节甚至断裂。在《路易·波拿巴的雾月十八日》这部重要著作中，马克思指出，资产阶级社会的斗士们，为了不让自己看见自己的斗争的资产阶级的狭隘内容，从过去的历史事件中找到了"为了要把自己的热情保持在伟大的历史悲剧的高度上所必需的理想、艺术形式和幻想"。① 这就是审美意识形态的最常见和最直接的

---

① 《马克思恩格斯选集》第 1 卷，人民出版社 1995 年版，第 586 页。

内容与含义，在当代社会，这就是各种大众文化的主要意义，幻想化和形式化是其主要特征。其次，由于审美活动是以个体的审美经验为基础的，在社会已经充分个体化了的现代社会，个体意识形态与主流意识形态必然形成诸多的差异，这就为审美启蒙并且重新把握现实生活关系提供了可能。在马克思看来，理论的任务不能停留在描述这种可能性上，问题的实质和关键在于说明为什么能够产生这类差异和意识形态的偏离，以及这种审美活动的社会意义，在这里，陌生化或审美变形（转换）是其主要特征。在《路易·波拿巴的雾月十八日》中马克思写道："使死人复生是为了赞美新的斗争，而不是为了勉强模仿旧的斗争；是为了提高想象中的某一任务的意义，而不是为了回避在现实中解决这个任务；是为了再度找到革命的精神，而不是为了让革命的幽灵重新游荡起来。"① 通过审美转换，艺术的形式与现实关系的要求结合起来。再次，两种意识形态的关系问题。审美活动的一个显著特点是审美经验的个体性与审美对象的共同性的有机统一。在马克思的理论视野中，这种统一的基础是审美关系。审美关系不是简单指审美主体与审美对象的关系，而是指由现实的生产方式所规定或由一定的意识形态所规范的情感模式，包括情感需要、情感表述和情感满足的一整套习俗和制度。在不同的生产方式、社会制度和文化传统的条件下，审美关系也互不相同。由于审美关系的不同，共同的审美对象或文学文本可以产生出不同的审美效果，在理论上也就是两种审美意识形态的关系问题。在社会主义文学生产方式出现之前，两种审美意识形态的关系问题被马克思表述为古希腊艺术的永恒魅力问题，在社会主义文学生产方式出现之后，在理论上进一步提出了新的问题和理论要求。

　　应该承认，西方马克思主义美学家们在解答马克思提出的问题这个方面做了大量建设性的努力，推动了马克思主义美学和美学基本理论的

---

① 《马克思恩格斯选集》第 1 卷，人民出版社 1995 年版，第 586 页。

发展。在西方马克思主义美学的众多学说和理论模式中，大体上可以划分为卢卡契的美学理论、法兰克福学派的美学理论、阿尔都塞学派的美学理论，以及英国马克思主义美学学派的理论等四种类型。对于马克思的提问，如果说卢卡契的美学和法兰克福学派主要回答了马克思所提出问题的第一层内容的话，阿尔都塞学派的马克思主义美学理论则着重回答了问题的第二个方面。英国马克思主义美学和中国的马克思主义美学则努力回答马克思提问的第三个方面。众多的学者和理论家从不同的方面探讨和发展了马克思主义美学理论，我们不应该用实用主义的态度简单地对待这些思想资料和研究成果。

由于社会关系的变化，西方的美学和艺术思潮在19世纪末、20世纪初发生了很大的转折，经济基础与文化、艺术由不平衡关系转化为对抗性的关系。启蒙主义的理想和信念破碎了，虚无主义和悲观主义成为最有影响力的声音。法兰克福学派的美学家们以惊人的智慧和勇气，在令人绝望的社会和文化条件下顽强地坚持着启蒙主义的基本信念，努力寻找在现代生活和现代文化的条件下，实现审美启蒙的条件和可能性。法兰克福学派对"文化工业"的批判以及对现代艺术的研究和阐释，把马克思对审美现代性问题的思路和理论原则鲜明系统地表达出来，对审美问题的研究和探讨成为进入现代社会内在矛盾和文化核心的一条捷径。本雅明和阿多诺的理论至今仍然是后现代理论和现代性问题讨论的基本思想资料就是一个证明。阿多诺和本雅明从事学术研究的社会背景是纳粹法西斯的兴起和猖獗，这是人类历史上最黑暗的一页。本雅明和阿多诺等人的理论研究告诉人们，即便在这样的条件下，理论研究仍然可以有所作为。

本雅明和阿多诺的理论重心在于对晚期资本主义时代审美意识形态的批判。它们对于艺术给予大众的审美启蒙作用寄予了过高的期望，忽视了审美关系对于审美效果的潜在支配作用。阿尔都塞的哲学理论和美学思考正是针对这一不足而展开的。艺术与意识形态的关系问题，或者说两种审美意识形态的关系问题是阿尔都塞学派美学理论的基本问题。①

在阿尔都塞看来，如果说艺术与科学认识的区别只是一种"差异"的话，那么艺术与审美意识形态的区别则是本质性的，它们虽然表面上相似而实际上导致截然相反的价值意义：启蒙或者蒙蔽。然而正是在这个需要进一步着重展开的地方，阿尔都塞中止了论述。在我看来，阿尔都塞在这里的沉默与马克思在《政治经济学批判·导言》末尾的沉默一样引人注目。

阿尔都塞的理论工作在他的学生那里得到了继续。法国的马歇雷、美国的詹姆逊、英国的伊格尔顿从不同的角度展开和阐发了阿尔都塞所提出的思想和理论，以马克思主义为旗帜参与了后现代主义问题的讨论。阿尔都塞的意识形态理论着重讨论了主体的再生产机制问题。在现代社会和现代文化条件下，情感表达的模式和机制在某种意义上已经成为主体实现再生产的关键环节，这就是"艺术的意识形态"或审美的意识形态。在这个意义上，阿尔都塞学派的理论家们对审美现代性亦持明确的批判性态度。对于马克思主义美学的发展而言，问题不在于指出审美现代性与社会现代化之间的一致关系（这一点卢卡契和法兰克福学派已有系统的研究），问题在于怎样理论地说明审美意识形态与艺术的区别及其相互转化机制，在现代性问题讨论的语境中，也就是审美现代性与后现代性的关系问题。对这个问题的解答，马歇雷在阿尔都塞理论框架的基础上提出了"文学是意识形态的一种形式"的命题，用"多元决定论"的理论原则说明艺术产生于诸意识形态的冲突和意识形态的"断裂"之中。詹姆逊在系统地研究了晚期资本主义文化逻辑的基础上，提出了"文学生产方式论"的理论模式。关于文学生产方式的理论规定，詹姆逊主要论述了两点：（1）文学生产方式是把文学作品中不同因素统一起

---

① 参见《西方马克思主义美学文选》，漓江出版社 1988 年版，第 524—525 页。

来，凝聚为一个有机整体的机制；① （2）任何文学生产方式中都包含和残留着以往几种生产方式的痕迹和"系统变异体"，在一定的生产方式中，甚至可以包含着未来的因素，可以据此实现文学阅读中视点的游移。② 由此，在理论上就可以作出界定：仅仅表征出现存生产方式的文本是审美意识形态，而表征出过去、未来、现在诸生产方式的复杂状态的文本才是艺术。用文学生产方式的概念和方法来理解审美现代性问题，批判的态度、辩证的方法和以未来为立场就是不言而喻的了。我们看到，在后现代问题的讨论中，社会主义文学生产方式已经成为詹姆逊理论阐述的基本立场。③

伊格尔顿在七八十年代是阿尔都塞学派在英语世界的主要代表，80年代后期开始，伊格尔顿回归其导师雷蒙德·威廉斯的理论思路，从感性经验和身体话语的角度思考和阐发了马克思所提出的问题。伊格尔顿把理性、意志、欲望（情感）的分裂并且相对自律性发展作为现代性的主要特征。在伊格尔顿看来，所谓审美现代性就是审美的自律化以及由此实现的对现代化矛盾的"想象性解决"。与马歇雷和詹姆逊的理性主义理论不同，伊格尔顿努力从主体内部，从人的身体自然蕴涵的伦理因素来说明审美现代性的不合理性，从较为深刻的学理层面思考和阐发了马克思所提出的问题。④ 伊格尔顿明确地提出，社会主义文学才能超越审美现代性问题，⑤ 使人的存在获得完整性，使彼此分裂的价值重新联系起来。

在东方马克思主义美学传统中，毛泽东的美学思想是最具有独创性

---

① 詹姆逊：《快感：文化与政治》，中国社会科学出版社1998年版，第79页。

② 詹姆逊：《晚期资本主义的文化逻辑》，生活·读书·新知三联书店1997年版，第188—189页。

③ 参见詹姆逊的著名论文《跨国资本主义时代的第三世界文学》，以及《时间的种子》、《布莱希特的方法》等著作。

④ 参见伊格尔顿《美学意识形态》，第8、16章。

⑤ 伊格尔顿：《后现代主义的矛盾》，载《东方丛刊》1998年第3辑。

的。波林·琼斯曾经把马克思主义美学传统概括为"意识解放的日常生活基础",这个看法有其合理性。① 在我看来,毛泽东美学思想的核心问题也是审美的现代作用问题。与西方马克思主义美学的一个重要区别在于,在毛泽东的美学思想中,主体不是现代工业社会中孤独的个体,而是反压迫、反殖民化斗争中的民族大众。马克思主义把美学关注的焦点从艺术家(天才)转到了大众(接受者)、从想象问题转入审美转换方面。20 世纪三四十年代,在西方马克思主义美学诸如法兰克福学派和英国的雷蒙德·威廉斯等人认真研究大众文化的同时,毛泽东以及冯雪峰、胡风、周扬等东方马克思主义者从另一个维度开展了关于大众文化的研究。所不同的是,法兰克福学派和威廉斯等人研究和剖析的是资本主义生产方式基础上的大众文化,其基本问题是主体间性问题;毛泽东等人构成的延安学派的美学思想则是从被压迫民族的解放和社会进步的立场出发,着重探讨审美意识形态在建设新的社会关系方面的巨大作用,其基本问题是文化(意识形态)的特殊性和反作用性问题。在这种理论模式中,审美意识形态成为改造社会关系的范型和先导。东西方马克思主义美学由于问题不同,目标不同,决定着理论形态的区别。在毛泽东的美学思想中,文化,特别是审美文化成为人民大众手中的精神武器,而且精神的力量能够转化为物质力量。在这里,审美的最终目的是把握可以实现的未来。

马克思在《政治经济学批判·导言》中论述了物质与精神(文化)的不平衡发展规律。对于历史发展的必然性,马克思的态度是辩证而深刻的:既承认分裂以及不平衡发展的必然性和合理性,又对超越不平衡发展提出了要求。马克思是从超越资本主义生产方式的高度来审视现代化进程,从人类社会在未来所能达到的合理性状态的角度,评价和分析审美意识形态从政治意识形态、伦理意识形态等其他意识形态中分离出

---

① 琼斯:《马克思主义美学》"导言",载《南方文坛》1987 年第 3 期。

来对个体生活与社会发展的影响，在这里，对现代化过程的批判本身是与未来联系在一起的。在我看来，这就是马克思对现代性的看法。在未完成的《政治经济学批判·导言》中，马克思提出了问题，但很快就戛然中断了，这是十分遗憾的。

在19世纪中叶，社会主义文学生产方式和审美交流模式远没有出现，也就是说，马克思思考的一些问题，其现实基础还不存在。当代中国文学艺术实践最突出的特点就是社会主义文学生产方式的雏形已经形成并且不断发展，① 这就为我们今天深入研究马克思所提出的问题，真正解答美学与历史之谜提供了最重要的条件。

在社会主义条件下，艺术与意识形态的关系无疑已经发生了重要的变化，这是理论研究应该作出解答的。

由于生活本身是千姿百态的，因而社会主义文学生产方式也多种多样，形成不同的风格和类型。如果说高尔基、布莱希特都成功地创造了具有特殊性的社会主义文学风格和表现方法，那么在20世纪90年代中国这片广泛流传着"春天的故事"的热土上，理所当然地应该产生风格独特，同时又充满活力的文学表达方式。我以为，正是在风格的特殊性这个意义上，广西青年作家东西的中篇小说《没有语言的生活》是值得注意的。从意识形态理论的角度讲，这部小说具有十分鲜明的时代特征。在社会生活的某些方面已经全球化的今天，边远山村带有古朴色彩的生活成为人们生活中具有诗意的"他者"。小说引人注意的地方在于，作家营造了一个人与人之间高度隔绝的生活情境——一个由聋子、瞎子、哑巴组合而成的三口之家——叙述了在这个情境中寻找并且获得幸福的故事。这种幸福的获得除了作品主人公的聪颖之外，最重要的还在于其自尊、善良，以及与一切非正义力量顽强抗争的勇气。这是超越资本主义生产方式，超越主体间性的重要基础。在这个意义上，《没有语言的生

① 　参见拙文《简论社会主义初级阶段文学生产方式》，《文艺研究》1999年第4期。

活》同时也是经济全球化时代的一个寓言，不仅寓意了这个时代的深刻危机——人与人之间的深度隔膜——而且用文学的方式表征了克服这种危机的可能性。在小说的最后部分，这个由三个身体严重残疾的人组成的家庭齐心协力抵御外来的侵略，他们团结协调得像一个人一样，成功地战胜了利用他们的残缺占便宜的侵略者。

在优秀的当代中国文学作品中，"未来"并不是一个空洞的乌托邦观念，而是可以感受的具体存在，虽然它还不普遍，但已经是可以感受的存在。再举一个例子，铁凝不久前出版的长篇小说《大浴女》以"文革"对人们心灵的严重创伤为背景，描写了"大灾难"之后人与人之间的冷漠和敌意。小说细致地描写了三个受创伤的女性在各种各样的"爱情"境遇中苦苦挣扎的故事。小说写了许多赤裸裸的欲望追求以及追求的幻灭……然而尹小跳，并没有重演包法利夫人、安娜·卡列尼娜、电影《芳名卡门》中的卡门等女性形象的命运。在经过几种不同类型的爱情遭遇之后，尹小跳获得了精神境界的升华，超越了严重的心理创伤，在痛苦中感受到甜蜜，在孤独中"闻见心中那座花园里沁人的香气"。对于这一心路历程，我们当然可以用东方文化的特殊机制来说明，这的确也是问题的一个方面，但是，在我看来，最重要的还是现实生活关系方面的诸多变化，细致地解读文本就能看到这一点。对这一类文学现象的深入研究并作出理论上的概括，我们就有可能对社会主义文学生产方式作出更为全面的理论阐述。

（原载《文艺研究》2000 年第 4 期）

审美现代性的诸多面孔

关于中国当代文学审美
现代性的一点思考

林宝全 *

90 年代以来，文论界关于 20 世纪中国文学是否具有现代性问题的争论，意见纷呈。有学者以五四新文学运动以降的近百年中国文学，一直在呼唤现代性、在肯定理性、在追求文学的社会功能、在维护与意识形态的联系为由，认定中国文学只具有与西方近代文学相似的近代性，而不具有现代性。他们把确定文学现代性的标准概括为：反现代性、反理性、反传统、反意识形态性以及关注个体精神自由，等等。如果说论者所概括的这些文学现代性的标准，是针对 19 世纪末以来西方现代派文学的思想、艺术倾向而言，应该说大体上是符合实际的。然而把它作为一种普适性的标准，用以判定 20 世纪中国文学的性质，特别是用以规范 21 世纪中国当代文学的发展方向与目标，那就很有商榷的必要了。本文拟就论者的后一个目的，谈一点个人的看法。

何谓现代性？西方理论界一般认为现代性有两个指称：一是指"启蒙现代性"（或称历史现代性）；二是指"审美现代性"。前者是伴随着启蒙运动和社会的现代化与工业化而产生的价值观念，如崇尚永恒理性和正义，信奉进步的观念，相信科学技术造福人类的可能性，尊重人权，

* 林宝全：广西师范大学文学院教授。

以及基于抽象人道主义而提出的自由、平等、博爱的社会理想，等等。后者则是对前者的一种否定和反抗，其反抗的缘由来自于它对理性与进步观念的巨大的幻灭感。恩格斯在《社会主义从空想到科学的发展》中曾对此做过精辟的分析。他指出：为资产阶级革命作了准备的18世纪的法国哲学家们，曾执著地求助于理性，把理性当作一切现存事物的唯一的裁判者，"他们要求建立理性的国家、理性的社会，要求无情地铲除一切和永恒理性相矛盾的东西"，但是"当法国革命把这个理性的社会和这个理性的国家实现了的时候，新制度就表明，不论它较之旧制度如何合理，却决不是绝对合乎理性的。理性的国家完全破产了"。早先许下的永久和平变成了一场无休止的掠夺战争，富有和贫穷的对立并没有在普遍的幸福中得到解决，反而更加尖锐化了，"以前只是暗中偷着干的资产阶级罪恶却更加猖獗了"，"革命的箴言'博爱'在竞争的诡计和嫉妒中获得了现实"。如此等等。"总之，和启蒙学者的华美约言比起来，由'理性的胜利'建立起来的社会制度和政治制度竟是一幅令人极度失望的讽刺画。"① 就这样，资产阶级的启蒙理性在其发展过程中变成了极度膨胀的工具理性与技术理性、资本主义的官僚机构、粗俗的实用主义和资产阶级的拜金主义、市侩主义。审美现代性正是对这种被异化了的启蒙现代性（或社会现代性）的批判和反叛，从而使之在本质上具有反现代性的特征，而文学上的现代主义则是这种富有批判性的美学精神的集中体现。卡夫卡的《变形记》通过描写小职员格里高尔在生活重担的压迫下从"人"变成一只大甲虫的荒诞故事，揭示了在资本主义现代化社会中，人所创造的物，例如金钱、机器、商品，等等，都作为异己的、统治人的力量同人相对立，它们操纵着人，把人变成了奴隶，并最终把人变成了"非人"。作为西方现代派文学代表作的《变形记》相当典型地体现了审美现代性的特征，即对西方现代社会文化规范和价值的批判和否定。

毋庸讳言，西方现代派文学的这种审美现代性具有可贵的文化审美

---

① 《马克思恩格斯选集》第3卷，第407—408页。

价值和认识价值，它批判异化现实所体现出来的审美超越精神和独特的艺术表现形式，对世界各国现代文学的建设也很有参照和借鉴的意义。但是，这种文学的审美现代性毕竟是西方资本主义现代化语境下的产物，是针对西方启蒙理想王国破产后的异化现实的，如果把它照搬过来规范中国当代文学的现代性，就不免要陷入有些学者所指出的语境上的错位——"不是以西方的箭来寻找中国的靶子，便是以西方的视角来有意无意地遮蔽中国问题"。① 当今的中国，一个有目共睹的严峻事实是谁也不能不面对的，即中国正处在农业文明向工业文明的艰难过渡之中，12亿中国人民在邓小平建设有中国特色的社会主义理论指导下，正同心同德为实现四个现代化这个决定祖国命运、民族命运的千秋大业而奋斗。科学理性、人文理性和社会主义理想是推进社会主义现代化宏伟大业的精神动力，倘若用西方审美现代性的尺度来否定这一切，这岂不是要让中国当代文学逆时代发展潮流而行吗？

从学理上说，审美现代性是文学与社会现代化实践形成审美关系的产物，而社会现代化在不同社会制度、不同历史条件下的实现，虽有共通性，更有特殊性，这决定了它与文学所形成的审美关系，也必然具有特殊性的内涵，绝不可一概而论。因此，我以为中国当代文学在建构自身的审美现代性时，不应当简单地移植西方现代派文学的尺度，而应当根据文学与中国当下现代化进程所形成的特有的审美关系，赋予审美现代性以新的内涵。在我们国家开始迈入社会主义现代化建设的新时期后，邓小平同志就首先抓住社会主义文艺与社会主义现代化的现实之间形成的新的审美关系这个核心问题，做了一系列关于转型期新文学建设的精辟论述。他站在时代的制高点，要求文艺工作者做"实现四个现代化的促进派"，指出"我们的文艺，应当在描写和培养社会主义新人方面付出更大的努力，取得更丰硕的成果。要塑造四个现代化建设的创业者，

---

① 周宪：《现代性与本土问题》，《文艺研究》2000 年第 2 期。

表现他们那种有革命理想和科学态度、有高尚情操和创造能力、有宽阔眼界和求实精神的崭新面貌。要通过这些新人的形象,来激发广大群众的社会主义积极性,推动他们从事四个现代化建设的历史性创造活动"。① 与此同时,小平同志还要求文艺家要敢于正视现实中的矛盾斗争,批判各种妨害四个现代化的思想习惯,批判剥削阶级思想,批判极端个人主义和官僚主义。继后,江泽民同志也强调指出:中国社会主义文艺的立身之本是"植根中国社会主义现代化建设的实践",社会主义文艺工作者"要和时代迈着共同的脚步",用自己的作品"讴歌英雄的时代,反映波澜壮阔的现实,深刻地生动地表现人民群众改造自然、改造社会的伟大实践和丰富的精神世界","鞭挞拜金主义、享乐主义、个人主义和一切消极腐败现象"。②

　　这些关于文学与当代中国现实审美关系的论述,对我们认识和把握当代中国社会主义文学的审美现代性的基本精神具有深刻的启迪意义:在内容上,这种审美现代性要求反映时代的主旋律,把弘扬实现四个现代化的时代精神和批判阻碍现代化历史进程的种种陈旧腐朽的思想意识结合起来;在社会功能和价值取向上,它要求文学的审美现代性着眼于提高人民群众奋发向上的精神境界,推动社会主义现代化的历史创造活动,为培养社会主义新人服务;至于在文学的题材体裁和艺术表现形式上,则根据党的"百花齐放,百家争鸣"的方针,提倡多元化与多样化,反对定于一尊。凡现实生活中一切有利于提高人民群众精神境界的题材,都可以用以表现审美现代性的主题;凡中外文学史上一切具有符合艺术审美规律因素的创作方法和表现形式:现实主义的、浪漫主义的、自然主义的、象征主义的、超现实主义的、表现主义的、未来主义的、

---

　　① 《邓小平论文艺》,人民文学出版社 1989 年版,第 6 页。

　　② 江泽民:《在中国文联第六次全代会、中国作协第五次全代会上的讲话》,《文艺报》1996 年 12 月 17 日。

形式主义的、意识流的、荒诞派的、新写实主义的，甚至后现代主义的，等等，都可以"拿来"，批判地吸取其合理因素，为建构中国当代文学的现代性服务。从这个意义上说，中国当代文学的审美现代性是一种真正开放性的艺术现代性，是对西方现代派文学以反现代性、反理性、反意识形态性为基本特征的审美现代性的超越。

诚然，就批判性的审美精神而言，中国当代文学（特别是新时期以社会生活现代化为题材的当代文学）与西方现代派文学确有相通之处，如二者对社会现代化进程中（包括建立市场经济体制后）出现的种种背离人性的社会弊端（如人的物化、拜金主义、市侩主义等异化现象）都持批判态度和立场，都反对扼杀个体生存价值与精神自由的工具理性。但由于各自产生的社会文化背景不同，所处的国情不同，二者之间的异质性也是不容忽视的。其异质性我以为至少有以下几方面：一是在暴露、鞭挞社会现代化进程出现的弊端时所表现的思想意识存在着性质上的差别。西方现代主义文学的审美批判，由于审美主体基本上都是从非理性或反理性的世界观和人生观出发，导致他们的作品往往在批判中流露出一种看不清（或找不到）社会发展前景的悲观绝望的情绪和否定一切的虚无主义思想；而社会主义当代文学的审美批判，则是以洞察人类社会发展规律的历史唯物主义世界观为指导，把科学理性与人文理性统一起来，在批判现实的不合理性时，总是"从未来汲取自己的诗情"（马克思语），在理想光辉的烛照下体现出社会主义现代化建设者奋发图强积极进取的精神和对人的彻底解放的终极关怀。二是二者在处理社会现代性与审美现代性的关系上所取的思维模式不同。在西方现代派文学那里，是以二元对立的思想模式表现审美现代性对社会现代性的反叛和否定的主题；而在社会主义当代文学这里，则是以对立统一的辩证思维模式显现审美现代性对社会现代性的"诗意裁判"（恩格斯语），把对社会现代性的肯定性与否定性、歌颂性与批判性的审美评价有机地结合起来。如果说前者是以反抗现代性而获得了现代性的审美品格，那么后者则是以促进现代性而获得了现代性的审美品格。三是二者审美观存在差异。西方现代派文学往往片面强调审美的自律性，以"纯艺术"、"纯形式"或"为艺术而艺术"的创作态度，把文学与生活实践间离开来，这种间离使得现代派文学呈现了一种双向逆反的发展趋势，即一方面使作家从平庸的现代日常生活中摆脱出来，走向对现存文化规范和价值的反叛与否定，但另一方面作为一种"精英文学"，则由于脱离生活实践，脱离人民大众，而逐渐被现存的资本主义社会所"制度化"，成为原来它所对抗的社会体制的一个组成部分，从而导致自身的衰落。继起的后现代主义，虽然反对审美自律性，提出"跨越边界—填平鸿沟"的口号，主张打碎艺术和其他人类活动的种种界限，似乎消解了文学艺术与生活的间隔，但由于它用以对抗现代主义自律性的武器，乃是一种与消费社会的日常生活相妥协的所谓"流行主义"的美学观，这就使它在"跨越边界—填平鸿沟"的同时，逐渐被消费社会的商品逻辑所侵蚀，最终也难以摆脱失去自身的独立性和颠覆性的命运。正如有的学者所指出的："后现代主义不仅没有强化艺术的反抗功能，反而以高级艺术的沉沦和与通俗艺术合流为出路，这种结局无疑是艺术的一种自戕行为。"① 与西方现代派文学相反，社会主义当代文学坚持审美自律性与他律性辩证统一的审美观，一方面高度重视文学作为独立的审美能指系统的自主性，充分尊重艺术家的个体主体性的创作自由与艺术审美表现的独特规律；另一方面又高度重视艺术与外部世界的密切联系与相互对话、交流，从自然、社会、人生的人文意蕴和种种文化价值中为艺术的"能指"系统引进无限丰富的"所指"蕴涵，使文学充满生命活力，既防止了单纯"他律论"把艺术变成纯粹"载道"或牟取商业实利的工具，而导致艺术的异化；也避免了单纯"自律论"，误导艺术自我封闭在象牙塔之内，脱离

---

① 王岳川：《后现代主义文化逻辑》，引自《后现代主义文化与美学》，北京大学出版社1992年版，"序言"部分第42页。

生活、脱离人民，而导致艺术生命的枯萎。理论上无视上述异质性，势必在实践上会对中国当代文学的发展方向产生误导的负面效应。

中国当代文学以它所特有的审美现代性与社会主义性、民族性（含大众性）、世界性相互渗透，融为一个崭新的文学审美整体。它牢牢地植根于中国实现社会主义现代化的现实土壤，又以宽阔的艺术视野积极地汲取西方现代主义诸种流派的文学审美现代性的有益滋养，因此，它能够在世界文学的多声部合奏中，发出自身独具魅力的声音，为丰富和发展世界文学作出其他民族文学所无法代替的贡献。

（《马克思主义文艺审美》，人民文学出版社 2003 年版）

审美现代性的革命颜面

——革命主义简论

王一川 *

　　审美现代性应当指向纯美的世界，怎么同"革命"联系起来了，而且还"主义"？这确实是一个需要反思而又特别值得反思的问题。这种反思应当有助于进一步理解和叩探我国审美现代性进程中的一些深层次症结。

　　"现代性"难道还有"颜面"？这是美国学者马泰·卡林内斯库（Matei Calinescu）在《现代性的五副面孔》（*Five Faces of Modernity*, 1987）中提出的问题。所谓"现代性的颜面"应是有关现代性的审美艺术表现，或审美现代性的具体呈现面貌的一个隐喻性表述，不妨视为考察现代性的一条有用的思路。我在这里用汉语的"颜面"而不是通常的"面孔"一词去翻译英文 face，是想尽力贴近审美现代性所与之不可分离的颜色、形体、声音等艺术形式特征。颜面，可以部分地理解为中国京剧中多彩多姿的"脸谱"，它绝不只是固定不变的或唯一的，而是可以时常涂抹的和变换的，在不同场合亮出不同的风韵。这部书初版时名叫《现代性的颜面》（*Faces of Modernity*, 1977），只勾画了现代性的四副"颜面"。后来第二版时增加了"后现代主义"，所以才改今名。这部著作以西方现代艺术为根据，勾勒出现代性在审美表现上的五种颜面：现

---

　　* 王一川：北京师范大学艺术与传媒学院教授。

代主义、先锋主义、颓废、媚俗和后现代主义。卡林内斯库在这里主要考虑的是"审美现代性"的具体表现形态问题："把现代性、先锋派、颓废和媚俗艺术放在一起的最终原因是美学上的。只有从这种美学视角看，这些概念才显露出它们更微妙、更费解的相互联系。"① 他认识到，审美现代性标志着"一个重要的文化转变，即从一种由来已久的永恒性美学转变到一种瞬时性与内在性美学，前者是基于对不变的、超验的美的理想的信念，后者的核心价值观念是变化和新奇"。② 卡林内斯库的研究是有意义的，可以启发我们思考中国现代性的颜面问题。

我关心的是，从审美现代性的视角看，中国现代艺术中哪些因素可以获得其必要的意义？困难不在于是否能从中国现代艺术中找出与卡林内斯库所论述的五副颜面相对应的现象（这一点容易做到），而在于找到这些对应物后如何加以甄别：中国的相似现象与西方的原生物是一回事吗？原因究竟何在？我不想直接套用卡林内斯库的"五副颜面"说，而是宁愿在沿用"现代性的颜面"说并参照"五副颜面"说的同时，主要从中国现代性语境出发，着力寻找那些能够呈现中国现代性的具体状况及其微妙方面的审美现代性因素。也就是说，在现代性颜面名义下，我将集中寻觅并展示现代艺术中专属于中国审美现代性的那些特定因素。我的做法是在历时态和共时态相结合的意义上寻找到属于中国现代性的那些特有的颜面。这样，我的脑海里渐次浮现出这样几副颜面：革命主义、审美主义、文化主义等。这里谨对其中的革命主义作初步讨论。

一　革命主义的审美化

"革命"或"革命主义"称得上中国现代性的一副颜面吗？对中国

①　马泰·卡林内斯库：《现代性的五副面孔——现代主义、先锋派、颓废、媚俗艺术、后现代主义》，顾爱彬、李瑞华译，商务印书馆2002年版，第15—16页。引文中的"美学的"（aesthetic）一词也可以同时翻译和理解为"审美的"。

②　同上书，第9页。

人来说，现代性在变化强度和烈度上都远远超过了中国历史上的任何一次文化转型。它绝不仅仅意味着英国社会学家吉登斯意义上的"时空分离"，① 而代表着中国历史上前所未有的最深刻而又最富于动荡性的巨变。古往今来的中国艺术曾经发生过林林总总的变化，但是，没有任何一次能像 20 世纪这样变化迅捷，甚至日新月异！要表达这样一种特殊的巨变情形，除了"革命"这个词外，还能找出任何其他更恰当的词吗？② 在英国历史学家霍布斯鲍姆看来，19 世纪是"革命的年代"（Age of Revolution），而 20 世纪是"极端的年代"（Age of Extremes）。③ 其实，在中国，20 世纪无疑才是真正意义上的"革命的年代"。不过，这个"革命的年代"却还有着与众不同的独特风景：它同时既是"革命"的又是"极端"的，是"革命的年代"与"极端的年代"的奇特的叠加形态，因而可以说是一个极端的革命的年代。正是在这样一个极端的革命的年代里，"革命"曾给许多中国知识分子和普通公众带来过无限的希望，同时，也激发过无尽的浪漫想象。

值得注意的是，这种极端的革命主义常常并没有以一幅激烈或血腥的嘴脸出现，而是更多地被幻化成富于诗意的或浪漫的形象即审美化颜面。诗人蒋光慈这样礼赞道："在现在的时代，有什么东西能比革命还活泼些，光彩些？有什么能比革命还有趣些，还罗曼谛克些？"④ 他相信"革命"直接关系到艺术的"生命"、"生气"和"活力"："而革命这件东西能给文学，宽泛地说的艺术以发展的生命；倘若你是诗人，你欢迎它，你的力量就要富足些，你的诗的源泉就要活动而波流些，你的创造就要有生气些。否则，无论你是如何夸张自己呵，你终要被革命的浪潮

---

① 吉登斯：《现代性的后果》，译林出版社 2001 年版。

② 陈建华对现代中国的"革命话语"做过长时间细心考辨，见《"革命"的现代性：中国革命话语考论》，上海古籍出版社 2000 年版。

③ 霍布斯鲍姆著有《革命的年代》和《极端的年代》。

④ 蒋光慈：《无产阶级革命与文化》，《创造月刊》1926 年第 1 卷第 2 期，第 107 页。

淹没，你要失去一切的创作活力。"① 出于对革命的神奇力量的审美想象，这种带有"极端"特色的革命主义无疑成为中国审美现代性在20世纪的一副最激动人心而又最引发争议的标志性颜面。从20世纪初至70年代末，作为崇尚激进的美学变革及其社会动员效果的艺术观念、思潮或运动，革命主义曾长时间地扮演过主角，产生过至今仍余响不绝的深远影响。

在戊戌变法失败后亡命日本的梁启超，从1899年起率先打出了"文界革命"、"诗界革命"和"小说界革命"等多种"革命"旗号，② 在自己担任主笔的《清议报》和《新民丛报》上大力倡导。蒋智由则作《卢骚》加以响应，以诗的浪漫语言呼唤文学的"全球革命"："世人皆欲杀，法国一卢骚。民约倡新义，君威扫旧骄。力填平等路，血灌自由苗。文字收功日，全球革命潮。"③ 在清末产生过最大的社会影响力的"革命"话语，当数"革命军中马前卒"邹容（1885—1905）的《革命军》（1903）一书。他在这部当时发行上百万册的小书中，满怀激情地期待中国的社会革命："革命者，天演之公例也；革命者，世界之公理也；革命者，争存争亡过渡时代之要义也；革命者，顺乎天而应乎人者也；革命者，去腐败而存良善者也；革命者，由野蛮而进文明者也；革命者，除奴隶而为主人者也。"他也用诗意的语言赞美说："巍巍哉！革命也。皇皇哉！革命也。"④ 洋溢着浪漫的革命主义激情的这本书很快风行海内，被章炳麟称之为"义师先声"，章士钊主笔的《苏报》誉之为"国民教育之第一教科书"。1912年2月，孙中山以临时大总统的名义签署命令，追赠邹容为"大将军"。鲁迅说："别的千言万语，大概都抵不过浅近直

---

① 蒋光慈：《无产阶级革命与文化》，《创造月刊》1926年第1卷第2期，第103页。

② 陈建华：《晚清"诗界革命"发生时间及其提倡者考辨》（1985），《"革命"的现代性：中国革命话语考论》，第183—201页。

③ 蒋智由：《卢骚》，《新民丛报》第3号，1902年3月。

④ 邹容：《革命军》，据周永林编《邹容文集》，重庆出版社1983年版，第41页。

截的'革命军中马前卒邹容'所做的《革命军》。"① 可以肯定地说，中国的审美现代性一开始就与革命结下了不解之缘。一方面，审美现代性常常以革命的名义在社会中推演自身，把自己的形式魅力播撒向社会公众，从而使得审美形式变革产生出更深厚的文化变革力量，例如梁启超的"诗界革命"和"小说界革命"；另一方面，社会的文化变革也往往借助审美革命的形式，披上诗意的外衣，例如邹容的《革命军》。

革命主义在其审美化过程中常常回荡着一股张力。熟悉中国现代史的人们往往首先会回忆起毛泽东的名言："革命不是请客吃饭，不是做文章，不是绘画绣花，不能那样雅致，那样从容不迫，文质彬彬，那样温良恭俭让。革命是暴动，是一个阶级推翻一个阶级的暴烈的行动。"这样的革命修辞显然充满张力：一方面是被表述的阶级之间的暴烈的行动；另一方面是这种表述本身就体现出对暴烈场面的审美化礼赞。同样是毛泽东，在另一处场合更将革命高潮幻化成令人动心的浪漫形象："我所说的中国革命高潮快要到来，决不是如有些人所谓'有到来之可能'那样完全没有行动意义的、可望而不可即的一种空的东西。它是站在海岸遥望海中已经看得见桅杆尖头了的一只航船，它是立于高山之巅远看东方已见光芒四射喷薄欲出的一轮朝日，它是躁动于母腹中的快要成熟了的一个婴儿。"② 暴烈的革命却具有诗意的颜面、甚至是需要诗意的颜面。这种富于张力的革命修辞应当如何理解？显然有必要对革命的含义加以梳理。

二　革命三义及"三轮革命"

在现代中国历史上，革命是一个含义丰富的字眼。诚然，上述"一个阶级推翻一个阶级的暴烈的行动"的含义是它题中应有之义，但却并

① 鲁迅：《杂忆》，《鲁迅全集》第 1 卷，人民文学出版社 1981 年版，第 221 页。
② 毛泽东：《星星之火，可以燎原》，《毛泽东选集》第 1 卷，人民出版社 1991年版，第 106 页。

非唯一含义。较早从日本引进并推广这一术语的梁启超，就是担心它被仅仅应用于鲜血和暴力的变革义，从而专门作《释革》（1902）加以澄清：“'革'也者，含有英语之 Reform 与 Revolution 之二义。Reform 者，因其所固有而损益之以迁于善，如英国国会一千八百三十二年之 Revolution 是也。日本人译之曰改革、曰革新。Revolution 者，若转轮然，从根柢处掀翻之，而别造一新世界，如法国一千七百八十九年之 Revolution 是也，日本人译之曰革命。'革命'二字，非确译也。”他还回溯汉语词源，指出“'革命'之名词，始见于中国者，其在《易》曰：'汤武革命，顺乎天而应乎人。'其在《书》曰：'革殷受命。'皆指王朝易姓而言”，因而与 revolution 的变革意不同。他坚持革命仅仅是指“人群中一切有形无形之事物”的“变革”，这是社会进步之常道，不必惊骇。他列举当时中国出现的“经学革命，史学革命，文界革命，诗界革命，曲界革命，小说界革命，音乐界革命，文字革命等种种名词”，指出它们的“本义”就是“变革”。“闻'革命'二字则骇，而不知其本义实变革而已。革命可骇，则变革其亦可骇耶？”在两年后他又写《中国历史上革命之研究》（1904），更明确地指出，革命具有三层不同含义：“革命之义有广狭：其最广义，则社会上一切无形有形之事物所生之大变动皆是也；其次广义，则政治上之异动与前此划然成一新时代者，无论以平和得之以铁血得之皆是也；其狭义，则专以兵力向于中央政府者是也。”第一层为革命的最广义，是指社会上一切事物的大变动；第二层为其广义，是指由和平或暴力方式导致的以新时代取代旧时代的社会大变迁；第三层为其狭义，是专指推翻中央政府的军事行动。相比而言，他竭力将革命局限于头两义，而恐惧和担忧第三义：“吾中国数千年来，惟有狭义的革命，今之持极端革命论者，惟心醉狭义的革命。故吾今所研究，亦在此狭义的革命。”① 梁启超的小心考辨意在张扬非暴力的头两义而抑制暴

① 梁启超：《中国历史上革命之研究》，《新民丛报》第46—48合号，1904年2月。

审美现代性的革命颜面

力的第三义，用心良苦，过于书生气。但从中国现代性的实际进程来看，他的革命三义论毕竟还是公允之论，较为全面地梳理了现代革命概念的多层内涵，为理解审美现代性中的革命主义奠定了基础。①

这样，如果从梁启超的"革命"三义论来考察，审美现代性中的革命主义具有三层含义或形态：第一层为最广义的革命主义，往往涉及那些旨在推进社会事物的局部或总体变化的新思潮，有黄遵宪的"新派诗"、梁启超的"诗界革命"和"小说界革命"主张等，这通常被视为温和的"改良主义"或"渐进主义"。第二层为广义的革命主义，是指那些有组织、有目的的社会变革运动，最典型的就有陈独秀和胡适等的以"文学革命"为核心的五四新文化运动，这就体现了现代革命论特有的依赖大众媒介和新的语言实施有组织的社会动员的含义，可以视为现代革命主义的最基本含义。如果说第一层主要体现社会变革"思潮"，那么，第二层的显著标志就是社会变革"运动"。其具体代表作有：《尝试集》、《呐喊》、《彷徨》、《女神》、《雷雨》等。第三层为狭义的革命主义，是指直接听从于现代政党号令、首先做革命者再以艺术服务于革命斗争的观念体系，如"无产阶级革命文艺"、"社会主义现实主义"、"革命现实主义和革命浪漫主义的结合"等，这常常被称为"革命文学"、"革命文艺"。郭沫若较早认识到这种革命文学的"无产阶级"性质："我们的运动要在文学之中爆发出无产阶级的精神，精赤裸裸的人性。"② 恽代英则规定了这种狭义的革命主义的基本原则："自然是要先有革命的感情，才会有革命的文学的。"③ 这里提出了后来风行中国的狭义革命主义美学原则：要想做革命艺术家，先要做"革命家"；先有"革命的感情"，才会有革命的文艺。

---

① 陈建华：《论现代中国"革命"话语之源》，《"革命"的现代性：中国革命话语考论》，第 17 页。

② 郭沫若：《我们的文学新运动》，《创造周报》第 3 号，1923 年 5 月 27 日，据陈寿立编《中国现代文学运动史料摘编》上册，北京出版社 1985 年版，第 144 页。

③ 恽代英：《文学与革命》，《中国青年》周刊第 31 期，1924 年 5 月 17 日，据陈寿立编《中国现代文学运动史料摘编》上册，第 149—150 页。

"倘若你希望做一个革命文学家，你第一件事是要投身于革命事业，培养你的革命的感情。"① 毛泽东的"革命"正是在这个意义上使用的。这种狭义革命主义的直接的艺术成果有：20 世纪 20 年代后期的"革命加恋爱"小说、茅盾小说、《白毛女》、丁玲《太阳照在桑乾河上》等。革命主义的这三层含义之间不存在天然鸿沟，而实际上彼此关系含混而又相互滑动。梁启超的思想就常常徘徊于第一、二层之间；胡适则从开初的第一层进展到第二层，而对陈独秀和李大钊后来向往的第三层持批评态度；陈独秀则尤其独特：依次经历了第一、二、三层的演变，即从改良主义思潮（五四前）到革命主义运动（五四）再到社会主义政党活动（创建中国共产党）。从中国审美现代性的演变看，五四前的革命主义大致体现了这个词的最广义，五四文学革命则集中了它的广义，而后五四的"无产阶级革命文艺"等则凸显了它的狭义。

说到"革命"的含义与形态，不能不提到霍布斯鲍姆在《革命的年代》中提出的"双轮革命"概念：19 世纪欧洲的革命是一种"双轮革命"（dual revolution），即是法国政治革命与英国工业革命的结合。"革命"（revolution）在英文中最初就是"旋转"的意思，而"双轮革命"显然可以形象地理解为一种双轮驱动的旋转。至于中国革命主义中的"革命"一词，不应只有双轮含义，还需要增加来自俄苏社会主义革命成功的启示义：被压迫阶级与民族也可以成功地领导美学革命。就中国审美现代性而言，法国式的政治革命在这里主要涉及根本的政体制度及相应的文化观念的变革，如西方美学观、艺术观、教育观、文化观等；英国式的工业革命主要体现为传媒技术和文化产业的变革，如机械印刷媒介取代传统雕版印刷技术、摄影与电影等新媒介的运用、艺术的机械复制等；俄苏式社会主义革命则为以专政手段推翻旧趣味而推行新趣味

---

① 恽代英：《文学与革命》，《中国青年》周刊第 31 期，1924 年 5 月 17 日，据陈寿立编《中国现代文学运动史料摘编》上册，第 150 页。

提供了合法性。这样，中国审美现代性中的革命主义应当是一种由政体——文化革命、传媒革命以及阶级趣味革命合力驱动的"三轮革命"。只有同时从这全部"三轮"去作完整的理解，才能准确地把握中国革命主义的最广义、广义和狭义三层含义的共存情形及其复杂关联，例如狭义的"无产阶级革命文艺"和"三突出"的出现的必然性和合理性，从而也才有可能准确地理解中国革命主义的独特特色。

三　反思革命的审美化修辞

单从今天的眼光看，审美现代性自然应当与诗意、愉悦、自由、解放等联系在一起。但只要冷静地考察，就不得不承认，在几乎整个 20 世纪长河里，审美现代性航船却总是必须悬挂着鲜艳的革命旗帜，在它的映照下乘风破浪或逆水行进；而另一方面，革命主义也需要插上审美的翅膀在知识分子和普通工农兵民众心中高高飞扬。这究竟是为什么？原因并不复杂：这种革命主义得以发生的缘由，其实主要地并非来自艺术领域的内在审美要求本身（当然也不能不与此相关），而是来自外在的更为广泛而深刻的文化现代性变革需要。这是因为，梁启超等现代人文知识分子一次次痛感中国现代性进程的艰难性和曲折性，并深知这种艰难和曲折的症结就在于广大普通民众的愚昧，认识到如果不首先唤起他们的理性觉悟，就无法真正推动越来越沉重的现代性车轮。当然，还应当看到，在广大普通民众的愚昧后面，还有更深厚的文化无意识原因：中国人的根深蒂固的文化优越感和自我中心幻觉。正是这种传统重负阻碍着中国人轻松地弃旧图新。英国历史学家霍布斯鲍姆也看到这一点：中国在现代的"落后"，"事实上并非由于中国人在技术或教育方面无能，寻根究底，正出在传统中国文明的自足感与自信心"。所以"中国人迟疑不愿动手，不肯像当年日本在 1868 年进行明治维新一样，一下子跳入全面欧化的'现代化'大海之中"。只有等到局势变得不可收拾了，即古典文化传统无可挽回地走向没落时，中国人才能猛醒过来；但这时，渐进的改良道路已经断绝，只剩下激进的革命道路了。"因为这一切，只有在那古文明的捍卫者——古老的中华帝国——成为废墟之上才能实现；只有经由社会革命，在同时也是打倒孔老夫子系统的文化革命中，才能真正展开。"① 甚至连知识分子们要唤醒愚昧的民众，也不得不运用艺术革命的激进手段。

如何唤起民众呢？处于困境中的知识分子不得不上下求索、"别求新声于异邦"，从西方和日本的现代性经验中获得启示，回头激活中国的"诗教"传统，发现诗歌、小说、戏剧、音乐、美术等艺术具有任何其他形式都无法比拟的特殊的审美感染力，可以有力地和有效地完成现代性的社会动员任务。而当旧的艺术无法实现这一目标时，打碎旧艺术、创造新艺术、实行彻底的艺术革命，就成为他们的必然选择了。所以，革命主义的生成，首要地来自中国文化现代性的特殊的社会动员需要。为了圆满地完成社会动员任务，艺术就必须实行真正意义上的"革命"。这样，诗歌革命、小说革命、戏剧革命、美术革命等，就在 20 世纪初的中国如雨后春笋般地蓬勃兴起了。

审美现代性真的必须长出一副"革命"的颜面吗？今天一些人在总结五四文学革命的经验时，常常难以抑制住对"革命"颜面的厌恶与痛惜之情：这场文学革命简直就是野蛮地糟蹋中国文化传统的闹剧，竟导致中华文化的传统血脉在现代断绝；现在只有改弦更张而回归古典才是唯一生路。在纪念五四八十周年之际，著名作家、加州大学白先勇教授就毫不掩饰他对五四文学革命的严厉质疑："《儒林外史》、《红楼梦》，那不是一流的白话文，最好、最漂亮的白话文么？还需要什么运动呢？就连晚清的小说，像《儿女英雄传》，那鲜活的口语，一口京片子，漂

---

① ［英］霍布斯鲍姆：《极端的年代》（下），郑明萱译，江苏人民出版社 1999年版，第 688 页。

亮得不得了；它的文学价值或许不高，可是文字非常漂亮。我们却觉得从鲁迅、新文学运动起才开始写白话文，以前的是旧小说、传统小说。其实这方面也得再检讨，我们的白话文在小说方面有多大成就？"他还认为，由于这场文学革命运动全盘否定传统文化，使五四运动后的教育和文学都缺乏传统文化的继承，制造出"文化的怪胎"。他归纳说："天下本无事，庸人自扰之。"① 这样的全盘否定性认识来自今天的文学视角，确实有些道理，因为单纯的文学内部变化完全可以在传统本身的弹性框架内有序地和渐进地进行，而不必一定采用"革命"的激进方式。以现代白话文取代文言文的进程，完全可以用更冷静的筹划和更长的时间渐次进行，而不必在五四这短暂时间内一举断裂而成。这种迅猛的断裂方式导致现代文学与古典传统截然脱轨。但是，如果按当时的现代性语境设身处地地想想，就不难见出这种革命性断裂所包含的文化合理性了。在当时的知识分子的慧眼中，陷入困境的中国文化现代性进程只有仰仗艺术革命才能转危为安啊！1916 年 8 月，李大钊在创办《晨钟报》时就有意掀起一场"新文艺"革命运动："由来新文明之诞生，必有新文艺为之先声，而新文艺之勃兴，尤必赖有一二哲人，犯当世之不韪，发挥其理想，振其自我之权威，为自我觉醒之绝叫，而后当时有众之沉梦，赖以惊破。"② 如果现代性意味着一种"新文明"，那么，它就必须依赖"新文艺为之先声"。"新文艺"的作用不在于一般地娱乐读者，而在于通过表现崭新的"理想"、振奋"自我之权威"、呼唤"自我觉醒"，去"惊破"蒙昧的广大民众的"沉梦"。在李大钊看来，"新文艺之勃兴"的目的是唤醒"众之沉梦"，以便让他们自觉地承担起缔造"新文明"的重任。显然，文学革命的动机直接地并非文学的，而是来自文学之外——即是文化的。让文学去革命，为的就是文化现代性本身。

---

① 转引自《天涯》1991 年第 4 期，第 151 页。

② 李大钊：《〈晨钟〉之使命》，《晨钟报》创刊号，1916 年 8 月 15 日。

四　文学革命与文化革命

文学革命是受制于并服务于更广泛而深刻的文化革命的。这种文化论动机可从文学革命论的主要倡导者胡适和陈独秀的论述见出基本轮廓。人们都知道，其时正留学美国的胡适最早明确地提出"文学革命"主张："年来思虑观察所得，以为今日欲言文学革命，须从八事入手。"[①]次年他在《新青年》上发表《文学改良刍议》，公开阐述了文学革命的"八事"。[②] 随后，陈独秀以《文学革命论》一文正式吹响"文学革命"的进军号角。"欧语所谓革命者，为革故更新之义，与中土所谓朝代鼎革，绝不相类。"他显然像梁启超那样竭力规避革命的狭义（朝代鼎革）而伸张其广义（革故更新）。他列数西方自文艺复兴以来的政治革命、宗教革命、伦理道德革命和文学艺术革命，强调它们"莫不因革命而新兴而进化"。他进而断言："近代欧洲文明史，宜可谓之革命史。故曰，今日庄严灿烂之欧洲，乃革命之赐也。"在他的眼里，"革命"简直就是"开发文明之利器"，也就是文化发展的原动力。[③] 而文学革命正极大地有助于文化的发展："欧洲文化，受赐于政治科学者固多，受赐于文学者亦不少。"[④] 正是出于对文学革命对于文化革命的深远意义的清晰自觉和张扬意识，陈独秀明确地阐述了以"革命军三大主义"为核心的文学革命主张："推倒雕琢的阿谀的贵族文学，建设平易的抒情的国民文学"；"推倒陈腐的铺张的古典文学，建设新鲜的立诚的写实文学"；"推倒迂

---

① 胡适：《寄陈独秀》（1916），姜义华主编：《胡适学术文集·新文学运动》，中华书局1993年版，第17页。

② 胡适：《文学改良刍议》（1917），《胡适学术文集·新文学运动》，第20页。

③ 陈独秀：《文学革命论》（1917），《独秀文存》，安徽人民出版社1987年版，第95页。

④ 同上书，第98页。

晦的艰涩的山林文学，建设明了的通俗的社会文学"。①

文学革命对整个文化革命的实际作用何在？陈独秀认为，贵族文学、古典文学和山林文学的"公同之缺点"在于将"宇宙"、"人生"和"社会"排斥在"构思"之外。而正是这样的文学"与吾阿谀夸张虚伪迂阔之国民性，互为因果"，相互走向沉沦。所以，要改造"阿谀夸张虚伪迂阔之国民性"，就必须首先改造与它"互为因果"的旧文学。② 可见，文学革命实在是要服务于改造"国民性"这一更大的文化任务。革命主义也一度风行于清末民初美术界，形成"美术革命"思潮。陈独秀继发表《文学革命论》之后，又和美学家吕澂在五四前夕揭起了"美术革命"的大旗。吕澂《美术革命》开宗明义指出："窃谓今日之诗歌戏曲，固宜改革；与二者并列于艺术之美术……尤极宜革命。"陈独秀首先赞赏地回应吕澂的"美术革命"主张，并且强调"若想把中国画改良，断不能不采用洋画写实的精神。……画家也必须用写实主义"。③ 这就使得"美术革命"拥有了"写实主义"这一具体的现代性内涵。

革命主义在现代中国之所以成为人们竞相拥戴的"显学"，实在是由于中国现代性的"非常"局势。这种"非常"在于：由于中国人的固有的宇宙模式和中优外劣心态等的束缚，中国现代性一再处于低于理想水平或者成理想的反面的缓慢变革的或危机的状态。而这种非常局势在现代竟实际上充当了中国现代性变革的常态。这属于非常性常态。对这种非常性常态的痛切体验煎熬着现代知识分子的心，逼迫他们采取激进的革命姿态，并且把它诗意化或审美化，从而不无道理地导致现代性长出一副革命主义的激进变革颜面。这样，革命主义在现代是具有其合理性的。所以，轻易否定以五四运动为代表的革命主义原则是不足取的。

---

① 陈独秀：《文学革命论》（1917），《独秀文存》，第95—96页。
② 同上书，第98页。
③ 陈独秀：《美术革命——答吕澂》，《新青年》第6卷第1号，1918年1月15日。

不过，同时应当冷静地看到，革命主义不大可能在任何时候都成为现代性的主旋律。作为这种主旋律，革命主义往往是在动荡不已的 20 世纪大部分时光里才具有充分的合理性，因为摇晃不已的现代性车轮需要革命主义的非常态的强势推力，甚至多种力量的合力推举。而到了相对和平的 21 世纪，尤其是目前的消费主义洪流中，革命主义的现实需要可能会大大减退，从而从"主旋律"降低为"次旋律"。尽管如此，我确信，革命主义在中国现代性时段绝不肯轻易退场。每当中国现代性处于动荡状态或危机情势时，革命主义总会适时地登场亮相，推演出革命的种种激进场面，无论你是否乐意观赏。也许眼下的平静正孕育着未来新兴的革命主义修辞风暴呢！以往革命主义修辞往事，会有助于理解当下审美、艺术与文化状况。

（原载《浙江学刊》2004 年第 3 期）

审美现代性的革命颜面

美学与中国的现代性启蒙

——20 世纪中国的审美现代性问题

徐碧辉[*]

从现代性社会发展过程中产生了两种不同的现代性趋势，它越来越引起中外学者的关注。这两种趋势就是社会的现代性和审美现代性。两种现代性一开始本是同根同源，相互缠绕、相互支持的，但随着现代社会本身的发展和两种现代性按照自身的逻辑的演变，它们之间也越来越呈现出对立冲突的状态。在我国，有学者也开始对审美现代性提出批评。那么，对这两种现代性在中国的关系怎么理解？对美学在中国的现代性启蒙中的作用如何理解？审美现代性真的如有的学者所说的已经完全成为一种负面的因素了吗？

一 审美现代性：从肯定到否定

作为一个充满了歧义纷争的概念，现代性的内涵被人们从不同的方面和角度阐释着。大体上，认为存在两种现代性的思路得到了更多人的认同。这两种现代性就是社会现代性和审美现代性。关于两种现代性之间的关联与冲突，国内外不乏精彩的分析与描述。如周宪所描述的："从历史角度说，现代主义文化显然是属于资产阶级文化的一部分，而它反

* 徐碧辉：中国社会科学院哲学研究所研究员。

过来又反对资产阶级制度和价值观本身，这正是现代性的内在矛盾所致。从逻辑的角度看，审美的现代性是启蒙现代性的必然结果，后者使前者反对自己成为可能和必然，即'现代存在迫使其文化站在其对立面。这种不和谐恰恰是现代性所需要的和谐'（鲍曼语）。如果我们把启蒙的现代性视为以数学或几何学为原型的社会规划，那么，现代主义所代表的审美现代性则是对这种逻辑和规则的反抗；如果我们把启蒙的现代性视为秩序的追求的话，那么，审美的现代性就是对混乱的渴求和冲动；如果我们把启蒙的现代性视为对理性主义、合理化和官僚化等工具理性的片面强调的话，那么，审美的现代性正是对此倾向的反动，它更加关注感性和欲望，主张审美—表现理性；如果我们把启蒙的现代性当作一种对绝对的完美的追索的话，那么，审美的现代性则是一种在创新和变化中对相对性和短暂性的赞美；……一言以蔽之，现代主义所代表的审美现代性，本质上是一种否定性，它不但否定了源于希腊和希伯来的西方传统文化，更激进地否定了现代资本主义社会的价值观。"①

对于审美现代性，西方知识界经历了从全面肯定到基本否定的过程。以席勒为代表的启蒙主义者对于审美和艺术在现代社会中的作用给予了高度肯定，把它作为纠正资本主义社会里人性被分裂和扭曲的有效方式，也是平衡人的天性中理性与感性冲动的唯一方法，是人获得自由和解放的必然途径。在席勒看来，人的天性中存在着两种互相矛盾的冲动：感性冲动和形式冲动。前者产生于人的物质存在或者他的感性本性，实际上就是属于生命的本能，它常常以其感性的存在阻碍精神获得自由，因为他往往使人屈从于感性本能。用席勒的话说就是感性冲动"用不可撕裂的纽带把向高处奋进的精神绑在感性世界上，它把向着无限最自由地漫游的抽象又召回到现时的界限之内"。② 形式冲动则是由人的理性本性产生的对自由的渴望，它要求人在任何状态中都保守其人格不变，因而

---

① 周宪：《现代性的张力》，《文学评论》1999 年第 1 期。
② 席勒：《审美教育书简》，第 12 封信，北京大学出版社 1985 年版，第 63 页。

美学与中国的现代性启蒙

123

它也是一种对永恒性的向往。实际上，用更为通俗的语言说，这两种冲动就是人的两种近乎本能的生命特质：一种是肉体感性欲求方面，它要求感官的愉悦和舒适，因而常常阻碍精神自由的获得；另一种是理性、精神的追求和向往，是超越感性存在达到永恒和不朽境界的渴望。在形式冲动和感性冲动之间存在着一种联系，那就是游戏冲动。游戏冲动是对感性冲动和形式冲动的片面性的超越。"排斥自由是物质的必然，排斥受动是精神的必然。因此，两个冲动都须强制人心，一个通过自然法则，一个通过精神法则。当两个冲动在游戏冲动中结合在一起活动时，游戏冲动就同时从精神方面和物质方面强制人心，而且因为游戏冲动扬弃了一切偶然性，因而也就扬弃了强制，使人在精神方面和物质方面都得到自由。"① 游戏冲动的对象就是"活的形象"，亦即是美。对于席勒来说，游戏意味着一种自由的创造状态，一种艺术和审美境界。"美是两个冲动的共同对象，也就是游戏冲动的对象。语言的用法完全证明这个名称是正确的，因为它通常用'游戏'这个词来表示一切在主观和客观上都非偶然的，但又既不从内在方面也不从外在方面进行强制的东西。在美的观照中，心情处在法则与需要之间的一种恰到好处的中间位置，正因为它分身于二者之间，所以它既脱开了法则的强迫，也脱开了需要的强迫。它对于物质冲动和形式冲动的要求都是严肃的，因为在认识时前者与事物的现实性有关，后者与事物的必然性有关，在行动时前者以维持生命为目标，后者以保持尊严为目标，二者都以真实与完善为目标。"② 席勒把审美的地位提高到人的生存本体地位，指出审美的境界才是人生的最高的境界，人只有在进行审美活动时才是完全、充分意义上的人，因为在这里，人的两种状态——感性和理性达到一种恰到好处的平衡，感性生命的冲动和精神理性的追求得到了完美的统一，因此，席勒提出了那

---

① 席勒：《审美教育书简》，第 14 封信，第 74 页。
② 席勒：《审美教育书简》，第 15 封信，第 78 页。

个著名的命题:"只有当人是完全意义上的人,他才游戏;只有当人游戏时,他才完全是人。"① 现代化的社会劳动分工造成了人性的分裂和肢解,使人的天性的两种对立的冲动——感性冲动和形式冲动——愈加剧烈,审美和艺术正是弥合这种分裂、消除这种对立,从而达到人天性中感性与理性,或者说是感性冲动和形式冲动的有效途径,而且是最能体现人的生命本质的生存状态。尼采同样把审美和艺术作为一种最高的人生的形上本体,认为悲剧能够达到对人生的"形而上的美化目的"。他说:"只有作为一种审美现象,人生和世界才显得是有充足理由的。在这个意义上,悲剧神话恰好要使我们相信,甚至丑与不和谐也是意志在其永远洋溢的快乐中借以自娱的一种审美游戏。""艺术是生命的最高使命和生命的本来的形而上活动。"② 马克思在《1844年经济学哲学手稿》中把"自由自觉的活动"作为人的"类本质",而自由自觉的活动的一个重要内容就是与动物不同的"按照美的规律建造"。作为私有制的积极扬弃的共产主义社会里,人作为完整的人,把自己全面的本质据为己有。不仅在思维中,而且以一种全面的感性的方式,占有自己的本质。因此,共产主义作为一种理想,包含了浓重的审美因素。

但是,现代性自身的逻辑发展,其本身存在着的内在矛盾使得这两种现代性——社会现代性和审美现代性之间的对立和冲突日益严重。对于许多现代思想家来说,审美现代性已经显露出它的消极、否定的一面。以现代主义艺术为代表的审美现代性对个性的过分张扬、对天才和独创性的过分强调已经成为社会生活的严重否定面。如丹尼尔·贝尔在他的名作《资本主义文化矛盾》里所说的:"假如说资本主义越来越正规化程序化,那么现代主义则越变越琐碎无聊了。艺术的震动总有个限度,

① 席勒:《审美教育书简》,第15封信,第80页。
② 《悲剧的诞生》,转引自蒋孔阳、朱立元主编《西方美学通史》,上海文艺出版社1999年版,第266页。

现代主义的'震惊效果'也未必能持之以恒。要是把实验不断开展下去，怎样才能获得真正原创的艺术呢？现代主义像历史上所有糟糕的事物那样反复地重复自己。"① 贝尔批评说："如今的现代文艺不再是严肃艺术家的创作，而是所谓'文化大众'（culturati）的公有财产。对后者来说，针对传统观念的震惊（shock）已变成新式的时尚（chic）。文化大众在口头上已经采取了对资产阶级秩序和质朴作风的反叛态度，可他们又造成一种统一舆论，不容他人冒犯这些信仰。"② 现代主义艺术和建基于现代工业生产基础上的文化工业合流，其创新激情成为一种制度化的常规性存在，而创新形式也很快变成一种时尚和广告而成为大众化、流行化的东西，因而，资本主义社会已在无形中消解了现代主义的反叛形式，从而使创新或独创性落空。"今天，现代主义已经消耗殆尽。紧张消失了。创造的冲动也逐渐松懈下来。现代主义只剩下一只空碗。反叛的激情被'文化大众'加以制度化了。它的试验形式也变成了广告和流行时装的符号象征。它作为文化象征扮演起激进时尚的角色，使得文化大众能一面享受奢侈的'自由'生活方式，一面又在工作动机完全不同的经济体制中占有舒适的职位。"③

因而，在贝尔看来，对于以现代主义艺术为代表的审美现代性也有必要加以限制，即对于那些超出道德规范、极度扩张的个性和所谓的创造性、那些只能给人带来灾难性后果、"同魔鬼拥抱"的文化创造行为或作品应该采取某种限制性措施。"如果我们对经济和技术实行一系列限制，是否同时也限制一下那些超出道德规范、同魔鬼拥抱并误认这也属于'创造'的文化开发活动？我们是否要对'自大狂'（hubris）加以约束？回答这个问题便可解决资本主义的文化矛盾及其自欺欺人的孪生现

① 丹尼尔·贝尔：《资本主义文化矛盾》，第 36 页。
② 同上书，第 37 页。
③ 同上书，第 66 页。

象（semblable et frere），现代主义文化。"①

而在另一些学者看来，审美现代性无限扩张的结果，使得政治和社会问题的解决都失却了依托和根据。政治经济问题被转换为文化和审美问题，个人问题、美学问题却都置换成了社会政治问题，可是社会政治问题的解决已经失去了原则和依据。"由于审美已经成为整个现代图景的特征，所以，无论是因为专制政权的胁迫还是因为个人面对外部世界的无能，到头来，一切个人问题、美学问题都置换成了社会和政治问题，而一切社会—政治问题的解决都失去了可靠的依托，只能是'审美的'、不确定的。"②

这样，对审美现代性的批判成为当代西方知识界的一股重要潮流。当然，从西方知识界立场出发，有足够的理由批判现代性，无论是启蒙现代性还是审美现代性。一种制度和文化历经三百多年的历史沉积和演变，肯定会不可避免地暴露出它的内在矛盾和在时间/历史过程中显露出来的缺陷，虽然这些缺陷同时也必定在被克服，这种制度和文化在不断被修正。世界上没有十全十美的制度。任何一种所谓好的制度都只能是在各种有害性中比较而言为害最小的那一种。现代性的社会制度和文化也同样如此。无论是作为现代政治制度核心的民主制度，还是作为经济制度核心的市场化制度，或是艺术上对独创性和个性化的追求，都不可能没有问题。正是由于这些问题的存在，马克思和恩格斯曾经宣称资本主义是自己的掘墓人，资本主义制度必然会因自己的内在矛盾而导致革命，从而推翻这一制度。列宁在世纪初宣布，帝国主义是腐朽的、垂死的资本主义，资本主义的丧钟就要敲响了，无产阶级革命时代已经到来——虽然历史的演变并没有如马克思等人预期的那样迎来一个社会主义革命时代，没有发生全世界范围内的社会主义革命，但是，从另一个

---

① 丹尼尔·贝尔：《资本主义文化矛盾》，第40页。
② 张辉：《现代审美主义问题的政治特性》，《文艺研究》2003年第1期。

角度看，今天的西方资本主义社会跟马克思所处的19世纪相比较，跟列宁所处的20世纪初期的时代相比，都已经发生了几乎可以说是本质性的变化。无论是经济制度还是文化制度，特别是社会福利保障体系的建立和健全，在很大程度上缓解了资本主义社会的内在矛盾。而这种变化，不也在很大程度上得益于包括马克思等人在内的西方知识人对资本主义制度的自觉的批判和反思么？因此，从西方知识人的立场出发，有足够的理由去批判任何一种现存的现代化社会制度和文化观念。可是作为后发国家的中国，有其特殊的国情，其起点跟西方先发国家所站的角度完全不同。对于现代性问题自然也必须相应地作出自己的回答，必须根据自己的国情作出独立的判断和选择。

二　中国现代化中的社会启蒙和审美启蒙

相较于西方先发国家，中国现代化过程中社会与个体之间的矛盾往往被掩盖起来，遮蔽起来，而转换成了中西方思想之争。对民族国家整体的利益的思考往往压倒和吞没了对个体价值、个性发展的思考和需要。如果说西方的现代化是从它自身的传统文化之根中生长出来的，是以人权反对神权，以人道主义反对神圣天国，以现世的个体感性的享乐反对来世的禁欲主义开始的话，那么，中国的现代化却是由于西方殖民者的侵略而被迫开始的，是被输入、被强迫的，因而，中国的现代化一开始并不是要为个体争取自由与发展，不是要为每个个体提供自由发展的空间，而是要为整个国家民族争取生存的空间，要使中华民族能够自立于世界民族之林而不被开除球籍。因此，国家的富强，国力的强盛，经济的发展，这才是中国现代化最紧迫、最重要的任务。因此，中国的现代化启蒙不是像法国启蒙运动那样以理性、秩序、社会公正为旗帜，也不是像文艺复兴运动那样以对古典文化范型的向往和回归为契机，以对人权和人性的肯定为实质，而是以"物竞天择，适者生存"这一达尔文生物学原理的译介开始。这是一个意味深长的对比。"物竞天择，适者生存"，在社会民族的竞争中，尤其是在 19 世纪中国正饱受列强欺凌的现实中，更易为人所理解和接受。这样，个体的价值，个性的解放虽然是稍后一些发生的五四时代新文化运动的一个重要内容，但实际上，在中国的现代性启蒙中，个体、个性的位置却从来没有真正被放到与民族国家相等的位置上。

在中国，两条线索——社会启蒙和个性启蒙或者说是理性启蒙与审美启蒙——的表现方式跟西方启蒙运动有重大的区别。在西方，社会启蒙跟个性启蒙是相互关联、相互依存的。其矛盾冲突也是一种相互关联的事物之间的内在冲突。社会启蒙表现为理性国家对神圣国家的反抗，其目标是建立现代政治经济制度，这种制度本身是以理性作为其建立的理论基础的。在这种制度之中，理性、个性、个体的价值和权利、私有财产的神圣性，都作为一种公理性的东西被建立了起来。因此，即使在后现代条件下二者之间发生了严重的冲突，也是一种具有内在统一性的社会里边生长出来的冲突。在这里，理性、秩序与法则虽然不断受到个性、感性和自由主义的批判与反抗，但是，这种反抗的前提是理性、秩序与法则已经成为社会生活中根深蒂固的观念，成为整个社会所赖以建立的根基。

而在中国，社会启蒙的一个重要内容是民族解放和国家富强，是从深受帝国主义列强欺侮的境地中解放出来，九一八事件之后更是挽救民族危亡的紧迫现实需要。因而，虽然中国的现代启蒙的最重要的阶段——五四运动是以对科学与民主这两种现代社会最核心的价值观念的呼吁为旗帜的，但很快，这种呼吁就被另一种更为激进的主张所取代，这就是经由苏联十月革命所传入的马克思主义所代表的革命诉求。人们不再满足于仅仅从思想文化层面上进行现代性启蒙，不再满足于寻求对现行社会制度中不合理的因素进行渐进性改革，而是要从根本上推翻现存的制度，赶走现行制度中掌握权力的人，而代之以新的制度和新的人。

中国现代思想史上几次大论战所表现的正是两种不同的现代性思路的区别，这在"问题与主义"的论战中表现得尤其明显。这样，不是理性，不是秩序，不是法规，不是对社会问题的仔细耐心的研究，相反，是对秩序的反抗，对法规的蔑视，成为中国现代启蒙运动的重要内容和结果。另一方面，对现存秩序的反抗和对现有法规的蔑视并没有导致对个体价值和个性的尊重。相反，由于残酷的政治现实和民族危亡状况，在反抗旧秩序的过程中建立了一套新的秩序，这种秩序不是建立在对个性和个体价值的尊重之上，而是建立在战争时期的纪律、整齐划一上。被西方启蒙主义者视为天所赋予的人权和个体价值、私有财产等观念统统被作为资产阶级的腐朽没落的观念而加以摒弃。这样，艺术、审美这种最能体现个性和自由风格的意识形式也被染上浓重的意识形态色彩，艺术的主体性、个人风格、审美的独立性和超越现实功利的性质基本上被否定。

在这种情况下，中国现代性启蒙中审美启蒙的意义就格外地凸显了。事实上，在中国现代史上，虽然社会启蒙的紧迫性压倒了审美启蒙，但仍有不绝如缕的审美启蒙的顽强努力。这就是以王国维、蔡元培和朱光潜等人为代表的学者鼓吹审美独立、艺术自治和建立中国现代美学、普及审美教育的努力。对于这些审美启蒙的先行者来说，他们和社会启蒙的目标是完全一致的，二者不但没有任何冲突，反而是一种相互补充的关系。陈独秀、胡适等人进行的是社会启蒙，他们所鼓吹的科学与民主正是现代社会最基本的价值观念或要素——民主代表了现代社会基本的政治理念，民主精神和制度中就包含了平等、自由和对绝对权力的限制，尤其是对专制极权的反对；而科学则代表了理性精神、务实的作风和严谨的方法。二者都是从社会群体价值层面上进行的精神启蒙。而王国维、蔡元培、朱光潜等人的目标同样是要通过审美来改造人心，拯救社会。不同的是，他们是从对个体的心灵改造入手进行启蒙的。在他们那里，审美启蒙是社会启蒙的一个方面、手段和途径。最终所要达到的目标是一致的。对于王国维来说，人生就是一个充满欲望和痛苦的过程，要使人从这种痛苦中解脱出来，只有通过艺术和审美的途径。在他看来，艺术不但是对欲望的解脱，更具有一种形而上的超越品格，它是对宇宙人生的最本真理的显现，因而，艺术和审美有时候看起来并没有什么具体的用途，却对人生有一种根本性的大用途，一种"无用之用"："天下有神圣、最尊贵而无与于当世之用者，哲学与美术是已。天下之人嚣然谓之曰无用，无损于哲学美术之价值也。……夫哲学与美术之所志者真理也。真理者，天下万世之真理，而非一时之真理也。其有发明此真理（哲学家），或以记号表之（美术）者，天下万世之功绩，而非一时之功绩也。"[①] 艺术、哲学、文学所满足的正是人的高级的精神需要，比起一时一地的生活之欲的满足来更为重要，作为一种"无用之用"，它具有超脱于社会经验和功利层面的形而上的价值，能给人提供根本上的价值归依和保障。他甚至断言说，"生百政治家，不如生一大文学家"。因为，政治家给予国民只是物质上的利益，而文学家给予的是精神上的利益。物质的利益是一时的；精神上的利益却是永久的。[②] 把艺术审美的功用提升到形而上层面，赋予艺术和审美一种形而上的大用，一种"无用之用"，这可以说是中国哲学家对艺术和审美的独特贡献，是在民族生死存亡之际对个人和民族的一种形而上层面的思考。它超越了具体的一时一地的胜败得失，把人生和艺术都提到一个更高的境界。这也许是对西方哲学的一种"误读"，却是一种创造性的、符合中国民族文化传统和现代性启蒙实际的"误读"。也许它更可以看成是中国现代哲学家们的一种思想和理论创新。

　　蔡元培作为 20 世纪初期著名的教育家和政治家，其对中国现代启蒙的贡献，主要有两个方面：其一是创立了中国现代教育体系；其二是大

---

① 《论哲学家与美术家之天职》，《王国维文集》，北京燕山出版社 1997 年版，第 242 页。

② 《文学与教育》，《王国维文集》，第 263 页。

力提倡美育——任何一个方面都足以为他赢得不朽的名声。他确立了中国现代教育体制，建立了体、智、德、美和世界观教育五个方面全面发展的完整的教育思想；以"思想自由的方针，兼容并包之主义"改造旧北大，使之成为中国现代启蒙的思想文化策源地和中国走向现代化的精神旗帜。就美学来说，蔡元培的主要贡献在于他以民国教育总长的身份和北大校长的崇高的社会地位和威望对于美育的提倡。而提倡美育的依据，依然是由于审美和艺术对私利心的消除，对个体情感的陶冶。在《以美育代宗教说》的著名演讲中，他说："纯粹之美育，所以陶养吾人之感情，使有高尚纯洁之习惯，而使人我之见，利己损人之思念，以渐消沮者也。盖以美为普遍性，决无人我差别之见能参入其中。食物之入我口者，不能兼果他人之腹；衣服之在我身者，不能兼供他人之温；以其非普遍性也。美则不然。即如北京左近之西山，我游之，人亦游之，我无损于人，人亦无损于我也。隔千里兮共明月，我与人均不得而私之。"① 他不但大力提倡美育，而且身体力行，在北大任校长期间，亲自开设美学课，创立画法研究会、音乐研究会、书法研究会。而后来成立的国立艺术学校、浙江美术学校等专门的艺术院校，无不有着他的影响和心血。在蔡元培的大力推动下，20 世纪 20—30 年代，我国形成了第一次美学热潮，翻译、出版了大量美学著作，一些在欧洲影响很大的美学学说和美学家的著作都被介绍到中国；同时，出现了一大批高素质的美学研究者，写下了一批影响甚大的美学著作。朱光潜作为 20 世纪中国著名美学家在译介西方美学论著和美学理论探讨方面都功绩卓著。在《文艺心理学》等几部以心理学命名的美学著作中，他系统地介绍了 20 世纪西方的几个主要派别，把克罗齐的直觉说、立普斯等人的移情说、布洛的心理距离说、谷鲁斯的内摹仿说等学说糅合到一起，使之成为完整的关于审美心理学的系统学说。他以西方美学理论来研究讨论中国古代诗

---

① 《以美育代宗教说》，《蔡元培美学文选》，北京大学出版社 1983 年版，第 70 页。

歌，写下了《诗论》；同时，还写作了一些普及美学和艺术知识的论著，如《论美》、《给青年的十二封信》，等等。这些都是人所共知的。总之，以王国维等人为代表的中国现代美学家们，在中华民族从前现代走向现代社会的过程中，从审美和艺术角度对中国的现代性问题进行了深刻的阐释，为中国的现代性启蒙写下了不可缺少的一笔，成为中国现代性启蒙合唱中一个重要的乐章。随着时间的推移和历史条件的变化，他们工作的意义正越来越凸显出来。

　　另一方面，在中国，问题远为复杂。如前所述，中国的现代启蒙的重点不在于确立个体的独立价值和个体感性的健全发展，不在于对个体人格的培养、心智的塑造，而在于从国家民族的整个生存状况出发寻求民族独立和国家富强的道路。其他一切都必须围绕这一总体目标来进行。失去了这个根基，就失去了其存在的现实合法性。因此，中国的审美启蒙刚刚开始，便面临着来自社会现实和理论界的严峻挑战。残酷的阶级斗争和尖锐的民族矛盾使得审美启蒙者们关于审美无功利、艺术独立、审美和艺术的"无用之用"等话语听起来像是白日做梦，显得极不合时宜。因而，他们很快遭到来自更为激进的信奉马克思主义的理论家们的批判。严酷的现实政治斗争和尖锐激烈的阶级斗争使得中国的马克思主义理论家们把作为广义功利主义的马克思主义美学大大地狭隘化了，变成了一种狭隘的功利主义学说。他们完全否认了美和艺术的超功利性，强调美和艺术来源于生活，艺术必须为现实服务。而为现实服务又演变成为为政治服务，甚至是为一时一地的政策服务。这样一种被狭隘化的功利主义美学在当时却因其具有战斗性而得到了广泛的认同。20年代、30年代发生的几次大的艺术争论都以功利主义艺术观的胜利而告终。40年代，在朱光潜的《谈美》、《诗论》、《文艺心理学》等著作产生广泛影响的同时，也由于其书中所主张的审美独立、艺术与生活的距离等思想，遭到了来自左翼阵营的理论家的批判。50—80年代，在功利主义美学观的全面统治下，关于审美独立、艺术与生活的距离说等超功利主义美学主张更是基本绝迹。因此，实际上，中国现代性的审美启蒙任务远远没有完结。80 年代，以李泽厚为代表的中国新一代美学家们提出了以美启真、以美储善的学说，对现代性过程中的审美启蒙问题进行了具体的理论阐发，接续了王国维等人所开启的中国现代性启蒙的审美启蒙传统，为新时期的中国现代性启蒙作出了自己的贡献。

三 新时期的美学与新时期的现代性启蒙

80 年代以来，中国重新开始了被中断的现代性启蒙。与世纪初的启蒙相似的是，这一次的现代性启蒙也是由对"落后就要挨打"的深切的历史教训和现实中与西方发达国家的差距而触发。跟 80 年前那场启蒙运动不同的是，在这一轮新的现代性启蒙运动中，美学一度成为显学，成为中国 80 年代现代性启蒙的理论和思想源泉。事实上，这次的现代性启蒙正是由李泽厚的一部哲学著作——《批判哲学的批判》拉开序幕的。这部纯粹的哲学著作，由于其理论视野和思维方式及其概念使用跟当时流行的哲学教科书完全不同而让人耳目一新，并在学术界和社会上产生了广泛的影响。接着，李泽厚的两篇论文《康德哲学与建立主体性论纲》、《关于主体性的补充说明》发表。文章在中国学术界引起了一场学术地震。李泽厚所阐述的一些观念，如对主体性的强调，历史唯物论就是实践论，应该研究作为主体人的实践活动，对文化—心理结构和物质生产方式之间的"积淀"关系的描述，审美作为一种自由直观和自由选择对认识和伦理的帮助，等等，成为最热门的话题。"实践"、"主体性"、"文化—心理结构"、"审美"等概念成为使用频率最高的概念。由此而来的是，美学再度成为学术思想界和整个社会涌动的人文思想解放思潮所关注的焦点，成为 80 年代重新开始的现代性启蒙的思想理论基础。从美学上来说，这场美学热的集中表现和成果是以李泽厚为代表的被称为"实践美学"学说的正式诞生。

李泽厚所提出的新观点，概括起来主要有四：

（一）历史唯物论就是实践论。并以这种重新解释的历史唯物论去建构马克思主义的哲学和美学。历史唯物论不再是传统教科书中与人无关的生产力和生产关系、上层建筑和经济基础的自我运动，而是关于人的实践活动的理论。在这种历史唯物论中，人不再是被动消极的被决定、被支配的，不再是某种历史规律中的无足轻重的沙粒或某个社会生产系统的庞大的机器中一个无关紧要的齿轮，而是行动着、实践着、有意志、有目的的主体，每一个主体都是一个独特的存在，都是不可代替的。他严厉地批判了在当时还很流行的苏式马克思主义把历史唯物论变成经济决定论、完全忽视了人的主体地位的观点："历史唯物论离开了实践论，就会变成一般社会学原理，变成某种社会序列的客观主义的公式叙述。……人成为消极的、被决定、被支配、被控制者，成为某种社会生产方式和社会上层建筑巨大结构中无足轻重的沙粒或齿轮。这种历史唯物论是宿命论或经济决定论。"[1]

（二）主体性学说。实践论是以主体性学说为核心的。它把人作为历史和实践主体的地位提高到一个对中国现代马克思主义哲学来说是前所未有的高度。作为历史和实践的主体的人，所具有最突出的特性就是主体性。作为人性结构的主体性，它包括两个双重内容和含义：第一个双重是外在的工艺—社会结构面和内在的文化—心理结构面；第二个双重是人类群体的性质和个体身心的性质。把个体的心理、情感、意志、欲求等作为历史的主体，充分重视个体的作用和价值，而不再把个体看作是巨大的历史运动机器上一个无足轻重的齿轮或螺丝钉，这种思想在当时是极具震撼力的。当然，从历史唯物论的基本原理出发，李泽厚仍然十分强调群体、整体的作用，强调社会的物质生产方式所形成的历史

---

[1] 《康德哲学与建立主体性论纲》，《李泽厚哲学美学文选》，湖南人民出版社1985年版，第154页。

的普遍性和必然性对社会的文化—心理的决定作用和对个体的心理结构的决定作用，明确指出，在这四个层次中，第一个方面是基础，亦即人类群体的工艺—社会的结构面是根本的起决定作用的方面。只在群体的双重结构中才能具体把握和了解个体身心的位置、性质、价值和意义。

（三）积淀说。积淀说所要解决的是主体性学说中群体与个体、历史总体的必然性与个体生命存在的偶然性之间的具体连接。群体的社会文化心理结构是如何转化为个体的生命感受的？历史的必然性如何落实为个体的偶然性的？李泽厚根据康德的心灵结构知、情、意三结构说，从认识、伦理和审美三个方面进行了解释：在认识结构方面是"理性的内化"（智力结构），在伦理方面是"理性的凝聚"（意志结构），从审美方面说就是"理性的积淀"（审美结构）。"理性的积淀"就是通过审美活动，把社会文化因素沉积、内化为个体内在的心理诉求。美是一种自由的形式，而"审美作为与这自由形式相对应的心理结构，是感性与理性的交融统一，是人类内在的自然的人化或人化的自然。它是人的主体性的最终成果，是人性最鲜明突出的表现。在这里，人类的积淀为个体的，理性的积淀为感性的，社会的积淀为自然的。原来是动物性的感官自然人化了，自然的心理结构和素质化成为人类性的东西"。①

（四）提出中国现代性建设的审美策略——以美启真、以美储善。审美活动作为一种自由直观对把握事物的本真真理有着直接的启示，有时甚至是比科学认知更为直接和深刻的认识作用。伦理道德也只有当它成为人的内在自觉的心理诉求而不是外在的强迫律令，并真正带给人心理上的愉悦时才能真正获得它的根基和意义。这是李泽厚在他的上述论著和一系列同样引起巨大反响的思想史论著中反复说明和强调的思想。

李泽厚在 80 年代初期提出的这些学说，的确具有振聋发聩的作用。一方面，它顺应了当时整个社会涌动的解放思想、打破禁区、从僵化机

---

① 《康德哲学与建立主体性论纲》，《李泽厚哲学美学文选》，第 161 页。

械的反映论和形而上学唯物论中挣脱出来的思潮，并从哲学上为这种思潮提供了理论的依据；另一方面，它对长久以来统治我国的僵化的哲学学说是一种巨大的冲击。它不是从通常的辩证唯物主义和历史唯物主义的机械划分出发来讲哲学，而是直接把哲学的对象看作是人，是人的活动，人的意志、情感、欲望、需求，而这种把哲学归还给人、恢复人性、人的价值、人的地位的思想又是以马克思的实践学说为基础、为依据的。它"将美学从侧重于对客体的研究，引向对主体的研究；从侧重于从客体方面探讨美和美感的根源，引向探讨主体的审美心理结构及积淀的实践基础和历史渊源，强调实践主体对于文化心理结构和艺术文化发生、发展的意义，强调实践主体对于美和审美、文化和艺术发生、发展的能动性".① 对主体性的提倡和强调，对个体感性、个体存在的价值的强调，跟长久以来只讲集体不讲个体、只讲社会不讲个人、只讲历史必然性和历史规律而不讲人在历史中的活动、人在历史中的位置和价值的做法截然相反；它提出的"积淀"这一对于中国哲学界来说是全新的概念，在当时看来，恰到好处地解决了理性和感性、社会与自然、群体和个体之间的矛盾关系：一方面充分重视群体、社会、历史的第一性地位，指出历史的普遍必然性在历史过程中的优先地位；另一方面努力提高个体、感性、偶然性的地位，指出历史唯物论必须以个体的感性存在和感性活动为出发点。所有这些在当时无疑地具有巨大的说服力和震撼力。因而，李泽厚的学说一时之间不但在思想文化界产生了巨大的震动和反响，而且远远地越出了思想文化的范围，在整个社会产生了巨大的影响。"实践"、"主体性"、"积淀"、"社会心理结构"、"人的本质力量"等概念被频频使用。由于李泽厚对美学的价值的高度评价，也由于他的著作和学说的巨大影响，社会上掀起了美学热潮，出现了20世纪中国的第三

---

① 李西建：《中国实践美学问题的发展历程》，汝信、王德胜主编：《美学的历史》，第308—309页。

次美学热。从整个中国现代史的角度来看，从李泽厚的学说对20世纪80年代又一次思想启蒙的巨大作用和影响来看，怎么评价其价值也不过分。

李泽厚的主体性学说的提出，是为了给个体的感性生命存在提供有效的理论依据，在历史的普遍性和必然性中、在社会整体的文化心理结构中给个体、感性留下发展空间，使个体本身的生命存在的意义充分地凸显出来。李泽厚在不同的地方、不同的场合一再强调的就是要重视个体感性的价值，并且批评苏式马克思主义对个体人的价值的漠视。但是，在李泽厚的学说中，个体与群体、历史必然性与个体偶然性之间始终存在着一种紧张、对立状态。虽然他一再强调个体感性的地位和作用，但是，他也一再申明，从历史总体上看，个体仍是被群体和社会所决定和支配的。感性是因为积淀了理性才有意义。在谈到主体性的两个双重结构之后，他紧接着说，"人类群体的工艺—社会的结构面是根本的起决定作用的"，① 只不过，在这里，群体和个体之间、历史的总体性必然性和个体生存的偶然性之间存在着一定的张力，这种张力使得个体感性有一定的生存和发展的空间。可是，无论是实践论还是他所讲的历史唯物论，或是积淀说，所立足、所着眼的都是人作为类的整体的历史存在。其次，"积淀说"强调的是由社会群体向个体、理性向感性的单向静态积淀，而对于个体对社会的创造、感性对理性的冲击和突破没有予以充分重视。"'积淀'说的内在理路，仍然是从起源过程中寻求现实的秘密，是从外在的工艺—社会结构中寻求内在心理的秘密。……所以，它对于文化进程的描述，就总是强调由历史而现实、由群体而个体的单向度传递。就文化—心理结构的发展来说，历时性积淀和共时性建构是应该互为前提的，内涵性的积淀只有在外延性的建构活动中才可能得到实现和积累；从某种意义上甚至可以说，建构是直接现实性的、第一性的，而积淀只是从属性的、第二性的。在这个意义上，'积淀'说'忽视了群体共时

① 《关于主体性的补充说明》，《李泽厚哲学美学文选》，第165页。

性建构的能动性及其对人类历时性积淀的作用，从而也就窒息了群体或个体建构对于人类历史积淀进行超越或'突破'的可能性，并且使人类历时性积淀成了无本之木、无源之水，甚至成为一成不变的僵固的模式'。就生命的现实超越来说，个体作为主体的直接现实的形式，其愿望和追求、意义和价值应该构成主体性哲学的逻辑出发点和价值归依，也提供了文化世界进步的根本动力。立足于抽象整体性的实践的'积淀'说，则实际上把个体转化成了'工具本体'的负载手段。"①

　　这些缺陷使得李泽厚的实践美学在产生巨大影响的同时已开始遭到来自各方面的批评。最早的批评来自李泽厚的同代人高尔泰。他提出了"感性动力说"，挑战"积淀说"。80年代后期，刘晓波提出了"突破说"，以对抗"积淀说"。90年代前期，以杨春时为代表的"后实践美学"诸学者对实践美学从哲学基础、学科定位等方面进行了全面的批评。后实践美学的提出，一方面顺应了80年代到90年代中国社会经济政治文化由主流文化向大众文化转型、人文精神和现代性的人文启蒙让位于注重感性当下存在、整个社会朝着世俗化、感性化方向转变的社会现实；另一方面也是实践美学上述内在矛盾所导致。然而，无论李泽厚的实践美学有多少缺陷，作为一种人文学说，它所蕴涵的人文主义思想曾对整个中国80年代的现代性启蒙产生广泛而深刻的影响。一些现在看来是理所当然的学说和思想，如人是主体而不是被历史决定的螺丝钉、作为一种本体论的马克思主义哲学的实践论、美育在整个教育中的枢纽作用，等等，这些思想在当时却是一种极具先锋性和启蒙性的思想，是一种需要敏锐的理论眼光和极大的勇气才能提出来的。而这个任务，在当时正是由美学所承担的。这是美学对中国的现代性启蒙的一个重大贡献。

　　由于80年代末期的政治风暴，中国的现代性启蒙过程再度中断。90

　　① 韩德民：《从"实践"到"主体性"的迁移——李泽厚与20世纪中国美学》，《20世纪中国美学学术进程》，安徽教育出版社2000年版，第682—683页。

年代，当政治上解冻之后，被中断的人文启蒙过程不是被接续上了，而是被新兴的全球性的大众文化浪潮淹没了，遮蔽了。人文知识分子们发现自己处于一个尴尬的境地：他们的启蒙性话语不再遭受来自意识形态的阻碍，他们可以充分而自由地表达自己的思想、可以说自己想说的话了，但是很快地，他们发现，他们的发言已经没有了听众，他们的表演成了无人观看、无人喝彩的尴尬独白。他们的批判失去了对象。席卷而来的大众文化的潮流淹没、吞噬了一切关于思想、人文的话语。美学作为 80 年代人文启蒙的带头学科，跟文学、历史等一起遭遇了又一次时代的冷落。

另一方面，在美学理论由热到冷的同时，在社会生活的方方面面，却悄悄地发生了一场审美的革命，整个社会范围内的审美化浪潮席卷而来。关于美的形象和产品正更多地渗透进我们的日常生活。城市空间、购物场所、商业行为无不带上审美化的明显特征。审美已经成为一种时尚，一种可以标价出售的商品。从今日的技术观点来看，现实不再是古典哲学中那种坚实稳固的存在，而是变成了一种柔顺、轻巧的东西，生产材料可以在设计家们手里任意变成他们想变成的模样。与物质过程审美化同时，非物质的社会现实也经历着审美化过程。社会现实经传媒，特别是经电视媒体的传递和塑造，它同样变成了可以虚拟、可以操纵、可作审美塑造的。与此同时，个体生活实践态度和道德选择也在经历着审美化的过程。美容院和健身房塑造着个体的身体的完美，而音乐厅和博物馆则使灵魂审美化。而这一切背后是一种更为深刻的思想文化背景：自 19 世纪以来，一切道德伦理规范，都不再被看作是强制性的标准，而被看作是历史的、社会的甚至是个人的观念。总是同时存在不同的道德价值观念，因而个体常常必须在相互矛盾的观念中进行选择，而这种选择就常常具有审美的本质。从文化和思想层次来说，我们的认识论同样也在经历一个审美化的过程，自康德开始，"真理在很大程度上变成了一个美学范畴"。① 根据尼采，现实整个地是被造就的，是可以虚构的。而传统观念中被认为是最具有实在性、最不容置疑的科学中，也渗入了审美的因素。自海森堡以来的现代科学假设，大多打上了审美的烙印，许多假设甚至就是从审美的合目的性出发作出的。因此，可以说，我们所处的社会已经是一个审美化的社会。②

看起来像是古典哲学家和美学家们关于审美化生存的理想实现了。但是，在审美被普遍接受的同时是它的时尚化、设计化。审美的人文内涵和理想主义色彩正在被对纯粹的形式美的追求所取代。它的厚重的历史文化内涵也正在变成一种装点门面的性质。作为一种人文理想的审美主义，它对人的要求是一种内在的精神的存在，是在追求审美理想生存的同时合于道德的目的性，即康德所谓"无目的性的合目的性"。在这种生存境界中，个体生存的动机和追求来自于个体内在精神的召唤，而这种召唤同时又与整个社会进步的理想相合拍、相一致。如马克思所说的，个体在他的感性存在中积淀、彰显了全部世界历史的进程，在个体的感性追求中体现了全部人类对于真理、正义和审美理想的追求。审美因为有如此内涵才能担当起席勒所说的调节人的感性冲动与理性冲动的任务。而马克思的共产主义理想也因而才是一种社会理想和个体生存的理想。而在今天我们所正在经历的审美化过程中，感性的外表被强调、被夸大，审美的形象成为脱离精神内涵的独立因素。而由于内在精神的缺席，个体的行为准则不再受内在的精神力量的引导，不再追求与社会进步的相一致，而仅仅受到广告和时尚的诱导。人们的许多需求不是从他的内在生命而产生，而是受时尚的诱惑而形成。这样，在看起来更多地实现了审美和艺术化的今天，其实审美和艺术最为贫乏。就艺术本身而言，在今天整个社会审美形象空前泛滥而人文理想和人文精神空前缺

---

① 沃尔夫冈·韦尔施：《重构美学》，上海译文出版社2002年版，第33页。

② 关于审美泛化问题，可参见沃尔夫冈·韦尔施《重构美学》。

席的背景下，仍然一味延续着 20 世纪初期以来为反抗古典形式主义艺术而产生的先锋的精神。但是，反抗的对象已经消失，因而，艺术成为一种为前卫而前卫、为先锋而先锋的局面。一方面走向市场，走向消费化、时尚化；另一方面，一部分艺术家和文学家不断呼吁着要维护"纯文学"的纯粹品质。而什么是"纯文学"对于这些文学家来说同样是一种茫然不清的混沌。

这样，美学的意义便凸显了出来。在中国，经历了 80 年代的美学热之后，美学和其他人文学科一样遭受了被边缘化的命运。就美学学科本身的状况而言，无论是作为哲学分支的哲学美学还是对审美心理的探求，作为一门学科，其状况远远不能令人满意。当然，所谓 80 年代的美学热，有其特定的社会历史文化背景，如前所述，它是由于美学刚好顺应了当时要求改革、提倡人道主义、恢复对人的基本价值和权利的肯定的时代精神而形成的。因此，它并不仅仅是由于美学本身的原因而热起来的，它后来的"冷"也就是顺理成章的了。换言之，美学在当今被边缘化、被淡化同样也与整个社会时代的文化走向相合拍。但是，对于美学自身而言，其历史使命与任务在任何时代都同样存在。而在当今时代，事实上更为需要理论对生活的参与和引导。实践美学虽然遭受到各种批评，但由于它的人文理想性，它的精神内涵和它对实践的注重与强调，它恰好有可能成为连接生活实践与精神理想的一座桥梁。只是，对实践的内涵和实质，它在美学学科中的地位和作用等问题必须予以认真清理和界定。而这个任务，历史地落到了新世纪中国美学学者的头上。

（原载《文艺研究》2004 年第 2 期）

理论与阐释:审美现代性研究三题

在当代语境中，中国文学艺术的审美现代性研究是一个重要的理论课题。然而，新时期中国文学艺术的审美现代性研究有其阐释的一些基本前提。

就审美现代性研究本身而言，人们对"审美现代性"的思考是和对"现代性"的思考同步并进的。在西方，伴随其现代化的历史进程，以工具理性为核心的启蒙现代性及其对立面——审美现代性，受到了韦伯、马克思、恩格斯、海德格尔、霍克海默、阿多诺、马尔库塞、波德莱尔、福柯、吉登斯、鲍曼、哈贝马斯、卡林内斯库等一大批思想家、哲学家、美学家和艺术家持续不断的思考和探索。这些思考和探索不管是基于理论/抽象形态的层面，还是基于艺术/具象形态的层面，都为我们提供了丰厚的"思想资料"。在国内，刘小枫、周宪、王一川、杨春时等许多学者对审美现代性也有深入的研究。特别是，20世纪90年代以来，受中国特色现代化进程总体事实的激荡，以及西方现代性话语的促发，"审美现代性"阐释视角的引入给新时期中国文学艺术的研究带来了一种新语境、新视野和新立场。它既使文学艺术的研究在命题、范围、方法等方面进行着新调整，又使一些重要的美学问题得到新异而有效的阐释。这在文

学研究的领域尤其有突出的表现，并取得了丰硕的成果。

在这里，令人瞩目的问题是，"审美现代性"何以成为人们切入新时期中国文学艺术的学理路径？在我看来，主要原因有两条：一是文学艺术创作的自身特性；二是审美现代性范畴的美学阐释能力。就前者而言，新时期中国文学艺术的"艺术叙事"和中国社会改革的"历史叙事"是同声相应、同气相求的。其中，作为一种宏大的历史叙事，新时期的中国改革具有革故鼎新、与时俱进等现代性特质。和西方相比，尽管中国的现代化呈现出"后发外生"的特点，但经过几十年的社会主义现代化建设，一种由"中国特色"的政治、经济、文化而搭建起来的"中国现代性"已展现在历史的舞台上。比如，有学者指出，作为"中国现代性"理论形态的集中体现，"科学发展观"是一种"将后现代导入中国现代化过程、改造现代化的内容、方向、目标及其结构和机制的现代性，即一种新现代性"。① 与之相应，经过艺术生产的审美转换，诸如新与旧、传统与现代等矛盾关系的激荡和冲突、融合与生成，铸就了新时期中国文学艺术的基本审美特质。就后者来说，"审美现代性"的直观含义是相对于"审美传统性"而言的，因此，通过清理"传统/现代"之间的能量互动和交流关系，审美现代性范畴就可以准确地表征出文学艺术从传统转向现代的递嬗内容和转变逻辑。因此，如果说"现代性"可以是描述新时期社会现代化进程的总体性概念，那么，"审美现代性"则可以是描述新时期中国文学艺术的发展情景，阐释其发展中的问题，总结其发展规律的总体性概念。这样一来，一方面，伴随着中国改革的现代化进程，中国文学艺术中一种可称之为"现代"的审美新质在不断生长发育；另一方面，审美现代性范畴又为阐释这种"新质"而预设了一个广阔的空间，于是，审美现代性研究就历史性地被推到了新时期中国文学艺术研究的前台。

那么，作为新时期中国文学艺术审美现代性研究的前提，审美现代性的理论规定如何？其历史具体性怎样？又可以表现在哪些层面？本文

---

① 任平、陆树程：《走向新现代性的科学发展观》，《苏州大学学报》2004 年第 3 期。

的论述一则力图澄清当前审美现代性研究中的一些混乱现象；二则着力梳理和确立艺术/具象形态审美现代性研究中的一些基本学理范式。

一　审美现代性的理论规定

从字面上理解，"审美现代性"是指美学或审美上的现代性，或者说，是现代性在美学或审美上的表现形式。然而，实际的情形远非如此简单。

首先，考察审美现代性可以有不同的角度，而不同的角度就会看到不同的意义内涵。比如，在《现代性的五副面孔》中，卡林内斯库认为，审美现代性是与社会现代化进程相对立的文化现代性。哈贝马斯在《现代性——一个未完成的规划》中则认为，审美现代性是文化现代性的一部分。刘小枫指出，审美现代性有三项基本诉求：以感性为本体论归依；赋予艺术以宗教式的拯救功能；对世界采取一种审美的态度。[①]而王一川却认为，"审美现代性，是审美—艺术现代性的简称"，"它既代表审美体验上的现代性，也代表艺术表现上的现代性"。[②]其次，依据威廉斯的"词丛"，或本雅明的"星丛"理论，"现代"、"现代化"、"现代性"、"审美现代性"等构成了一个语义相关的概念丛。再次，"现代"是一个相对于"传统"而言的历史学时间概念；"现代化"侧重指物质方面的因素由传统走向现代的发展过程；而"现代性"则侧重于精神文化层面，意指"现代"这一历史意识和"现代化"这一历史进程的总体性特征。伊夫·瓦岱指出，"现代性"是一个充满着歧义、矛盾和对抗的"杂音异符混合体"，以至于"这个词总是需要一个限定词来伴

---

　　① 刘小枫：《现代性社会理论绪论》，生活·读书·新知三联书店1998年版，第307页。

　　② 王一川：《现代性文学：中国文学的新传统》，《文学评论》1998年第2期。

随它"。① 而"审美现代性"恰恰就是寄身其间，却又有着自己独特身份的概念。再次，考察审美现代性有两种方式：一种是描述的，一种是规范的。前者表明审美现代性"是什么"，后者则关心审美现代性"怎么样"；前者指出发展变化的种种趋向和可能性，后者则对这些发展变化作出价值论的分析和评判。在这里，综合以上三点所标明的路向，并立足于艺术实践和艺术文本，我们就可以从以下三个方面来把握审美现代性的理论规定：

第一，从时间的维度来考察，审美现代性意指一种建立在"现代"时间意识之上的"现时性"。

在《乔厂长上任记》中，它一开头就说："时间和数字是冷酷无情的，像两条鞭子，悬在我们的背上。""如果说国家实现现代化的时间是二十三年（指到 2000 年——引者注），那么咱们这个给国家提供机电设备的厂子，自身的现代化必须在八到十年内完成。"在电视剧《世纪之约》中，诚如其剧名所标示的，强烈的时间意识渗透于文本的深层结构。在这里，不同的文本庶几让我们看到，"时间"是考察审美现代性的理论原点。在《文学与现代性》中，伊夫·瓦岱对文学现代性的精彩分析正是建立在现代性时间这一基础之上的。

在《现代性的五副面孔》中，卡林内斯库指出：现代性"是一个时间/历史概念，我们用它来指在独一无二的历史现时性中对于现时的理解，也就是说，在把现时同过去及其各种残余或幸存物区别开来的那些特性中去理解它，在现时对未来的种种允诺中去理解它——在现时允许我们或对或错地去猜测未来及其趋势、求索与发现的可能性中去理解它"。② 实际上，在西文中，"现代"一词的拉丁文词根"modo"意指的是"当前的"、"最近的"。这就标明了现代与传统的对应关系。这就意

---

① 伊夫·瓦岱：《文学与现代性》，北京大学出版社 2001 年版，第 17 页。

② 马泰·卡林内斯库：《现代性的五副面孔》，商务印书馆 2002 年版，第 336 页。

味着，作为与审美传统性相对的新属性，审美现代性即是一种建立在"现代"时间意识之上的"现时性"。对此，波德莱尔诗意而深刻地指出："现代性就是过渡、短暂、偶然，就是艺术的一半，另一半是永恒和不变。"①

当然，"现时性"并不意味着一种纯粹的时间意识，在其背后蕴涵着深刻的历史意义：其一，现时性有着时代与永恒的双亲血缘关系。在波德莱尔的诗意表述中，"人们往往以对时间的非连续性的意识——与传统的断裂，对新颖事物的感情和对逝去之物的眩晕——来表示现代性的特征"。但是，"成为现代的，并非指承认和接受这种恒常的运动，恰恰相反，是指针对这种运动持某种态度。这种自愿的，艰难的态度在于重新把握某种永恒的东西，它既不超越现时，也不在现时之后，而在现时之中。现代性有别于时髦，后者只是追随时光的流逝。现代性是一种态度，它使人得以把握现时中的'英雄'的东西"。② 其二，对这种"'英雄'的东西"的追求使人们产生了"英雄化"的意愿。伊夫·瓦岱指出："这个时代要求人们进行斗争，这种斗争无疑比不上昔日显赫一时的战士所进行的战斗那么享有盛名，但它并不比后者缺乏英雄气概。"③ 其三，现时性往往意味着一种直线向前、不可重复的历史时间意识，一种与循环的、轮回的或者神话式的时间意识完全相反的历史观。因此，在本质上，它趋向于未来而不是过去，并且，这种未来指向构造了现代自身的开放性和发展的无限可能性。"这是时—空'延伸'的一个重要方面。现代性的种种条件使得这种时—空延伸既有可能，也有必要。"④ 由此观之，现时性不仅标明了它和传统性相对应的存在，更重要的是，它还意味着一种思维方式、认识态度和价值立场，意味着某些与创新、进

① C. 波德莱尔：《波德莱尔美学论文选》，人民文学出版社 1987 年版，第 484 页。
② 米歇尔·福柯：《什么是启蒙？》，《天涯》1996 年第 4 期。
③ 伊夫·瓦岱：《文学与现代性》，第 58 页。
④ 安东尼·吉登斯：《现代性的后果》，第 45 页。

步、变化等概念相关的意义。

第二，从审美意识与艺术表现的维度来考察，审美现代性意指"审美创新性"。

在"现时性"的历史意识新模式中，"现代"往往就意味着"新"，而"新"的就是"好"的，换言之，"现在"是通向未来的进步连续体中的一个关键环节，而把握住了"现在"的时代潮流并积极投身于这一时代潮流，就意味着创造美好的未来。因此，基于这种时间观念和价值立场，在艺术生产中，人们总是相信历史是向前发展的，社会是不断进步的，于是，在艺术表现上，求新、求变也成为了人们持之以恒的美学目标。在这种意义上，"审美创新性"表征和反映的就是艺术和审美在现代社会中的新形式、新特征。

卡林内斯库指出："'现代'主要指的是'新'，更重要的是，它指的是'求新意志'——基于对传统的彻底批判来进行革新和提高的计划，以及以一种较过去更严格更有效的方式来满足审美的雄心。"① 比如，在一些改革题材电视剧的艺术叙事中，传统与现代的历史分野往往显示出人们"告别过去"的决绝。而改革者的出场也常常带有一种终结过往历史的意味——他们将引领历史由传统步入现代，其行为也将打破历史的循环并使"现代"的意义凸显：在《新星》中，李向南的出场将改写古陵县漫长的文明史；在《人间正道》中，郭怀秋未竟的事业一旦为吴明雄所接替，那么，平川市的面貌便发生了翻天覆地的变化。于是，在这种"结束过去，面向未来"的历史意义中，势不可挡的改革在历史的进程中拥有了价值，具有了鲜明的现代性，而其艺术表现在确立改革合法性的同时也使自身成为了一种现代叙事。

在波德莱尔那里，"过渡、短暂、偶然"的诗意表述也体现了现代艺术变动不居的创新特性和人们永无止境的创新追求。他把热切渴望现

---

① 马泰·卡林内斯库：《现代性的五副面孔》，第2页。

代性的现代人比作"富有活跃的想象力的孤独者"和"片刻不停地穿越浩瀚的人性荒漠的游历者",他们"把从时尚中抽取隐含在历史中的诗性的要素作为他的工作"。① 康拉德则直接宣称:"我是现代人,我宁愿作音乐家瓦格纳和雕塑家罗丹……为了'新'……必须忍受痛苦。"② 当然,创新也有其辩证法。一如豪泽尔所说:"促使艺术发展的一种最有效的力量,一方面来自自发情感与传统形式的矛盾,另一方面来自创新形式与习俗情感的矛盾。这两对矛盾决定了艺术史辩证法的生命力。"③ 这要求我们对具体的文本进行具体的分析。

第三,从审美价值与审美功能的维度来考察,审美现代性意指"审美反思性"。

洛克曾将心灵内部活动的知觉称为反思。在西方语境中,审美反思性往往是以批判、否定和超越"启蒙现代性"的极端形式表现出来的。现代主义艺术就是这一极端形式的集中体现者。甚至,经过现代主义艺术的典型折射,批判性、否定性和超越性成了审美现代性的主要规定。在这里,由于这一规定有着广泛的影响,因此,认真分析它的性质是我们准确把握审美现代性的重点。

在价值和功能的维度上,西方学者大多将现代性这一"杂音异符混合体"分为启蒙现代性和审美现代性。④ 其中,后者以批判前者的姿态出现。那么,在现代性的内部为什么会出现这种"本是同根生,相煎何太急"的情形呢?要言之,其原因在于启蒙现代性的僭越,即,启蒙现代性在其发展过程中导致了极度膨胀的工具理性与技术理性,导致了资本主义的官僚机构、粗俗的实用主义和市侩主义。对此,一大批思想家、

① C. 波德莱尔:《现代生活的画家》,《波德莱尔美学论文选》,第485页。
② 弗·R. 卡尔:《现代与现代主义》,吉林教育出版社1995年版,第1—2页。
③ 阿诺德·豪泽尔:《艺术社会学》,学苑出版社1987年版,第19页。
④ 在这种对应关系的不同的语境中,"审美现代性"又被表述为"美学现代性"、"艺术现代性"、"浪漫现代性"、"文化现代性"等;"启蒙现代性"也被表述为"历史现代性"、"社会现代性"、"技术现代性"、"庸俗现代性"、"资产阶级现代性"等。

哲学家、美学家、艺术家都有充分的揭示。比如，马克思指出，现代社会"一方面产生了以往人类历史上任何一个时代都不能想象的'工业和科学的力量'，而另一方面却显露出'衰颓的征象'，这种衰颓远远超过罗马帝国末期那一切载诸史册的可怕情景"。① 这"和启蒙学者的华美约言比起来，由'理性的胜利'建立起来的社会制度和政治制度竟是一幅令人极度失望的讽刺画"。② 韦伯指出："合理化"在促进西方社会现代化的同时，又使现代生活变成了工具理性统治的"铁笼"。③ 其中，"理性成了用来制造一切其他工具的一般的工具"。④ "技术逻各斯被转化为持续下来的奴役的逻各斯。技术的解放力量——物的工具化——成为解放的桎梏；这就是人的工具化。"⑤ 因此，面对工具理性与价值理性、社会—经济系统与文化系统、企业家的经济冲动与艺术家的文化冲动之间的价值对立，一种"对资产阶级现代性的公开拒斥，以及它强烈的否定激情"规定了审美现代性，⑥ 进而使审美现代性的感性成为了启蒙现代性的理性的反拨和纠偏，使"审美"成为了"救赎"之途：海德格尔极力强调"诗意栖居"的生存论价值，波德莱尔则告诫资产者，"宁可三日无面包，但决不可三日无诗"，以便借助艺术和审美而使"灵魂之力的平衡建立起来"。⑦

当然，在西方社会，启蒙现代性和审美现代性的这种矛盾和冲突是必需的。一如鲍曼所说，"这种不和谐正是现代性需要的和谐"。⑧ 然而，如果将审美反思性局限为"批判性、否定性和超越性"，甚至将批判、

---

① 《马克思恩格斯选集》第 1 卷，人民出版社 1995 年版，第 78 页。
② 《马克思恩格斯选集》第 3 卷，人民出版社 1995 年版，第 408 页。
③ 马克斯·韦伯：《新教伦理与资本主义精神》，生活·读书·新知三联书店1987 年版，第 143 页。
④ 霍克海默、阿多诺：《启蒙的辩证法》，重庆出版社 1990 年版，第 26 页。
⑤ 马尔库塞：《单面人》，湖南人民出版社 1988 年版，第 136 页。
⑥ 马泰·卡林内斯库：《现代性的五副面孔》，第 48 页。
⑦ C. 波德莱尔：《波德莱尔美学论文选》，第 213 页。
⑧ 齐格蒙特·鲍曼：《对秩序的追求》，《南京大学学报》1999 年第 3 期。

否定和超越泛化为审美现代性的普适性理论规定，那就既不符合历史，也不符合逻辑：第一，在主体性原则上，尽管理性主体和感性主体存在着难以化解的矛盾，但审美现代性并非一味地拒绝和否定"主体性"。实际上，它只是通过倡导"感性主体"而实施对现代性的"重写"，企图"以审美之力重新激起对生命的直接存在和快乐幸福的渴望，从而使人再次回到主观性和个体性"。① 第二，对启蒙现代性的批判并非否定其自身，而是否定其因"僭越"而带来的消极成分。实际上，启蒙现代性的基本原则和精神是一个社会的正常发展所必需的。哈贝马斯曾指出，现代性是一项未竟的事业。对那些发展中国家来说，这尤其具有重要的现实意义。第三，反思"传统性"是审美现代性的题内之义。这意味着，审美反思性具有双重的视阈：它既反思传统性，又反思现代性，而且，正是这一点使"审美反思"具有了广阔的延伸空间和幽远的绵延时间。第四，审美现代性是一个随社会发展而不断更新其内涵的历史范畴。在价值和功能上，它不仅具有对抗性，同时也具有协同性。在西方，现代主义艺术的批判特质也是在 19 世纪下半叶以后才日益彰显的，而此前的协同性特征也很明显。第五，在不同的历史文化语境中，审美现代性具有无可辩驳的历史具体性。比如，在新时期中国文学艺术中，审美现代性和启蒙现代性往往呈现出和谐的一体化状态，因此，其价值与功能就绝非表现为简单的批判性、否定性和超越性。对此，在下文的论述中，我们还将涉及这方面的内容。

二　当代中国语境中"审美现代性"的历史具体性

在理论形态层面，审美现代性是一个来自西方的美学术语，因此，探讨新时期中国文学艺术的审美现代性，就有一个西方话语与中国言说

---

① 吴予敏：《美学与现代性》，人民出版社 2001 年版，第 226 页。

的语境关系。实际上，这一语境又客观上促使了探讨"历史具体性"的紧要性。因为这种探讨，尤其是审美价值与审美功能维度上的探讨，关系到我们的研究在方法论和价值论上是否拥有一个正确的方向和科学的基础。

在讨论"二十世纪中国文学"时，有论者指出，20世纪中国文学"只具有近代性，而不具备现代性"。① 在论者看来，"近代性"这一"全新命题"的提出基于这样的"事实"，即，20世纪中国文学一直在呼唤启蒙、在肯定理性、在维护意识形态，而这与反启蒙、反理性、反意识形态的"现代性"标准是不相符的。然而，这一"全新命题"本身却显然与历史事实不相符。那么，问题出在哪？在我看来，问题就出在论者的逻辑出发点，即，用西方的审美现代性标准来衡量20世纪中国文学。在这里，这种经验促使我们自问："西方话语"与"中国言说"究竟是一种怎样的关系？总体来说，新时期中国文学艺术的审美现代性研究应该既要重视西方话语的参照作用，以便为我们的思考提供一个更为广阔的参照系和更加深厚的文化语境，同时，又要保持清醒的中国问题意识，强调历史具体性，以便为我们的研究奠定坚实的现实基础，进而达成逻辑分析与历史分析的统一。具体说来，一方面，随着全球化进程的加快，现代性问题已具有世界范围的普遍性。这就意味着，新时期中国文学艺术的审美现代性研究就不能漠视西方话语的存在，以及它所具有的经验对于我们的借鉴作用。此外，西方话语的"他者"存在也可以为审视、确立新时期中国文学艺术审美现代性的独特性和价值提供一个衡量尺。另一方面，西方话语毕竟又是西方人在其特定语境中所作的发言，因此，当它被用来阐释新时期中国文学艺术的审美现代性问题时，它就必须加上"中国的"这一限定语才能发挥其有效性。不然，一味用西方的审美现代性来覆盖新时期中国文学艺术的审美现代性，或依照西

---

① 杨春时、宋剑华：《论二十世纪中国文学的近代性》，《学术月刊》1996年第12期。

方艺术的某些特征来检视新时期中国文学艺术的审美事实，甚至，为寻找与西方相一致的特征而削足适履，那就会陷入语境的错位，甚至"不是以西方的箭来寻找中国的靶子，便是以西方的视角来有意无意地遮蔽中国问题"。① 由此观之，西方话语与中国言说"双重视阈"的展开，以及入乎其内、出乎其外的视界融合是新时期中国文学艺术审美现代性研究在方法论上的必然取向。

在这里，借助这一双重视阈的整体观照，我们就可以看到新时期中国文学艺术审美现代性的复杂情形：第一，中国的社会主义性质使新时期中国文学艺术的审美现代性具有一种"反现代性的现代性"性质，也就是说，反思和批判资本主义及其现代化进程中的种种弊端是新时期中国文学艺术的主题之一。在这种意义上，其审美现代性就如同鲍曼所说的后现代性一样，它从"一段距离之外而非从内部"，以现代精神来"专注地、严肃地注视"现代性，并成为一种"监控的"现代性。② 第二，新时期伊始，中国文学艺术就积极参与着启蒙现代性的重建。它反思和批判传统（包括新中国成立以来的新传统），呼唤失落已久的人道主义精神，以及自由、民主、科学等。在这种"重建"的过程中，西方从文艺复兴到启蒙运动的思想文化成果成为了新时期中国文学艺术现代性追求的资源，西方现代化过程中所创造的某些普遍的价值原则也得到了历史的确认。在这种意义上，新时期中国文学艺术的审美现代性和启蒙现代性呈现出和谐的一体化状态。第三，随着社会主义市场经济的发展，一些和西方相似的负面现象也开始显山显水，比如，拜金主义与市侩主义的泛起、历史理性与人文关怀的龃龉，以及人性的背离、人情的冷漠和道德滑坡等。这使得新时期中国文学艺术的审美现代性又体现出鲜明的批判性审美精神。由此可见，在新时期中国文学艺术的审美现代

---

① 周宪：《现代性与本土问题》，《文艺研究》2000 年第 2 期。
② 齐格蒙特·鲍曼：《现代性与矛盾性》，商务印书馆 2003 年版，第 410 页。

性中，西方几百年内历时性完成的现代性被共时性地压缩在同一个平面上了。然而，尽管如此，新时期中国文学艺术的审美现代性还是有其自身的特质，换言之，新时期中国文学艺术的审美现代性有其自身的发生原因和发展轨迹，是扎根于当代中国现实土壤中的一种文化生长物。

那么，是什么铸就了新时期中国文学艺术审美现代性的特质呢？要言之，当代语境中的新型现实关系和新型审美关系是两个重要因素：第一，从当代中国新型的现实关系上看，在中国社会主义现代化建设的历史进程中，尤其是 20 世纪 90 年代以来，农业文明向工业文明的过渡，社会主义市场经济的开创性实践，以及新型的工业化道路、中国特色的城镇化发展等表明了一种"中国现代性"或"新现代性"已渐渐展现在历史的舞台上。在思想观念的层面，诸如新的理性精神与启蒙精神、新的科学精神和人文精神、新的政治理念和文化观念等，就是这种新现代性之"新"的具体表现。而中国共产党创造性提出的"三个代表"、"科学发展观"、"社会主义民主政治"、"社会主义先进文化"、"社会主义和谐社会"等，则进一步标明了这一新现代性的发展方向。对此，有学者指出，"中国经验"将"会改写现代化和全球化理论，会改写社会科学各门学科的一些既有规则"。① 当然，这种"中国经验"无疑也会，甚至已经"改写"了新时期中国文学艺术的审美现代性。第二，从当代中国新型的审美关系上看，在学理上，审美意识形态是现实生活关系在审美维度上的存在形式，换言之，审美意识形态就是现实的审美关系。而作为一种审美意识形态，社会主义条件下的艺术生产，其最基本的要求就是维护和促进社会主义经济基础的发展。这样一来，新时期中国文学艺术的审美现代性必然会被赋予全新的内涵，即，新时期中国文学艺术的审美现代性就是一种自改革开放以来所独创的有中国特色、中国风格、中国气派的现代性。

---

① 李培林：《科学发展观的"中国经验基础"》，《中国社会科学》2004 年第 6 期。

基于以上分析，我们可以进一步看到，新时期中国文学艺术审美现代性的"历史具体性"具有如下内涵：第一，在内容上，它要求反映时代的主旋律，并把弘扬实现现代化的时代精神和批判阻碍现代化历史进程的种种陈腐思想意识结合起来。第二，在社会功能和价值取向上，它要求着眼于提高人民群众奋发向上的精神境界，推动社会主义现代化的历史创造活动，并为培养社会主义新人服务。第三，在题材体裁和艺术表现上，它"弘扬主旋律，提倡多样化"，倡导"百花齐放，百家争鸣"。凡是有利于提高人民群众精神境界的题材都可以用来表现新时期中国文学艺术的主题；凡是符合艺术规律的创作方法和表现形式都可以"拿来"。第四，在批判性的审美精神上，和西方相比，其既有相通之处，但异质性也很明显：其一，在暴露和批判社会现代化进程中出现的种种弊端时，西方现代主义艺术与新时期中国文学艺术所表现出来的思想意识存在着性质上的差别。其中，前者的审美批判，由于审美主体往往是从非理性或反理性的世界观和人生观出发，因此，它往往流露出一种看不清社会发展前景的悲观主义和虚无主义；而后者则以历史唯物主义为指导，把科学理性与人文理性统一起来，在批判现实的不合理性时，又总是"从未来汲取自己的诗情"（马克思语）。其二，在处理审美现代性与启蒙现代性的关系上，前者往往以二元对立的思想模式表现出审美现代性对启蒙现代性的批判、否定和超越；而后者则以对立统一的辩证思维模式显现出"诗意裁判"（恩格斯语）。如果说前者以其否定性而获得了现代性的审美品格，那么，后者则以其促进性获得了现代性的审美品格。其三，在审美观上，前者往往片面强调审美的自律性，并以期实现对现存文化规范和价值的反叛与否定；而后者则坚持自律性与他律性的辩证统一。① 由此观之，新时期中国文学艺术的审美现代性不仅体现

　　① 林宝全：《关于中国当代文学审美现代性的一点思考》，《河池师专学报》，2001 年第 1 期。

为一种扎根于中国现实土壤中的开放性的审美现代性，还是对西方审美现代性的超越和发展。

三　审美现代性的表现层面

在上文中，我们分析和论述了新时期中国文学艺术审美现代性的理论规定和历史具体性。然而，理论/抽象形态的审美现代性与艺术/具象形态的审美现代性之间是有很大差距的。周宪指出："审美现代性是一个抽象的概念，它是通过具体的文化实践来实现的。因此，对审美现代性的考察必须落到实处。"① 在这种意义上，确立新时期中国文学艺术审美现代性的表现层面就成了重要的任务。因为，"表现层面"是通向和接近新时期中国文学艺术审美现代性内涵和特质的桥梁与路径。那么，新时期中国文学艺术的审美现代性可以从哪些层面来加以把握呢？

在不同的理论范式中，人们往往容易凸显审美现代性的某些表现层面。比如，在认识论美学的视阈中，审美现代性的"思想/内容"层面往往容易被凸显出来。但是，它对"思想/内容"的过分强调往往也导致了重思想而轻体验、重内容而轻形式的弊端。诚然，思想/内容层面上的研究是重要的，但它也有其适用域，超出了这个"适用域"，它就不能完整地回答文学艺术的审美现代性问题，甚至还会出现"思想"的僭越。再比如，在诸如符号学、叙事学、心理分析学等语言论美学的视阈中，审美现代性的"形式"层面往往容易被凸显出来。这打破了认识论美学比较单一的"思想/内容"分析，但是，当语言论美学执著于形式、语言或模型方面的研究时，它往往也易于遗忘为认识论美学所擅长的"历史化"。因此，我们庶几可以说，只有认识论美学与语言论美学的有机叠合，才能使审美现代性的表现层面完整地凸显出来。在这里，从认

---

① 　周宪：《审美现代性批判》，商务印书馆 2005 年版，第 72 页。

识论美学与语言论美学的有机叠合出发，我们可以借助艾布拉姆斯的"艺术四要素图式"来具体说明审美现代性的表现层面。

在《镜与灯》中，艾布拉姆斯指出，"每一件艺术品总要涉及四个要点，几乎所有力求周密的理论总会在大体上对这四个要素加以区别，使人一目了然"。其中，"第一个要素是作品，即艺术产品本身"，其他三个分别是"艺术家"、"世界"和"欣赏者"，这四个要素相互联系、相互作用构成了统一的艺术活动整体：①

可以说，这种"艺术四要素"理论已被世界范围内的广大学者所认同，并在理论批评和艺术史研究中有了程度不同的运用。在这里，借助这个"艺术四要素图式"，我们可以看到文学艺术的审美现代性具有以下多重表现层面：第一，就居于中心位置的"作品"而言，它是文学艺术以其语言符号所建构起来的感性形象系统，其中，诸如主题、人物、叙事等无疑是审美现代性的重要表现层面。第二，依照艾布拉姆斯的解释，艺术的四要素构成了"世界—作品"、"作品—欣赏者"、"艺术家—作品"三组关系。对这三组关系的分析和阐释构成了审美现代性研究的重要维度。第三，对"艺术四要素图式"作进一步的分析，我们可以发现，四个要素间还存在着"世界—作品—艺术家"、"世界—作品—欣赏者"、"作品—艺术家—欣赏者"三组更为复杂的关系，这三组关系无疑也是

---

① M. H. 艾布拉姆斯：《镜与灯》，北京大学出版社1989年版，第5页。

文学艺术审美现代性的重要表现层面。在这里，由于这些表现层面所内含的复杂关系交织、渗透到文学艺术的感性形象系统及其审美表达机制的每个环节，因此，我们无法在一般的逻辑上具体呈现出一种固定的模式，而只好倚赖研究者在对具体艺术形态的审美现代性研究中选取、设定相应的表现层面了。

综上所述，如果说，新时期的中国文学艺术研究不再是以必然性的结构去推演历史的行程，而是多种叙事话语组合而成的精神地形图，那么，审美现代性则使这一"精神地形图"具有了可描述的形状和可辨析的性状，使它在具有了历史连续性和完整性的同时，又包含着内在的分离与关联、转折与断裂。然而，在另一个方面，审美现代性又并非一台搅拌机，据此我们可以将与之相关的一系列问题一股脑儿搅拌完事。在这种意义上，新时期中国文学艺术的审美现代性研究就有必要切实回到历史变动的实际过程，回到审美话语发生、发展的具体环节和文本的内在结构中，以便从中透视那些发展的脉络，那些不断更新的动力所标示的趋向。

［原载《河南大学学报》（社会科学版）2008 年第 2 期］

审美现代性的理论意义

审美与时间

——现代性语境下美学的信仰维度

尤西林[*]

一 直觉与时间:"感性学"的现代性含义

在现代化进程中失掉传统政教合一社会体制而内化为"心能"情感的宗教与伦理,转而参与"发酵"为审美境界,它们必然传递了宗教与伦理的超越性与终极意义感。作为现代性心性特性,审美替代宗教与伦理的内涵需要在现代性框架与语境中获得更确切的揭示。

"现代性"作为现代心性(及其对应的客观文化形态)而区别于物质生产—生活(及其制度)的"现代化"。时间在"现代性"中占据着最深层的基础地位。[①]简单地说,"现代性"的核心是一种追求未来的"心"态。在这种心态下,终极意义处于"未来"(亦即宗教的彼岸世界或其他空间化的乌托邦),它是信仰的对象(理念),而无法在"现在"("现实"、"当下")"呈现"为可以感知或直观的对象。崇拜"未来"的"现代性"是无休止创新生产的"现代化"的深层动力。但现代人已不是传统宗教信仰者,而恰恰相反地渴求现实性("在地上实现天国"):

---

  * 尤西林:陕西师范大学文学院教授。

  ① 参阅尤西林《现代性与时间》,《学术月刊》2003 年第 8 期。

这攸关人的自我意识与生活意义。由于现代性已将终极意义时间化为
"未来",因而对终极意义的现实感受包含着从"未来"移易为"现在"
的时间模式改变。这也正是 20 世纪初中国现代性思想回应进化论时深层
思考的问题。

1915 年,蔡元培曾提纲挈领地说明美、宗教、道德与时间、感性
("具体")的关系:

> 夫美感既为具体生活之表示,而所谓感觉伦理道德宗教之属,
> 均占有生活内容之一部,则其错综于美感之内容,亦固其所。而美
> 学观念,初不以是而失其独立之价值也。意志论之所昭示,吾人生
> 活,实以道德为中坚,而道德之究竟,乃为宗教思想。其进化之迹,
> 实皆参互于科学之概念、哲学之理想。概念也,理想也,皆毗于抽
> 象者也。而美学观念,以具体者济之,使吾人意识中,有所谓宁静
> 之人生观。而不至疲于奔命,是谓美学观念唯一之价值。①

美感以具体可感形态弥补了宗教道德观念的抽象性,使人在审美中切实
体会感受到宗教道德那虽根本却抽象不可见的理想价值,而从"疲于奔
命"的进化论时间运动中获得安心立命的"宁静之人生观"。需要注意
的是,如何理解审美以及艺术的感性(具体性、形象性等)这一显著的
经验特性,是美学史一大争执论域。蔡氏此处的逻辑关系是:审美的
"感性"是指宗教道德类"抽象"的理想观念凭借审美的"具体"而可
以感性地体会到。审美活动是感性的,但审美对象却径由感性指向超感
性的价值本体类(那并非抽象的知性概念,而居于康德感性、知性、理
性三分法的理性层面)。因而,审美的感性不是日常经验的感性与直观,
而类似于康德所说的"本质直观"(die intellektuelle Anschauug),汉语宜
称为"直觉"。所以,美学宜称"直觉学"。克罗齐正是从心灵直觉角度

---

① 《蔡元培全集》第 2 卷,中华书局 1984 年版,第 381 页。

定义"美学"（Aesthetica）、并把维柯"诗性智慧"的《新科学》视为比鲍姆加敦《美学》更严格的美学开端。① 笼统的强调与理性对立意义的"感性学"，至少也不符合鲍姆加敦"感觉的完善性"的唯理派基点。

何谓"感性学"（Aesthetica）之"感性"？这同样是重建现代性终极精神的基础问题："首要的是，'感性'指的是什么？……身体性的、有条件的感官刺激的'低级东西'，不属于感性的本质。……先验想象力的这种感性，根本不能被要求分配到刺激灵魂能力的等级中。"② 当代文化以自己的虚无主义诠释尼采以来的肉体化趋势，并将"感性学"（Aesthetica）引向"肉身学"。然而，审美感性既不是对于外界事物的实在感，也不是肉欲躁动于体内或投射向外界对象的感官性，而恰恰相反，是以升华性想象为特征的精神境界实在感（"境界"属于审美，一切宗教或伦理凡臻于精神境界实在感，也就与审美融合）。"感性学"是指最高精神境界的可感性，其重心并不在感官自身。柏拉图《会饮》关于审美从可见实物之美逐级上升到本体自身之美，对应于此最高级别的审美乃是"精神的眼睛"。"精神的眼睛"强调的恰是区别于甚至对立于"肉身"或"感性"的眼睛。因此，审美感属于升华性感受。那些标榜肉欲巅峰者，其实必定是体验到了超越肉欲的升华性境界。但诚如康德所揭示的，最基础的感性直观依赖于主体内感的时间与外感的空间形式，而且它们必定是有限的，亦即视阈确定的。而现代性将终极意义推至未来，使面向未来的时间运动处于无限性状态，实质无法赋予终极意义以时间形式，从而使终极意义（价值、目的等）无法成为（感性）直观的对象。现代性的这一特性成为虚无主义的发生契机（这同时也是现代宗教以信仰而不可见方式存在，并与"兑现"报应的古代巫术亦即迷信相区

---

① 参阅克罗齐《作为表现的科学和一般语言学的美学的历史》第5章，王天清译，中国社会科学出版社1984年版。

② M. . Heidegger, *Kant and the Problem of Metaphysics*, Indiana Uniersity Press, 1990, pp. 100—101.

分的原因）。审美经验的特异性在于，在审美（特别是高峰体验）境界中所获得的终极目的感意味着抵达未来，从而结束了伴随主体意志追求的时间运动。这也就是席勒所说的作为审美冲动中心目标的"在时间中扬弃时间"。① 审美的"刹那即永恒"之"刹那"具有双重时态含义：它作为"现在"时态而获得了表象对象使之直观可感的"赋形"能力；它作为业已抵达的"未来"而不在时间中，从而保持着康德所强调的"物自体"超时空的本体存在"状态"——而这两重含义所同一的"刹那"（或"当下"），成为本体"呈现"可感的"境界"。② 汉语"美"之语境含有价值追寻至此臻极的感慨意味，它本身就是一种时间终点状态。古希腊"美"（καλλοξ）亦深层地含有"抵达"的意思，③ 而作为英语 fine（美、精巧）拉丁辞源的 finis 正是"终末"。"直觉学"（Aesthetiea）之"直觉"因而就是移"未来"于"现在"、使不可见者可见、使"信仰"转化为"直观"（从而以审美取代宗教）的活动。这也就是"感性学"（Aesthetica）"感性"的现代性含义。审美与时间的上述关系自古已然，但现代性空前激进的时间感把这一关系空前突出了。审美与时间的关系从而不仅对于审美而且对于整个现代性都具有关键意义。

二 肯定与否定:审美与现代性时间的两类关系形态

审美这种将"未来"与"现在"同一为"当下"的直觉可感特性，对于失去传统宗教与伦理、无休止仰望未来而又被迫以感官性刺激填充

---

① 席勒：《审美教育书简》，冯至、范大灿译，北京大学出版社1985年版，第73页。

② 详阅尤西林《审美的无限境界及其人类学本体论涵义》第4节，《当代文艺思潮》1987年第3期。另参阅 HansGrog Gadamer《真理与方法》上卷"审美存在的时间性"一节"同时性"（Gleichzeitigkeit）概念。但伽氏未从现代性角度提出"未来"的地位。

③ 参阅陈中梅《柏拉图诗学和艺术思想研究》，商务印书馆2002年版，第317页注释①。

空虚的现代性而言，具有了远超出一般安身立命的价值本体意义。① 浮士德以美的瞬间停止全部人生追求时间运动，成为审美与现代性本体性关系的经典象征。② 但审美不仅是作为现代性矛盾运动的否定方面填充现代虚无主义所造成的意义空场，而且同时作为现代性矛盾运动的肯定方面支撑现代性进步主义的前进更新机制。在波德莱尔关于"现代性"的经典定义中，现代性本身就是美：

> 问题在于从流行的东西中提取出它可能包含着的在历史中富有诗意的东西，从过渡中抽出永恒。……现代性就是过渡、短暂、偶然，就是艺术的一半，另一半是永恒和不变。……这种过渡的、短暂的、其变化如此频繁的成分，你们没有权利蔑视和忽略。如果取消它，你们势必要跌进一种抽象的、不可确定的美的虚无之中……③

---

① 对于继发现代化民族国家来说，审美"直觉"具有超越现代化—现代性等级谱系与历史间距、立足"自性"与回归自我的重大意义。并非偶然，从詹姆士"纯粹经验"、柏格森的直觉主义"意识流"，到胡塞尔的现象学，中国人对西方哲学中的直觉意识哲学一直保持着特别的亲和兴趣。西田几多郎吸收詹姆士"纯粹经验"与禅宗、阳明心性学而建立起以"纯粹意识"为本体的审美直觉型宗教哲学，由此产生了被西方思想界视为亚洲特色代表的京都学派，而晚清梁启超等人从资源利用到思想结构都与后来的西田处于同样的追求方向上。

② 在席勒看来，欲望、冲动的个体上升为族类道德的人只能以审美实现，而审美的核心在于对现代性时间的超越，参阅《审美教育书简》第12封信："感性冲动……它的职责是把人放在时间的限制之中，使人变成物质……它充实了时间……这个仅仅是充实了内容的时间所形成的状态叫做感觉……当人感觉到眼前的事物时，他的无限可能的规定就被限制在这唯一的存在方式上面去了。……只要人受感觉支配，被时间拖着走，在此期间他的人格性就被废弃。……形式冲动……它现在的决断就是永远的决断，现在的命令就是永恒的命令。因此，这种冲动包括了时间的全过程，就是说，它扬弃了时间，扬弃了变化；它要现实的事物是必然的和永恒的，它要永恒的和必然的事物是现实的。……在这样行动的时候，我们不是在时间之中，而是时间以及它的全部永无终结的序列在我们之中。"（《审美教育书简》，第62—64页）

③ 波德莱尔：《现代生活的画家》，《波德莱尔美学论文选》，第484—485页。

与前文思路相反，美不仅是未来之永恒，而且同时是现时之瞬间。从而，美重新返回时间流变之现代性中，并与现代性发生了相互依存的意义关联：现代性面向未来的时间流程不允许停留，因而每一瞬间的"现在"都是全新的，现代性求新流变使每一时刻之"现在"都具有现代性新质这一现代性特性；而每一时刻之"现在"作为"新"，也就是"美"。现代性之弃旧求新的前进动力机制由此获得另一角度的解释："美"之"新"，才是"未来"最切近的代表，"未来"对"现在"的牵引，在此转变成对每一个不同于"现在"的下一个"现在"的全新许诺所造成的追求，它同时成为"现代"（modern）与"时尚"（modern）。哈贝马斯正是基于上述角度，才强调现代性与审美（及美学）几乎是同一体的特殊密切关系：

> 现代首先是在审美批判领域力求明确自己的。……现代欧洲语言中的"modern"一词很晚（大约自十九世纪中叶起）才被名词化，而且首先还是在纯艺术范围内。因而，"moderne"、"modernitaet"和"modernity"等词至今仍然具有审美的本质涵义，并集中表现在先锋派艺术的自我理解中。①

但正如哈贝马斯所点明的，波德莱尔开始的现代性审美语用，乃是以现代派艺术及现代时尚审美文化为原型的。应注意的是，这一语用是西方审美现代性的主要语义所在。当然，它在当代中国审美文化中已获得现实基础，因而也构成20世纪中国美学与现代性的内涵。

心体与时间关系所构成的现代审美可导致两个相反的方向：心体以"当下"消融"未来"所造成的紧张，并以此自适境界拒绝被拖入现代性激流；心体以未来为崇高目标而投身现代性历史进程。这两个不同方

---

① 哈贝马斯：《现代性的哲学话语》，第9—10页。

向构成现代中国美学思潮的基础分野。"人生审美（艺术）化"这一 20
世纪初即流行的主张，其后却分歧为不同的发展方向：王国维与宗白华
宗教化的审美境界核心是对现代性时间观的逆转内化并安顿个体心灵，
朱光潜历史哲学化的人道主义美学则是以审美取代"未来"而作为历史
目的融入现代性。前一方向作为纯粹审美是对现代性历史进程的否定，
后一方向则将审美依托于现代性进程的崇高未来。然而，二者都处在现
代性与时间的矛盾体中，它们代表着审美对于现代性的不同回应关系。

三 "美育代宗教"：现代性的个体信仰

到了 20 世纪初，中国美学思想主流仍然是作为现代性矛盾运动否定
意义的审美观。在民族国家竞争及东西文化衡判形势下，这种审美观对
于传统文士更具有普遍代表性。王国维的审美境界说与其悲剧观一样，
接受了叔本华视审美为现代性竞争世界拯救性"喘息"的厌世观，他批
评西方（实乃现代性）"道方而不能圆，往而不知反"，① 而"境界之置
于吾心而见于外物者，皆须臾之物"（《人间词话》），正是以审美抗衡一
往无前的现代性。但王氏"境界"同时浓重染有叔本华的印度宗教气
息，而以客观唯心为特征。王氏标举"境界"高于主观性的"兴趣"、
"神韵"、"以物观物"的"自失"，"无我之境"高于主体性"有我之
境"，以及宇宙本体论化的"诗人之眼"，都欲将"须臾"之审美"喘息"
永恒化为永驻之地。"境界"因此以其空间表象而凝驻为宗教皈依地。

梁漱溟从东西文化比较角度区分说："情感是对已过与现在；欲望是对
现在与未来；所以启诱情感，要在追念往事；提倡欲望，便在希慕未来。"②

---

① 王国维：《论政事疏》，《海宁王忠悫公遗书》。
② 梁漱溟：《东西文化及其哲学》，《梁漱溟全集》第 1 卷，山东人民出版社
1989 年版，第 469 页。

审美情感与过去之回忆（"追念"）关联，已是文化保守主义情调。但在梁氏的西方→中国→印度的人类世界进化历史框架中，中国的刚健中庸与"现时"生命情感、直觉方法却正处于西方文化转变的前方，"而从他那向前的路一味向外追求，完全抛荒了自己，丧失了精神；……若由直觉去看则一切都是特殊的意味。各别的品性，而不可计算较量，那么就全成为非物质的或精神的了"。① 审美直觉如此根本，梁氏预言，人类若向孔子所代表的中国文化进化，"艺术的盛兴自为二定之事"，而"宗教将益寝微，要成了从来所未有的大衰歇"。② 这也就是晚清以来中国思想界的"审美代宗教"说。王国维早在 1906 年即讲，"美术者，上流社会之宗教也"，③ 王氏同样重视审美教化，撰有《孔子之美育主义》（1904）。其后，梁启超亦持此论。思潮蔚然成风，乃至李石岑称之为"时代精神"。蔡元培"以美育代宗教"观点及其教育实践，则是这一思潮最有影响的代表。蔡元培阐述"以美育代宗教"主张时，引据欧洲文艺复兴以来"以美术代宗教"的现代性趋势。此点已涉及 18 世纪"美学"（Aesthetica）问世与"艺术"（Art）独立为专业行业的深刻背景。这两个标志性文化事件，实质是宗教衰退同时欧洲精神生活转移向审美与艺术的显性后果。青年黑格尔、谢林与施莱格尔兄弟浪漫派身处启蒙运动这一重要转变中，提出以艺术、神话取代宗教，而此前的席勒美育教化方案，实质上以审美乌托邦的形态一直活跃于此后现代性运动中。曾重大影响过尼采的瓦格纳如此概括这一趋势：

---

① 梁漱溟：《东西文化及其哲学》，《梁漱溟全集》第 1 卷，第 469 页。

② 同上书，第 524 页。

③ 《去毒篇》（《静安文集续编》），此观点展开详见王氏著《红楼梦评论》。特洛尔奇（《基督教会和团体的社会学说》，1911）也指出，新教的审美性与心灵化代表着现代德国有教养阶层的"隐秘宗教"。可见王氏命题是一个超出民族传统的普遍现代性命题。

人们或许可以认为，宗教艺术化之际，艺术才能拯救宗教的内核。因为，艺术根据其象征价值来理解实际上被宗教当真的神话符号，以便通过其自身的理想表现，揭示隐藏其中的深刻真理。①

理性化所主导的现代性在根本上排斥着宗教，而"在陷入极端反思的现代条件下，是艺术，而非哲学，一直在保护着那道曾经在宗教信仰共同体的隆重祭祀中燃烧起来的绝对同一性的火焰"。② 因此，"以美育代宗教"是现代性的普遍趋势。晚清以降，从陈焕章、康有为建孔教运动到章太炎倡在中国建立宗教，乃至发掘墨家准宗教传统，其共同背景乃是甲午之后中国传统精神信仰崩溃，又有感于西方富强背后基督教的传统作用，而相形之下，中国传统精神缺乏宗教与"公德"类现代社会建构条件，但对于素无宗教传统的中国文化而言，"以美育代宗教"比上述宗教思潮显然更符合中国国情，也更符合现代性。

然而，即使蔡元培从教育制度上将美育与德智体育并列，作为堪与宗教信仰相媲的审美境界，无论中外，确如王国维所说，只有在少数文化精英那里，才成为安身立命的宗教。纵观 20 世纪中国美学，以美育代宗教或人生艺术化主张虽然绵延不绝，但浸淫于审美境界玩味艺术并以此为人生本体者却极少，宗白华是其中最突出的代表。与朱光潜"为人生的艺术"指向对外界社会历史的审美变革不同，宗白华"为人生的艺术"是将审美从艺术扩展向个体心灵全部人生观与宇宙观，因而典型地体现着现代性的个体私域，这正是韦伯视为残存宗教信仰的最后栖身之地。朱、宗二氏"艺术人生化"的不同取向，是 20 世纪中国美学的两类审美的开端。宗氏在中西比较名义下所阐释、守护的中国传统审美心境，实质就是与面向未来的现代性时间—历史观相抗衡的审美时间心态：

---

① 哈贝马斯：《现代性的哲学话语》，第 101 页。
② 同上书，第 104 页。

我们向往无穷的心，须能有所安顿，归返自我，成一回旋的节奏。……我们的宇宙是时间率领着空间，因而成就了节奏化、音乐化了的"时空合一体"。

……

中国人于有限中见到无限，又于无限中回归有限。他的意趣不是一往不返，而是回旋往复的。……对于这世界是"体尽无穷而游无朕"（庄子语）。"体尽无穷"是已经证入生命的无穷节奏……

……

我们从无边世界回到万物，回到自己，回到我们的"宇"。"天地入吾庐"，也是古人的诗句。但我们却又从"枕上见千里，窗中窥万宝"（王维诗句）。神游太虚，超鸿濛，以观万物之浩川流衍……

对于现代的中国人，我们的山川大地不仍是一片音乐的和谐吗？这唯美的人生态度还表现于两点，一是把玩"现在"，在刹那的现量的生活里求极量的丰富和充实，不为着将来或过去而放弃现在价值的体味和创造……

二则美的价值是寄于过程的本身，不在于外在的目的，所谓"无所为而为"的态度。①

上述文字反复多样地出现在宗白华笔下，成为宗氏代表性风格。这些文字，（1）既依托艺术又超出艺术，升华为人生观与宇宙观，因而不同于专门的艺术学，而是美学；（2）音乐节律化的人生宇宙观，又超出一般美学，而具有宗教性质；（3）它们不是纯逻辑概念，而是流淌的审美宗教情愫，这种体验性标志着超出知识学的精神生存状态；（4）这种审美

---

① 宗白华：《美学散步》，上海人民出版社1999年版，第94—95、98、187—188页。

宗教境界不仅是躲避、抗衡现代性的"中华文化的美丽精神",而且可以扩展为日常生活,乃至成为中华民族生存形态的理想。

宗氏抗衡现代性时间的中国心体意境,以传统自然节律为本体基石。他强调"君子以治历明时"(《易·革卦·象传》),"中国哲学既非'几何空间'之哲学,亦非'纯粹空间'(伯格森)之哲学,乃'四时自成岁'之历律哲学也。……时空之'具体的全景'(Concrete whole)乃四时之序,春夏秋冬,东南西北之合奏之历律也"。① 正是这种自然生命节律对现代性矢量直线时间的取代与抵制,使心体获得了审美的根基。

宗白华美学确实体现着审美宗教,其唯美主义精神贯彻艺术、人生与宇宙观,其精微的审美观(特别是艺术经验)同时记录了精微的美学规律,不失为 20 世纪中国美学最纯粹的美学代表。然而,宗氏这种精致、纯粹的审美宗教在 20 世纪的中国并无时代代表性。20 世纪中国美学发生更广泛社会影响的政治意识形态或大众文化领域,与宗氏基本无关。泛美学化的诸种思潮、事件与人物,倒比宗白华更客观地代表了 20 世纪中国美学非纯粹美学的真实面貌。20 世纪中国美学活跃地出入于民族救亡、意识形态变革、形而上学建构与大众文化运动,客观地刻画记录着20 世纪中国美学的生长点与存在样态。这一主流形态的美学思潮代表正是依托肯定现代性历史哲学的马克思主义美学。与之相比较,从王国维到宗白华所代表的否定现代性时间运动的境界美学却只是少数文化精英的审美观。

20 世纪中国美学的复杂形态并非例外,这恰是审美现代性处境的基本特征。现代西方学术经常强调的审美的独立自律性,固然是针对古代宗教—伦理大一统的解体与现代性的分化性而言,但这一观点忽略了审美更为重大的整合功能。这一基点使审美与同样居于现代整合地位的意

---

① 宗白华:《形上学——中西哲学之比较》,《宗白华全集》第 1 卷,安徽教育出版社 1994 年版,第 611 页。

识形态相遇。19 世纪"主义"蜂拥兴起的意识形态，代表着现代民族国家、阶级与权利政治整合现代性分化性的历史形态，这一历史形态直至21 世纪亦未终结。从阿尔都塞（L. Althusser）到伊格尔顿（T. Eagleton）的意识形态理论，更揭示了意识形态显性"主义"形态之外更为隐性而普泛的机制存在。伊格尔顿的《美学意识形态》研究表明，不仅古代社会不存在纯审美形态，现代性审美自律也很少以理想类型的"原生态"存在——这并非抹杀审美自律这一现代性新质，审美所秉承的现代（人文）精神信仰，注定必得经历与意识形态这一现代精神最庞大整合形态的对立统一纠缠。

21 世纪中国仍将基于民族国家竞争而高速行进在现代性历史中。我们已经不断听到政府关于调整放慢国民经济增长速度的预告，但愿这不仅出自经济学考虑，也包含有人文意义的深思。在王国维、宗白华心境方向下，美的境界之呈现，确实是牟宗三所说"一机之转"，诚能如浮士德所说"停一停"或朱光潜所劝"慢慢走"，审美应是人生常态。然而，在全球化的今天，以微软、Inter 高科技为轴心的必要劳动时间高速缩短，不仅加速着科技、生产与商业的时间节奏，也一波推一波地将此紧张传导给全社会成员的心体，乃至幼儿园的稚童也已背起书包卷入这全球现代性竞争行列。置身于如此巨大的社会存在体进程洪流中，心体想要"停一停"或"慢慢走"，该是怎样的艰难与无望！

上述分析不仅预示了未来中国的审美心灵仍将挣扎于现代性时间之流的客观形势，同时表明，审美形态从心体情感扩展为生存行动境界的唯一出路，仍是马克思意义上的实践。这涉及从微观技术工艺到宏观社会发展目标的社会存在变革。但马克思的实践哲学注定依托历史而是现代性的，并因此注定要承受现代时间的紧张压迫。个体生命社会化程度越高（广泛），时间就越紧张（快），也就越远离其自然节律，从而也就越依赖从高级形态的艺术到种种低级形态的感性发泄的平衡。全球化是现代性紧张的最大系统。中国是否有足够的想象力与气概脱离全球化或与之保持一定间距？立足自主创新机制与国内市场之类最新动向，当然基于民族国家竞争的政治学与经济学考量，但是否会给未来中国提供新的发展道路？人文学科的美学必须考虑这些社会科学问题，因为个体不可能单独自由。一切置身主流社会之外的日常生活审美化实质都属于隐逸。这未必不是幸运，因为在群体不得自由的时代，个体毕竟在一定范围与一定时限内生活在自由时间中；更何况，马克思也承认，此岸生存因其不可消除的自然受动性，而永不可能成为纯粹的自由王国。① 心体及其选择因此突出。我们也许注定无法摆脱王国维、宗白华与朱光潜之间"人生艺术化"相反取向的张力。但无论如何，对于社会生活普遍的审美化方向而言，其核心仍在于社会发展模式将重心从必要劳动时间移向自由时间。这一方向同时还表明，无论是从"工具本体"转移为"情本体"的实践美学，或是以自由超越为基点的超越实践美学思潮，20 世纪中国美学的心体论走向不应是终点："心"（"情"）返回"工具本体"与之构成自由的实践本体才是虽不纯粹却更真实的生活，同时也是虽不纯粹却更现实的美。

（原载《文学评论》2008 年第 1 期）

---

① 参见马克思《资本论》第 3 卷，人民出版社 1976 年版，第 926—927 页。

现代性幻象
——基于听觉维度的理性主义文化批判

路文彬*

根本说来，现代主义文学所惯于张扬的荒诞理性，其实就是一种高度视觉化的理性。此处的荒诞和理性之间始终隐含着一线必然的矛盾联系，正像梅洛－庞蒂所说的："荒谬的体验和绝对明证的体验相互蕴涵，是难以分辨的。只有当绝对意识的一种要求每时每刻分解充满世界的意义，世界才显得荒谬，反过来说，这种要求是由这些意义的冲突引起的。绝对明证和荒谬不仅仅作为哲学的肯定是等同物，而且作为体验也是等同物。"[①]表面看来，荒诞或许是对理性明证与清醒意义的反动，但它同此种理性根深蒂固的视觉纠葛决定了自己的反动终将难有建树；它不过是理性失控走往极端后的一个恶果，故此我们没有多少理由赋予它善的意义。再说，在视觉理性主义者那里，荒诞从来就无意否定自身。荒诞对于自身的肯定，也正是对于其所来自的那个理性的肯定。因此，荒诞即使能够揭示问题，最终也还是无法彻底解决它所揭示的问题。所以说，荒诞无力转化为善，它只能在恶的泥淖里永久挣扎。换言之，视觉理性在《圣经·创世记》中作为神学意义上的恶之开端，压根没有能力自救。

---

* 路文彬：北京语言大学中文系教授。

① 莫里斯·梅洛－庞蒂：《知觉现象学》，姜志辉译，商务印书馆2001年版，第375页。

即是说，恶并不能借助于恶获得救赎，而只能通过善的力量使自己终结，重创新生。在现代性视觉理性的现场里没有宗教意义层面的信仰，只有靠科技印证着的强制性真实，即所谓的知识。这种全然暴露于光照之下的知识完全同信仰行为相悖，因为"信仰行为中有知识行为中所没有的放弃行为；信仰行为就是不知有证明、保证、强迫的自由之爱的行为"。① 缺失了敬畏与神秘的情感，信仰便不可能存在。在别尔嘉耶夫看来，"信仰也是知识，知识是通过信仰得到的，然而这种知识是高级而全面的东西，是对万物、无限东西的视觉。科学知识认识现实，但不懂得这现实的局限性和病态"。② 经由视觉理性所收获的知识只属于真理的外部，它总是无视生命最内在的力量。即使它能够指涉到生命的内部，那也不是为了尊重生命内部自在自为的状态，而仅仅是为了将其逐出内部，成为光照得以触及的外部。别尔嘉耶夫还说："真理是存在。认识真理就是认识存在。认识存在绝不能从外部，而只能从内部。在外部的客观化中，存在不可认识，它已无生机。"③ 可是，视觉理性又如何能深入并把持到这样的内部呢？

海德格尔针对"思"所展开的一系列反思同样亦可视作对于视觉理性的质疑，他说道："只要理性和合理性的东西在其本己特性中还是可疑的，那么，就连关于非理性主义的谈论也还是虚幻无据的。支配着现时代的科学技术的理性化日复一日愈来愈惊人地用它巨大的成效来证明自身的合法性。但这种成效却丝毫没有道说允诺理性和非理性以可能性的东西。效果证明着科学的理性化的正确性。但是可证明的东西穷尽了存在者的一切可敞开性吗？对可证明之物的固守难道没有阻挡通达存在者的道路吗？"④ 着实，视觉理性的去神秘化将所有它无力见证的事物都剥

① 别尔嘉耶夫：《自由的哲学》，董友译，学林出版社1999年版，第44—45页。
② 同上书，第45—46页。
③ 同上书，第92页。
④ 海德格尔：《面向思的事情》，陈小文等译，商务印书馆1999年版，第87页。

离了存在，它带着令人难以忍受的自负否定了信仰的充分自由。在它那里，凡理性触及不到的地方皆属于不存在。不难看到，当视觉理性试图使我们确信存在时，它可以积极出示有力的证据；而在它想让我们相信不存在时，却总是显得无比消极，再也不肯主动拿出任何能够让我们看见的证据。相反，它倒是习惯于责成对方向其提供可见的证据。显然，视觉理性在此只是顾及了自己的逻辑，而没有考虑给对方的非视觉逻辑以起码的尊重。事实上，"证据主义"这一思维习惯在后者那里从来就没有生长的根基。就在视觉逻辑要求非视觉逻辑提供可见的证据时，暴力与不公正发生了。但是，这种理性现状却被我们当成了全部的"思"（Denken）。诚若海德格尔所言："然而，有一种几千年来养成的偏见，认为思想乃是理性（Ratio）也即广义的计算（Rechnen）的事情——这种偏见把人弄得迷迷糊糊。"① 海德格尔以为，此种功利主义的理性由于摈弃了"诗"（Dichten）这一被他称为"思之近邻"的要素，故而不能承担起完善人类思考的重任。失去诗意浸润的理性完全弃绝了情感对于世界的抚摸，实质上即是弃绝了由听觉通往世界的道路。霍克海默亦恰是由这一意义上认为"技术文明危及了进行独立思考的能力本身"。② 因此，向来为我们所信赖的理性只能被理解为对这个世界的算计而非思考，其结果无非是通过使这个世界遭受损失来让自己有所获得。而真正的思考绝非如此，它是在使世界丰富的基础上成全自己的收获。丰富的思想不过是世界本身丰富的一个明证，它融入世界，令世界和自己在相互照应中共同获得，并且在世界的庇护下安静地栖息、领会。所以，"思的本真姿态不可能是追问，而必然是对一切追问所及的东西的允诺的倾听"。③ 值得提及的是，德语中具有哲思意义的"理性"一词是 Vernunft，

---

① 海德格尔：《在通向语言的途中》，孙周兴译，商务印书馆1997年版，第141页。

② 马克斯·霍克海默：《反对自己的理性：对启蒙运动的一些评价》，载詹姆斯·施密特编《启蒙运动与现代性》，徐向东等译，上海人民出版社2005年版。

③ 海德格尔：《在通向语言的途中》，第143—144页。

它与 vernehmen 即"听见"一词有着词根上的联系。此种渊源似乎是在向我们暗示，原初的理性恰恰就是同倾听密切相关的。阿伦特则在廓清真理与意义差异的峭壁上试图让我们明白，理性（Vernunft/reason）完全不同于智性（Verstand/intellect）；前者才是真正的思维能力，后者不过是一种认识能力。"智性渴求把握的是被给予感官的东西，而理性则希望理解其意义。"[1] 在阿伦特看来，智性指向的是真理，理性指向的乃是意义。无疑，后者应当具有着超越前者的优势。暂且不问阿伦特的此种廓清之举是否会有将真理降低为常识抑或实事的危险，至少，她使理性成功摆脱了俗世的拘禁，恢复了其自身本有的超越性权利。应当看到，谦恭的思之言说始终在其对象静默的启发下含蓄开始，而并不是之于对象征服与索取的过程。在思及所思之间保持的是协商的关系，它体现的不单单是思之主体的独断意志。思固然含有智性的权衡，但由于其自始至终都不脱离身体进行所谓纯粹灵魂的观照，因而疼痛的知觉也就不会允许它过分纵容自己。这是一种建立于情感基础之上的理性，同视觉理性相对，我们可以称之为听觉理性。不过，此种相对也仅仅是形式上或名义上的。听觉的包容与和谐本质决定了它不可能以对抗的方式与视觉理性同在，它之于世界的审美诉求只会试图化解视觉理性的对峙暴力冲动。正如真和善必须在美那里得到统一，视觉理性的出路也只能在听觉理性那里寻求得到。听觉理性不单是对于视觉理性的超越，亦是对于听觉感官本身的超越。在这种超越中，听觉经由从自身出发建构的理性力量接纳并改造了视觉。在某种程度上，听觉理性应当属于听觉与视觉的全面合作。单纯感官上的听觉也许对视觉的一意孤行无奈，但从听觉维度出发的理性自觉却可能有裨于对视觉极端行为的制衡，并借此实现对自身的不断完善。因此，听觉理性并非对于视觉理性的全盘否定，相反，它倒是始终保持着向后者开放的对话姿态。这是一种仍然有待提升的地道

① Hannah Arendt, *The Life of the Mind*, Harcourt Brace & Company, 1978, p. 57.

现代性幻象

177

东方理性范式，它并不属于西方轰轰烈烈的现代性批判范畴。现代性所引发的一切危机，我们的听觉理性并不负有主要责任。科技在我们这里的曾经发达，并未招致任何直接的灾难。但我之所以说"主要责任"，是因为我不想把我们作为这场危机受害者的所有责任都归咎于视觉理性。我们必须承认听觉理性可能拥有的阿喀琉斯之踵，作为现世无可规避的宿命，其宽容与承受的强势心态里其实亦难免处处预留着退缩和软弱的心理空间。但既然是宿命，我们就只能选择承担，只是我们没有理由回避对于这一宿命的深刻认识。事实上，对于这一宿命的认识，也是另一种意义上的承担。不过，我仍然坚持认为应该首先展开对于视觉理性的批判性认识，原因是听觉理性所承受的一切不幸首先是由视觉理性惹发的。仅仅是由于视觉理性的粗蛮凌辱，听觉理性的高贵才被迫显示出它的可怜相来。如果说这是一桩罪过，那么视觉理性只能是唯一的罪犯。然而我仍要指出的是，对于视觉理性的审判不应被理解为对于听觉理性无辜的维护，它更应该被视做完善听觉理性过程的开始。

　　始于 20 世纪的大规模现代性批判虽然并未做视觉及听觉维度上的理性划分，但依我看来，其箭镞一概是针对视觉理性而去的。因为"启蒙运动、康德批判以及黑格尔现象学的'理性'皆是这样一种理性，即其综合与调解的力量是在视觉中心主义及其范式的蛊惑下发挥效用的"。① 然而，正是由于没有做这样的划分，于是才有了这样的提醒："……现代性批判的主要任务不是去论证如何彻底抛弃或超越作为理性的生存方式、文化精神和社会内在机理的现代性，而是一方面防止现代性的某一维度过分膨胀，对于现代性其他维度以及人与人、人与类、人与自然的关系造成损伤和破坏，另一方面阻止现代性的内在理性机制及其权力结构过分集中化、同一化和总体化，以免现代性整合成一种集权的而又无所不在的精神的和实体性的力量，导致对于人类生存的价值和意义基础的颠

---

① David Michael Levin, *The Listening Self*, Routledge, 1989, pp. 33—34.

覆，以及对于现代性所内在追求的关于个体的和类的积极的价值目标的破坏。"① 可实际上，现代性批判基于真理诉求的理性非难已经先在地决定了其所为根本不可能是对理性本身的抛弃或否定。"任何事实的真理都是理性的真理，任何理性的真理都是事实的真理"，② 真理与理性的此种同一关联可以让我们确知，在现代性批判及理性否弃之间应该存在着悖论。"我可以对所有被我所想象的事物进行怀疑，但是，只要我仍在想象，我就不能对我自己怀疑。想象能力的存在，意识的存在是不可怀疑之物的剩余，即使是一个最全面的怀疑也无法对这个剩余提出疑问。"③ 这也就是说，我们并无可能通过拒绝思考来进行思考。而且，如果考虑到理性和情感之间可能存有的部分重合，我们也实在没有理由将这二者绝然对立起来。理性并非就是之于情感的彻底摒除，情感亦不完全代表理性的空无。在一个启蒙运动证据主义的批判者眼里，"相信上帝是理性的一个衍生物"，④ 而"如果道德问题要求立即做出决定的话，证据主义也免不了做出情感决定"。⑤ 即使鉴于理性和情感间的此种细微交织，现代性批判的实质也只能是我们究竟需要何种维度的理性以及如何完善它的问题，而不是我们到底需不需要理性的问题。从这一意义上而言，哈贝马斯为现代性立场所作的辩护，与现代理性批判指涉的本来就不是同一个对象。他用来对抗主体中心主义理性的所谓"交往理性"，⑥ 在某种程度上和我在此提出的听觉理性有着异曲同工的性质。事实上，在从视听维度对理性施以分野之后，我们便不会再让理性背负上笼统的罪名，

---

① 衣俊卿：《现代性的维度及其当代命运》，《中国社会科学》2004年第4期。

② 莫里斯·梅洛 - 庞蒂：《知觉现象学》，第494页。

③ 克劳斯·黑尔德：《现象学的方法·导言》，倪梁康译，上海译文出版社2005年版。

④ 凯利·詹姆斯·克拉克：《重返理性》，唐安译，北京大学出版社2004年版，第124页。

⑤ 同上书，第86页。

⑥ 参见于尔根·哈贝马斯《现代性的哲学话语》。

从而总是轻易令人对理性批判产生摒弃理性的误会。其实，有关现代性的一切严肃拷问应当让我们清晰看到，理性是如何在视觉叛离身体的情况下逐渐陷入了恶的深渊而无以自拔。视觉之于理性的引导作为人类历史的开端，尽管是一个恶的开端，却也一刻未曾放弃过善的理想。毕竟，视觉之于光明的先天诉求已然预设了其通往未来的善之路径，从而也就自然允诺了人们能够在理性的基石上构筑起乌托邦一类的美好想象。启蒙运动首先成功地将这种理性以乐观主义的方式制造成时代神话并进而将其合法化，D. M. 列文称其为"视觉范式的历史统治登峰造极的时刻"。① 就是在这一时刻，视觉理性被人类前进的躁动欲望委以了前所未有的历史重任。孔多塞在《人类精神进步史表纲要》一书中，由历史的层层进化趋势向我们不厌其烦而又不无盲目地描绘了理性借助科技推动所能登上的天堂。对于美好未来的渴望，促使启蒙运动的先驱们将承诺全部寄托在了狂热的理性崇拜上："……那时候太阳在大地之上将只照耀着自由的人们，他们除了自己的理性而外就不承认有任何其他的主人……"② 但是，在此后的岁月里，这种为启蒙运动者所真诚信奉的理性却不断开着巨大的玩笑，不时向人们显露出"隐匿于理性那种'慈善普遍性'内部的可怕暴力，以及对差异和他者不露声色的压制"。③ 显然，启蒙运动所开辟的理性主义道路并未径直通往其愿望中的天堂；现代文明历史进程中时时刻刻都在上演着一幕幕比野蛮时代还要残酷得不可思议的悲剧。人类对于理性的苦苦追求非但没能兑现理性的承诺，反倒一次次遭罹着理性无情的伤害。理性在这个时候好像并没有能力驾驭自己的未来，命运在它那里依旧是属于某种意外。这一不幸的理性结局促使霍克海默和阿多诺不得不严肃直面这样一个令其感到无比悲伤的问

---

① David Michael Levin, *The Listening Self*, Routledge, 1989, p. 33.

② 孔多塞：《人类精神进步史表纲要》，何兆武等译，生活·读书·新知三联书店 1998 年版，第 182 页。

③ David Michael Levin, *The Listening Self*, Routledge, 1989, p. 33.

题:"在进步思想最为普泛的意义上,启蒙运动一直旨在将人类从恐惧当中解放出来,以确立其至高无上的统治权。然而,这个已被充分启蒙过的地球却是在得意洋洋地传播着灾难。"① 当然,"奥斯维辛"与启蒙理性的动机是绝然相悖的,这一点我们大可不必怀疑,但是同时我们也不可忽视其中所暗藏着的某种必然因果关系。如鲍曼就认为:"现代文明不是大屠杀的充分条件;但毫无疑问是必要条件。没有现代文明,大屠杀是不可想象的。正是现代文明化的理性世界让大屠杀变得可以想象。"② 他还进一步论述道:"在大屠杀漫长而曲折的实施过程中没有任何时候与理性的原则发生过冲突。无论在哪个阶段'最终解决'都不与理性地追求高效和最佳目标的实现相冲突。相反,它肇始于一种真正的理性关怀……大屠杀不是人类前现代的野蛮未被完全根除之残留的一次非理性的外溢。它是现代性大厦里的以为合法居民;更准确些,它是其他任何一座大厦里都不可能有的居民。"③ "正是由于工具理性的精神以及将它制度化的现代官僚体系形式,才使得大屠杀之类的解决方案不仅有了可能,而且格外'合理'——并大大地增加了它发生的可能性。"④ 理性没能杜绝人类自相残杀反而空前纵容了这一行为的历史事实,至此已无可能再令人类保持对于理性曾经怀有的任何敬意。于是,针对理性的怀疑主义开始冲上历史舞台。然而,这种怀疑主义的理性否定倾向根本就不是什么使理性得救的方法,并且,怀疑主义本身不能不仰仗理性支撑所导致的悖谬行为,也明显无力令其对怀疑对象作出正确的判断。更何况,蕴藉于怀疑主义内部的理性同它企图否定的理性在认知范式上可以说毫无区别,即都是确定在视觉认知范式上的看的理性。根据米格拉姆的有关

---

① Max Horkheimer and Theodor W. Adorno, *Dialectic of Enlightenment*, translated by John Cumming, The Continuum Publishing Company, 1988, p. 3.

② 鲍曼:《现代性与大屠杀》,杨渝东等译,译林出版社2002年版,第18页。

③ 同上书,第24页。

④ 同上书,第25页。

心理学实验，我们可以得出这样的结论：正是观看所需要的距离前提，使刽子手的感觉脱离了自己的躯体，从而加剧了其残忍的程度。① 换言之，刽子手同受害者之间的直接身体接触，在一定程度上会对其心理的残忍程度造成抑制，因为这种接触可以让刽子手的思维暂时不完全脱离他的躯体记忆，结果使其在感觉上能够同受害者达成某种共鸣。一旦两者之间拥有了距离，刽子手的感觉共鸣便会随着目光的疏离而淡化甚至消散，执行权威命令的理性随即又可以恢复他的意志了。在此，理性作为一种意志的体现，首先是对于自我躯体记忆的遗忘，是视觉之于听觉的强力克服。基于此，我们完全有理由断言：是视觉理性直接参与了这场法西斯大屠杀。由此说来，我们便不能不加限定地将理性指认为这场空前浩劫的罪魁祸首。

应当认识到，人类唯有在受视觉理性指使的情形下，才会容易滋生与身体/情感为敌的冲动。视觉向外扩张欲望所引致的身体疏离，往往倾向于把情感当作有待理性克服的对象。否则，其扩张欲望就可能因为受制于身体/情感的固有限度而丧失掉动力上的支持。因而，在视觉情境中，冲突最易于在理性和情感之间构成，毕竟视觉情境必须倚靠此种距离上的严峻张力来维持。"客体（对象）一词的词源②已然告诉我们，这种（主客之间的）关系本来就是围绕着反抗、冲突、斗争以及暴力组建起来的。"③ 可以说，观看从一开始便埋伏了紧张的祸根。所以，作为视觉中心主义者的康德认为，"受激情和情欲的支配固然是心灵的病态，因为两者都排除了理性的控制"。④ 康德试图把理性修正成激情产生的原

---

① 参阅鲍曼《现代性与大屠杀》第 6 章《服从之伦理（读米格拉姆）》。

② 在英语里，客体（对象）一词为 object，其中 ob 作为词根意指"反对"、"对立"；ject 则有与"投掷"相关的意义。而在德语里，该词是 Gegenstand，其中 Gegen 作为词根意指"反对"、"违抗"；stand 则有"伫立"之意。

③ David Michael Levin, *The Opening of Vision*, Routledge, 1988, p. 120.

④ 伊曼努尔·康德：《实用人类学》，邓晓芒译，上海人民出版社 2005 年版，第 166 页。

因，实际即是主张理性之于身体/情感的征服，使理性的暴力最终获胜。而问题是，就在康德把暴力的这种获胜理解为善的实现时，他却全然没有意识到，善之实现进程中所含有的恶之因素极有可能会让他的善走向善的反面。康德似乎是由绝对善的意义上来构想他的理性的，但是其理性对于暴力的运用却又明显违背了这种善的宗旨。因此，我们没有理由不考虑康德理性的辩证法，即其间存有的悖谬不可能仅仅给出一个绝对善的结果。理性辩证法能够为人类所认知，这证明理性不仅可以承认理性的弱点，而且还可以设法应对这一弱点。这是理性永恒的使命，理性只有在这一意义上才是绝对的善。至少，康德在面对激情时所行使的理性并不属于这一意义上的理性。由于压抑和对抗，康德的理性只能是伤害性的。其强硬姿态始终无意谋求同身体/情感的对话，故而也便无从理睬后者存在的善的合理性。可以说，康德的理性王国仍然是单一层面的男性化构想，他并不试图将女性含括在内。在这个王国里，女性的缺席印证的是冲突与不和谐的在场。说"康德似乎从来就不承认在想象力和理性之间可能有一个真正的合作关系"，[1] 其实正是视觉理性的独霸性质使然。故此，康德所崇尚的理性亦即启蒙运动所动用的理性，而"启蒙运动精神的一个本质特征，就是在潜意识中害怕想象力，害怕它与情感和身体的密切联系"。[2] 它"是以压力和恐惧为其标志的。它是一个痉挛的理性：僵硬和封闭"。[3] 这种对于身体/情感的压制与恐惧，注定了启蒙理性的不完善。至于黑格尔理性中的视觉要素，则表现为理性被其视做"观察的意识"，"就是它将事物的感性改变为概念，就是恰恰将它们改变为同时又即是我的一种存在，从而将思维改变为一种存在着的思维，

---

① 简·克内勒：《康德的想象力的失败》，见詹姆斯·施米特编《启蒙运动与现代性》，徐向东等译，上海人民出版社 2005 年版，第 468 页。

② 同上书，第 458 页。

③ 哈特穆特·伯梅、格诺特·伯梅：《理性与想象力的战斗》，见詹姆斯·施米特编《启蒙运动与现代性》，徐向东等译，第 453 页。

或将存在改变为一种被思维的存在"。① 在黑格尔这里，理性依旧是目光的对外冲击，不是对象走向主体，而是主体攫住了对象；主体经由思维实现的不是同对象的彼此共有，而是前者对后者的独自占有。黑格尔仅只是在意主体理性之于对象存在的意义，却毫不关心对象是否也参与了这种意义的生成。主体之于对象的概念化亦即一种视觉权力化的命名，它并不倾听对象的诉说，所以也就不打算得到对象的允准。强行是黑格尔理性的唯一姿态。在某种程度上，其理性完成的不是关于对象的理解，而仅仅是对象的被驯服。

总而言之，启蒙理性的此种强硬气质无疑是由视觉的某些秉性型塑的。在某种意义上可以说，进步这一概念便是视觉的贪婪及好奇为使自我欲望的追求合法化而炮制出来的。孔多塞对此就毫不讳言，他说道："……可是当时的人们已经认识到了，新观念和新感觉的需要乃是人类精神进步的首要动力；已经认识了，对那些奢侈的、多余物品的兴趣乃是对工业的刺激；已经认识了，那种好奇心正以贪婪的眼光在穿透自然界用以遮蔽起她自己秘密的那层幕幔。"② 遗憾的是，乐观的孔多塞俨然没有料到，历史终将证明：在很多时候，进步由此带来的并不是人类自身缺陷的历史性完善，而只是其欲望的暂时性满足。结果，这一意义上的进步压根无法为人类谋得真正平静的幸福，满足过后的空虚只会激起更加强烈的欲望，致使人类在永无休止的躁动进军之中沦为欲望的奴隶。而欲望的不安性质反过来又会随时剥夺理性沉思所必需的宁静前提，令其无以为幸福定义一个准确的方位。于是，在愈益喧哗的失聪情境下，人类往往把幸福料理成了狂欢。因为他们倾听不到幸福，所以就只能依赖于看到幸福。狂欢恰好能够为他们所谓的幸福提供直接的见证，而革命有时便是这样一场狂欢。在相当程度上，启蒙运动成了法国大革命的

---

① 黑格尔：《精神现象学》上卷，贺麟等译，商务印书馆1979年版，第162页。
② 孔多塞：《人类精神进步史表纲要》，第30页。

必然前奏；它于精神层面的狂欢终于落实到了现世的亲身体验上来。或许有人会对这一结局感到费解，其实，革命恰恰是进步的必要手段。孔多塞说过："我们可以注意到，在根本没有经历过任何伟大革命的部落中间，文明的进步被滞留在非常落后的地步。"① 依他之见，没有革命的作用，进步就不可能真正取得。在法国启蒙运动者那里，革命是取得历史进步的手段保障，而不是为其所支付的某种代价。阿伦特认为："革命的现代概念，同历史进程突然重新开始这种观念有着密不可分的联系，这是一个全新故事的观念，即一个从来无人知晓无人讲述过的故事，它即将展开，在18世纪末的两次大革命（即美国革命与法国大革命）之前还不为人所知。"② 事实上，革命正是在进步信心的承诺下同历史发生了关系。"历史被设想为由不满和不断产生的进步所推动的一系列'革命的后果'。革命已经创造一种启蒙水平，使得人类能够有意识地向往进步，控制它的历程，因此避免后退。"③ 此外，英文中的"革命"（revolution）一词与"进化"（evolution）一词不只是有着外形上的惊人相似，同时还有着深刻的内在关联；两者的天文学词意分别为"公转"与"演化"，其中共有的"变化"内涵即被以为是在不断更新、层层进步的轨道上运行的。革命和进化就这样在历史当中获得了统一。邹容就曾经这么说过："革命者，天演之公例也；革命者，世界之公理也；革命者，争存争亡过渡时代之要义也；革命者，顺乎天而应乎人者也；革命者，去腐败而存良善者也；革命者，由野蛮而进文明者也；革命者，除奴隶而为主人者也。"④ 可以说，正是乐观积极的进化论思想赋予了法国启蒙运动者以新的时间意识，为他们打破历史的循环链锁做好了充分的理论准备，他们

　　① 孔多塞：《人类精神进步史表纲要》，第30页。
　　② Hannah Arendt, On *Revolution*, Penguin Group, 1990, p. 28.
　　③ 鲁道夫·菲尔豪斯：《观念、怀疑论和批评——启蒙运动的遗产》，《启蒙运动与现代性》，上海人民出版社2005年版。
　　④ 邹容：《革命军》，载丁守和主编《中国近代启蒙思潮》上卷，社会科学文献出版社1999年版。

开始将历史理解为通向无限光明的开放道路。对于"无限"的动人想象，令"新奇"在法国启蒙运动者那里引发了巨大的热情。"显而易见，只有在直线性时间概念的条件下，才会有新奇、事件的独特性以及完全可以想象之类这样的现象。"① 当然，这也是源于理性本来就有的品格："它怀着去发现新事物的愉快心情和勇气走向世界，期待着天天都有新的发现。"② 这种一往无前的好奇信念使得既往和此刻在他们心里已经显得不再那么重要，重要的仅仅是未来。对于他们而言，历史只有等待的意义，等待着开创时刻的莅临，让自己被未来所超越。未来被他们涂抹上了浓重的"后世"宗教色彩，竟然"取代了上帝而成为那些不属于这个世界的有德和启蒙了的人们的裁判者和辩护者"。③ 这也是法国启蒙运动者被后人认为"去历史化"的关键原因所在。实际上，法国启蒙运动者并非无视历史，他们中某些人留下的历史著作今天完全可以拿来作为反驳的证明。但问题就在于，历史在他们那里所得到的肯定与保留远比遭到的否弃和破坏要多得多。柏克也正是在这个意义上表达了他对于法国大革命的不满："我也并不排斥变动，但即使当我改变的话，那也是为了有所保存。我应该是被巨大的苦难引向我的补救之道。在我的所作所为中，我应该追随我们祖先的先例。我会尽可能地在原建筑物的风格之内进行修补。"④ 我们是得承认，无论如何，柏克的保守主义都要比法国革命者们的激进主义更懂得尊重历史的合理价值。在很大程度上，历史之于人类如果失去了情感的联系，仅止于理性维度的认知，那便意味着历史的生命力已然枯萎。理性不能保存历史，它只是分析和肢解历史。在理性的目光中，历史从来就不是一个有血有肉的躯体。而当历史不再是

---

① Hannah Arendt, *On Revolution*, Penguin Group, 1990, p. 27.

② E. 卡西勒：《启蒙哲学》，顾伟铭等译，山东人民出版社1988年版，第3页。

③ 卡尔·贝克尔：《启蒙时代哲学家的天城》，何兆武译，江苏教育出版社2005年版，第119页。

④ 柏克：《法国革命论》，何兆武等译，商务印书馆1998年版，第317页。

这样的躯体之时，它便丧失了自主继续前行的能力，转而任由后来的旁观者随意牵领。应该说，正是由于理性的介入，历史的价值才转换成了冲突和否定性的价值，正像有人所以为的那样："我们的确可以说，历史就是不断地力求摆脱当前被认为不完善的状况，进入被认为是更完善的未来。历史就是建立在真正的否定性价值和群体所认可的想象的肯定性价值的对抗之上的。"① 此种明显怀有进化论信仰的历史观念无疑就是建基于牢固的理性中心主义立场之上的，在这里，历史的进步实质上便是理性的进步："进步论由以产生的根源或最根本的参照点，就是理智进步的观念；其他方面的进步都可以忽略不计，而这方面的进步却不可轻视。"② 有些人甚至认定理性"是人类进化过程中涌现出来的一种机制"。③ 故此，进化论观念在满足于理性这种不时进行自我否定的新奇变化时，它实际只是保留住了所谓的理性，而并没有保留住历史（在鲍曼看来，所谓的进步就是"'历史用不着重视'和'决心对历史不加考虑'这样一个信念的宣言"④）。并且因为难能反省，视觉理性对于自身的认识只能是非常局限的。"启蒙遭遇到一种盲视，这更像是戴眼镜者之于她的眼镜：正是使世界或客体可见的这一力量本身滑落到了视野之外，并将自己的实质隐蔽起来，而这个实质恰恰就是在确立主体和客体连接关系过程中显现其力量时的这种行为。"⑤ 此种视觉盲区亦直接影响了理性对人自身的认识，令其难以洞见到自我和人的历史性存在，从而常常误把整体的人同单薄的自我混为一体。可实际上，人是寓于历史之中而非

① A. 斯特恩：《历史哲学：起源与目的》，载格鲁内尔《历史哲学》，隗仁莲译，广西师范大学出版社2003年版。

② 格鲁内尔：《历史哲学》，第1页。

③ 保罗·莱文森：《思想无羁》，何道宽译，南京大学出版社2003年版，第25页。

④ 齐格蒙特·鲍曼：《流动的现代性》，欧阳景根译，上海三联书店2002年版，第206页。

⑤ John Russon, "For Now We See Through a Glass Darkly", *The Systematics of Hegel' Visual Imagery*, *Sites of Vision*, edited by David Michael Levin, MIT Press, 1999.

理性之中的，理性仅仅从属于人，唯有通过人在历史之中的生命体验，我们才有可能将人认识。问题是，乐观主义的理性根本顾及不到人类命运的悲剧感，所以它终究无法将历史真正转变成自己的情感体验。"历史首先是一种命运，它理当被作为命运、悲剧命运加以深入思考。"① 然而，无限进步的自信却始终同这样的历史情感格格不入，在视觉的大举进军中，理性从来体会不到听觉归属的冲动。它经由不停遗弃历史所换得的未来新生，让我们从中不时窥探到的竟是死亡的阴影："进步观念把自己的指望建立在死亡上面。进步不是永生，不是复活，而是永恒的死亡，是未来永恒地消灭过去，后一代永恒地消灭前一代。"② 进步的无限想象在无限拆解历史的同时，还在无限剥夺着未来。工业产量与日俱增所体现出来的"进步"，恰是以透支大自然的野蛮方式完成的。而这种透支最终又使我们意识到了自然资源的有限性，从而陷入同大自然紧张的矛盾关系当中。生态危机的实质即属于人类进步论的一种危机，然而荒谬的是，我们却会继续将对此类危机的克服理解为所取得的新的进步。结果，我们就这样被进步的怪圈所封裹：进步蜕变成对于进步恶果马不停蹄的吞咽与消化，它最终带来的不是我们所祈求的幸福，而是疲于对祈求这种幸福所支付的代价进行捉襟见肘的偿还，实如有人指出的那样："进步论者把信念寄托在人的聪明才智上，而且期待这些问题将及时得到解决。也许他是对的，但是，这些问题的解决反过来又会产生其他的问题。有什么理由把这一过程称做进步的过程呢？也可能恰恰相反，即结果却是，越来越多的聪明才智被用于控制从前聪明才智的发挥所产生的后果上。这就意味着经常性的收益递减和人类向自我毁灭迈进。"③ 而一旦我们有能力回头重新审视一下自己的历史追求，我们也许就会发现，

---

① 别尔嘉耶夫：《历史的意义》，张雅平译，学林出版社 2002 年版，第 166 页。
② 同上书，第 154 页。
③ 格鲁内尔：《历史哲学》，第 128—129 页。

这追求的动力根本不是起始于幸福的承诺，而是起始于不幸的威胁，确如鲍曼所言："是厌恶而非诱惑，才是历史前进的根本动力，因为人类对他们在自己的状况中所发现的令人痛苦和不快的东西感到羞愧和烦恼，因为他们不希望这些状况继续存在下去，还因为他们在寻找一条减轻或补偿他们所受的痛苦的道路，历史变革才会发生。"①

进步论所倚赖的理性自信亦即实用主义的科技理性，在没有伦理维度监督的前提下，它极易演变为邪恶的理性。表面看来，此种理性没有听觉那样的精神归属倾向，但它却暗藏着不自觉的自反可能，即时常会走向其愿望的反面。霍克海默说："我们的文明的思想基础很大一部分的崩溃在一定程度上是科学和技术进步的后果。然而这个进步本身又产生于为某些原则所作的斗争——这些原则现在岌岌可危，比如个人及其幸福的原则。进步有一种倾向，即破坏它恰恰理应实现和支持的那些观念。"② 进步与其目的的这种不一致，说明了科技理性还远远不是一种完美的理性，它始终迷失于攫取和破坏、欲望和空虚的悖反漩涡中。在某种程度上，它的过分乐观其实不过是来自于对自身不足的低估。科技愈是要显现其公正、强大的一面，也就愈是意味着人对于其依附关系的根深蒂固，这无可避免地造成了科技理性之于源始身体/情感的严重束缚。另外，此种情境中的理性由于匮缺同身体/情感的起码交流，因而也终究摆脱不了幻觉的纠缠。有关"无限"的想象可以说正是根源于理性认知的有限，一旦人类企图突破自己的这种有限，便有了掉进幻觉深渊的险情。别尔嘉耶夫称"幻觉是由自我中心主义产生的"，③ 他以为："一切因自尊心和自我中心主义的极端罪过所导致的状态，即各种形式的怨恨，如虚荣心、权欲、嫉恨、嫉妒、气愤等，都制造自己的幻觉世界，并破

---

① 齐格蒙特·鲍曼：《共同体》，欧阳景根译，江苏人民出版社2003年版，第18页。

② 马克斯·霍克海默：《反对自己的理性：对启蒙运动的一些评价》，载《启蒙运动与现代性》，第368页。

③ 别尔嘉耶夫：《论人的使命》，张百春译，学林出版社2000年版，第239页。

坏现实。一个人如果被嫉恨、嫉妒、对荣誉和权力的渴望所控制，那么很难使他回到现实中来。"① 革命的狂欢状态就始终伴随着这样的幻觉，在纵情的背后铺垫的恰是别尔嘉耶夫所道出的那些可怕情绪。有证据表明，历史上的每一次革命皆难以摈弃嫉妒的心理动机；② "嫉妒是一种在人的心目中根深蒂固的、无所不在的反应方式，这种方式难免会被政治家或革命家所滥用"。③ 法国大革命正可谓这么一个历史典型，在整个过程中，幻觉无时无刻不刺激着革命首领们的情感冲动。勒庞曾从"原始人、回归自然状态与大众心理"、"决裂与法律改造人性力量"以及"大革命原则理论价值"三个层面点破了贯穿于法国大革命运动始末的空前幻觉。④ 正是基于这些天真的幻想，导致了法国大革命首领们对于人类本性、大众心地、历史传统乃至理想前景的误认，并由此酿就了嫉妒、仇恨、欲望等不良情绪的泛滥。这时，理性的信念越发坚定，情感的冲动也便越发激烈，直至造成理性的溃败。在幻觉的驱动之下，理性终于丧失对情感的控制，结果，"让人获得自由的决心，演变为破坏自由的恐怖"。⑤ 法国大革命这一事实至少可让我们从中总结出这样一条经验，即理性与幻觉如影相随。理性只要不再倾听心灵的呼声，幻觉便随时准备乘虚而入。理性自以为是的清醒并不能从根本上杜绝幻觉在其内部的产生，理性所唤醒的个我意识常常经由自我中心主义途径成功消弭掉自身同集体的差异。在这种意义上，集体实际是被它当成了另一个自我。自我和集体的此种同一关系，显然已经是幻觉产生的标志。当理性自我将

---

① 别尔嘉耶夫：《论人的使命》，张百春译，学林出版社 2000 年版，第 241 页。
② 参阅赫尔穆特·舍克《嫉妒与社会》第 11 章，王祖望等译，社会科学文献出版社 1999 年版。
③ 同上书，第 301 页。
④ 参阅古斯塔夫·勒庞《革命心理学》第 2 编第 1 卷第 4 章，佟德志等译，吉林人民出版社 2004 年版。
⑤ 卡尔·雅斯贝斯：《时代的精神状况》，王德峰译，上海译文出版社 1997 年版，第 6 页。

其和所欲启蒙的集体等同起来时，它便理所当然地忽略了集体内部可能隐匿着的种种无法操控的力量，诚如勒庞在分析启蒙运动领袖时所指出的那样："最明显的就是，他们从未怀疑过大众心智的本性，他们总以为人民符合自己梦想所塑造的理想模型。他们对心理学的无知一如对历史教训的无知，他们认为平民大众在本质上是善良的、博爱的、知恩图报的，并且时刻准备倾听理性的。"① 不过需要说明的是，理性幻觉的产生在相当程度上还应该同个我和集体之间的缺乏交流息息相关；回应的缺席致使自我中心主义者根本就找不到自己的准确位置，令其无以借助对方来认识自我。按照哈耶克的理解，自我中心主义者头脑中的理性引领其走向的只能是一条臆想的歧途。他以为："理性应当支配自身的成长这种狂妄野心，在实践中只会起到限制理性自身成长的作用，它将把自己限制在受控制的个人头脑所能预见的结果上。这种野心虽是某种理性主义的直接产物，其实却是一种被误解或使用不当的理性主义的结果，它没有认识到个人的理性是个人相互关系的产物。"② 再则，集体只是一个幻觉性概念，他也并无同其进行真正交流的可能；真正的交流只能发生于个体之间。在自我中心主义者和集体大众之间不存在听觉维度的共鸣。所以，自我中心主义者针对集体大众的一切训诫都只能是耳旁风。这里同样也不存在什么承诺，因为承诺首先需要聆听，即针对对方和自我的聆听；它借助于忠实这一信念将双方维系在一起。然而，作为自我中心主义者的启蒙先锋却仅止于把承诺视做一处未来的景象。一旦他们开始了向那处景象的进发，便再也顾及不到承诺在原处的召唤。加之幻觉会有效隔离身体上的痛感，这使得革命大众们能够顺利突破对于血腥的忍受极限。至此，忠实将不复存在，承诺亦不再是原来的模样，启蒙先锋

---

① 古斯塔夫·勒庞：《革命心理学》，第130页。

② 弗里德里希·A. 哈耶克：《科学的反革命》，冯克利译，译林出版社2003年版，第94页。

同集体大众的合作关系开始出现裂隙。这无疑是理性在现实面前的正常碰壁，集体仅是在想象中才是一个听从理性调遣的完美集体，因为它本身就是一个概念；一经落到实处，集体就极有可能成为某种力量的混乱体现。在现实中，集体由理念变成行动之后，行动便会在幻觉的引诱下必然倒向极端。启蒙先锋理性意志的良好贯彻应该取决于贯彻者的良好理性，而行动着的集体贯彻者却往往根本谈不上有什么理性。依据勒庞的观点，"长时间融入群体行动的个人，不久就会发现——或是因为在群体发挥催眠影响的作用下，或是由于一些我们无从知道的原因——自己进入一种特殊状态，它类似于被催眠的人在催眠师的操纵下进入的迷幻状态。被催眠的大脑活动被麻痹了，他变成了自己脊椎神经中受催眠师随意支配的一切无意识活动的奴隶"。① 鉴于启蒙先锋和集体大众的双重幻觉，法国大革命历史运动的前景从一开始就埋伏下了凶险的预兆。

正是基于幻觉的这种作用，启蒙精英同集体大众间的矛盾关系一直难以理顺。中国的现代性启蒙运动同样也不例外，如在鲁迅身上我们就不难发现，集体大众留给他的印象常常是前后悖逆的。他时而会站到他们那一边，替他们分辩说："近来的读书人，常常叹中国人好像一盘散沙，无法可想，将倒楣的责任，归之于大家。其实这是冤枉了大部分中国人的。小民虽然不学，见事也许不明，但知道关于本身利害时，何尝不会团结。先前有跪香、民变、造反；现在也还有请愿之类。他们的像沙，是被统治者'治'成功的，用文言来说，就是'治绩'。"② 时而又会站回启蒙者这一边，埋怨道："人民是一向很沉静的，什么传单撒下来都可以，但心里也有一个主意，是给他们回复老样子，或至少维持现状。"③ 作为那个时代最重要的文化启蒙者之一，鲁迅所动用的理性依然

---

① 古斯塔夫·勒庞：《乌合之众》，冯克利译，中央编译出版社 2005 年版，第17页。
② 《鲁迅全集》第 4 卷，人民文学出版社 1981 年版，第 549 页。
③ 《鲁迅全集》第 12 卷，第 230 页。

属于视觉理性，尽管在他的视域里从不存在法国启蒙运动领袖强烈期许的光明，他仅相信"惟'黑暗与虚无'乃是'实有'"，① 但他也依然无以规避视觉理性固有的盲区。他的悲观并不是因为不向前看，而恰是因为向前看的结果。对于进化论的信奉不可能不给予鲁迅以向前看的动力，只是更为棘手的现实令其一时难以接近希望而已。鲁迅的此种现实态度让后人将他奉为那一时代最清醒的战斗者，可在我看来，他仅仅是没有把持未来更大的幻觉罢了。然而，只要是一名视觉中心主义者，他就不可能全然摆脱掉幻觉的纠缠；对于未来不持有幻觉并不表明鲁迅对于历史和现实的观照一样没有幻觉。再说，对于未来的轻易放弃，在一定程度上已同鲁迅对于历史传统的盲视有关，而这种盲视正源自视觉认知范式之于听觉认知范式的先天"失聪"；结果，声音缺席下的所有场景，因为回应的不在无不时时催生着鲁迅作为观者的自我中心感。再则，现代性目光的打量压根就洞见不了中国传统文化的听觉魅力，两种不同认知范式在那个时刻的遭遇，产生的结果只能是误会重重，而此种误会有时就是以某种幻觉的方式出现的。当鲁迅已经谛听不到（他也无心谛听）遥远传统的历史回声时，这其实意味着视觉进取冲动和听觉归属倾向为敌的正式开始。历史传统的合理性就此终结，转而变成处处与现实作对的羁绊。由于在历史传统那里找不到支持，所以鲁迅收获到了前所未有的孤独（此孤独无疑也同他的自我中心感相关），这种孤独又回过头来时刻加剧着他之于历史传统的怨恨。和 18 世纪法国启蒙知识分子不一样的是，鲁迅因为历史传统认知上的障碍，注定了他对于自我认知的迷误。其文本中大量反讽修辞的运用，已然是自我怀疑的充分明证。至于其中的调侃意味，则不过是自我高度紧张心理的暂时无奈放松，它说明鲁迅在有意无意地同现实做着妥协。反讽同时也是鲁迅和现实保持疏离关系的唯一有效方式。由彻底的怀疑招致的虚无主义情绪，在鲁迅那

① 《鲁迅全集》第 11 卷，第 20—21 页。

里指向的是对未来信心的丧失，更是对自我信心的丧失。苦闷与彷徨的现代性焦虑不只关乎其个我意识的诞生，最主要的是，这一个我由于出身的缺席始终无法找到自己于现实中的位属。现实和历史的断裂提供的是一处悬空的境遇。此种欲进不能，欲退不得的尴尬处境从根本上制约着鲁迅关于现实的认知，因此我以为他在那一时代的判断力只能是有限的。① 针对历史传统的错误理解，不可能使理解者得出一个正确的现实判断。更何况用西方现代性政治的尺度去规约中国传统文化的一切，这无论如何都显得有失偏颇。启蒙知识分子们在那个时代对"人"的发现，也仅仅是政治性的外在发现，它并不能够表明启蒙者对于人性的全部认识。鲁迅批判理性对于国民性和传统文化的自觉整合，既然出于单一的政治维度，也就自然无法担当起对于国民性和传统文化的全面认识。法国大革命的失败已经为我们贡献了这样的教训："人就其'自然本性'而言不是那么有理性，也不是那么有道德，因此美好社会不可能自动产生。"② 基于此，我想说的是，鲁迅一再鞭挞的所谓"奴性"可能并不单纯是封建专制政治的驯化使然；除去人性本身的弱点，倘若我们能从传统听觉文化的归属本质去加以剖析的话，我们便会发现，"奴性"原来更与听觉归属这种高贵的纯朴品质有关（奴隶顺从意识同听觉归属感之间的关系，我已在前一章里有所论述），在很大程度上，所谓"奴性"的说法不过是对顺从与谦卑（恭顺）意识的一种恶意贬低，"服从是灵魂所必需的营养，任何人，若真的丧失了它，都是病人"。③ 真正的奴性只是由于历代统治阶级对于顺从与谦卑（恭顺）意识的恶毒滥用因而使其横遭玷污而已，然则如此的无意识奴性其实已同顺从与谦卑（恭顺）

① 参阅路文彬《论鲁迅启蒙思想的历史局限》，《书屋》2003年第1期。

② 罗兰·斯特龙伯格：《西方现代思想史》，刘北成等译，中央编译出版社2005年版，第205页。

③ 西蒙娜·薇依：《扎根》，徐卫翔译，生活·读书·新知三联书店2003年版，第10页。

的自觉神性意识相去甚远，它属于堕落的卑贱者的习性。舍勒针对人们将此二者轻佻混淆之举的驳斥也许是最有力度的，他反诘道：

> ……他们知道些什么呢？他们怎么会懂得自愿的自我贬损呢？怎么会懂得那些本已是高贵者（他们并不知道自己高高在上，因为他们理所当然地置身高处）心甘情愿的自我屈尊呢？恭顺是自我贬损的运动，亦即自上而下，由高走向低，上帝自主降身成人，圣人降格为罪人的运动；这是精神之自由、坚毅、无畏的运动，精神自然是充实的，这种充实使精神本身非概念性地把握到自己，精神是不会"告罄"的，因为精神本身就是源源不尽的给予。奴者愿意给予和效力吗？奴者"愿为"主子，只不过因为财力不足，所以才在其主子面前屈膝，才为主子效力罢了。久而久之，屈膝卑躬惯了，他就成为效力的奴仆。与此相反，恭顺是生而为主者的一种德行，恭顺在于：不让理所当然的尘世价值、不让名誉、声望、奴婢的称颂进入心灵深处；恭顺者自己内在的头颅对不可见者低首，同时对可见者昂首。谦卑者在隐秘的殷切中践行其统辖，即殷切对待其统辖的对象。统治的意愿对谦恭者只是举止，对奴者却是中枢。乐意效劳对谦恭者是中枢，对奴者只是举止。①

善良为邪恶别有用心地利用，首先不应该让善良受到谴责；善良在此只需汲取教训，而邪恶则应承担全部的责任并接受正义的惩罚。鲁迅把矛头直指国民所谓的"劣根性"，固然也有诊断民族疾患深层症因的良好动机，但是由于洞察不到"劣根性"的诸多无辜本相，他的所有努力之于国民性也只能落得个伤害而非建设。特别是把症因归咎于整个民

① 舍勒：《德行的复苏》，罗悌伦译，载刘小枫选编《舍勒选集》上卷，上海三联书店1999年版，第725页。

族文化的濡染，这使得鲁迅已经意识不到其中还有精华存在的可能。基于政治诉求的国民性批判，没有将标的设定在政治维度上，而是转向了笼统的传统文化，这即使不能完全证明鲁迅的判断有误，至少也昭示出其在出手时的审慎不足。在这里，问题的关键不是鲁迅可能姑息了真正的罪魁，而是他对于无辜的殃及。我以为合理的公正首先不是体现于对罪魁的裁决，而应当是对无辜的保护，因为我坚信后者比前者更具有价值。在不能够保护无辜的前提下，对于罪魁的任何裁决都必将失去积极的意义。值得重视的是无辜者，而不是罪魁。可如果遵循鲁迅的伦理逻辑行事，我们就只能把恶看得比善更加重要；生命之恶似乎先于生命之善。可事实是，善设若不是第一位的，生命便毫无可能借以立足。生命本身即善，恶的存在也必须首先借助善的力量，"恶不是独特的和绝对的存在之开端"。① 恶源自于善，然后又加害于善，去否定善，这便是恶的本性。善的本性在于肯定，这种肯定也包括给予恶以自由，而历史便是在这一自由的基础上开始了善与恶之间的较量。别尔嘉耶夫说得没错："如果说自由选择善与恶是世界史的开始，那么确认善的自由将是历史的结束，因为恶将被意识到是最后的奴役。"② 善与恶的较量不是一个否定的过程，恰恰是一个肯定的过程，即用善本身的肯定去肯定本身的存在。我们不应认为善比恶进步抑或高级，善只是生命本初的存在，所以也必然是历史的归宿，善意味着永恒。鲁迅思想情绪里所蕴藉着的恶之元素虽然基于善的灵感，但相较于恶，善在他那里还是受到了过多的冷遇，因而他的恶最终很难转化为善的结果。此点是我们务必要加以警惕的。

在笼统的传统文化和国家政治制度之间存在着相当暧昧的联系，而且后者的确立往往又具有极大的偶然性。仅以中国历史上政治制度中施行的反智愚民策略而论，它无疑与"尚学"的儒家文化传统扯不上牵

① 别尔嘉耶夫：《自由的哲学》，董友译，学林出版社1999年版，第185页。
② 同上书，第142—43页。

连；倒是主张"绝圣弃智"（《老子》第十九章）的道家和相信"民智之不可用，犹婴儿之心也"（《韩非子·显学》）的法家更有嫌疑。可是，我们知道，秦汉之后的官方统治其实并没有过多秉承道家的主要思想，而是不断从注重实际的法家那里吸纳着完善性建议；但所谓法家在渊源上又和儒家有着千丝万缕的瓜葛。可以说，国家政治制度的实施不单取决于某位当权者的偶然性，而且还反映着文化承继上的复杂性。今天看来，法家的法治主张与正统儒家的礼治学说是截然相悖的，然而，此后的国家政治制度建设在核心思想上采取的却是戴着儒家手套的法家手腕。① 如果我们不对其做仔细的廓清，将民族的弱点一股脑儿地怪罪于传统文化，那又怎么能称得上真正的启蒙？现代中国的文化启蒙运动之所以未能实现其"立人"的初衷，多少同它之于批判对象的"失聪"有着必然的干系。在斥责阿Q、孔乙己等一系列形象身上的民族"劣根性"时，鲁迅显然把某些人之本性层面的普遍弱点（如"精神胜利法"）和国家传统文化可能造就的特殊弱点混为一谈，这便直接导致了他对所谓民族"劣根性"的无意识渲染与放大。也正是缘于对历史传统的"失聪"，所以鲁迅劝诫中国青年少读甚至是不读中国典籍，理由是"我看中国书时，总觉得就沉静下去，与实人生离开"。② 视觉中心主义思维惹致的躁动情绪一直搅扰着鲁迅的心境，迫使他根本无法聆听、领会包蕴在中国典籍之中的深广静默。实际情形倒是，当视觉与此种静默遭逢时，视觉只会因为一无所获而变得更加急切和不安，进而迁怒于此种静默。借《伤逝》所传达的爱情启蒙亦是处处呈示着鲁迅之于听觉境遇的拒斥，视觉的好奇冲动在强烈渴望新鲜景象出现之际，静默理所当然地被他料理成了死亡的某种暗示："我还期待着新的东西到来，无名的，意外

---

① 参阅余英时《反智论与中国政治传统》，载《中国思想传统的现代诠释》，江苏人民出版社 1995 年版。

② 《鲁迅全集》第 3 卷，第 12 页。

现代性幻象

的。但一天一天，无非是死的寂静。"这寂静必定令视觉无以着落，所以也便必定代表着一无所有的空虚。在《伤逝》里，寂静与空虚始终彼此伴随，印证着主人公痛苦的处境："四围是广大的空虚，还有死的寂静。"因此，在鲁迅眼里，只有行动才意味着充实。这充实因为是视觉上的充实，故而被鲁迅看得比幸福更为重要；幸福在他那里显现的只是寂静或安宁，所以自然便成了空虚或死亡的某种预示："安宁和幸福是要凝固的，永久是这样的安宁和幸福。"显然，倘若爱情带来的仅是这样的幸福，鲁迅就只能如坐针毡。爱情境域里必须要有不停的行动，通过这种行动不时带来新的视觉惊喜，鲁迅才可能真正确认爱情的实在：

> 这是真的，爱情必须时时更新，生长，创造。我和子君说起这，她也领会地点点头。
> 唉唉，那是怎样的宁静而幸福的夜呵！

爱情远离了聆听的境域，自然也就没有了双方心灵的回声及共鸣，于是，它那寂静、安宁的幸福外相便注定要沦落成空虚与窒息的症状，阻挡住主人公对于生活的进步向往。进步在主人公涓生的生活里，依然是最重要的理念。故此，看到涓生从对自己这段刻骨铭心恋情的伤怀和忏悔中悟得的竟是这样一个真谛，我们也就不足为奇了："待到孤身枯坐，回忆从前，这才觉得大半年来，只为了爱，——盲目的爱，——而将别的人生的要义全盘疏忽了。第一，便是生活。人必生活着，爱才有所附丽。"这与其说是对爱情的启蒙，还毋如说是对现实的恐惧。爱情固然不是生活的全部，但其本身即是生活却毋庸置疑。可到了涓生这里，爱情似乎完全变成了生活的对立面。他把爱情同生活割裂开来，然后将目光全部聚焦于后者，这实质上不过是在表明他对于个人生活的格外器重罢了。本属于男性自私心理的无意识流露，但在表面上却装作是对于爱情的不敢奢求，而内里则多是对于双方共同生活责任的刻意回避。由此我们可以得出结论，鲁迅在此试图表达的压根不是什么爱情信仰的真谛，而仅仅是实用主义的现实焦虑。在这种现实目光的逼视下，爱情之花唯有迅速枯萎的厄运。失去听觉的眷顾，爱情已然是不可想象的。①那么，可以想见，面对听觉审美范式的中国古典绘画、戏曲，作为视觉中心主义者的鲁迅又能从中"看"到些什么呢？对于中国画象征意味的否认，应当说完全合乎他的视觉中心主义逻辑："半枝紫藤，一株松树，一个老虎，几匹麻雀，有些确乎是不像真的，但那是因为画不像的缘故，何尝'象征'着别的什么？"②如此结论，我们是否可以理解为失聪所引致的精神性失明？

因为失聪，历史的回声对于鲁迅这代启蒙知识分子们已然丧失了作用。视觉理性捕捉不到已逝的过去，而未来对它而言亦毕竟多少有些缥缈，所以，唯一可把握在手的现实便显得无比重要了。鲁迅说："我看一切理想家，不是怀念'过去'，就是希望'将来'，而对于'现在'这一个题目，都缴了白卷，因为谁也开不出药方。"③在鲁迅们的视域里，仅有"现在"属于合法的存在。然而，这却是一个非历史主义的"现在"，它的暧昧与迷茫必定很难使鲁迅们能够予以深刻的领会。再则，视觉理性仅凭对整个躯体病相的孤立看取就企图开出一个真正奏效的药方，此种机械疗法也着实令人生疑。不能说是现实功利主义实践模式限制了中国当时知识分子们的视野，两者之间所维系的乃是必要而非充分条件的关系；应该是首先拥有了那样的理性视野，才产生了相应实际的处事方式。同理，中国现代性话语喧嚣语境之下展开的"新文化运动"，由于受制于视觉理性范式的领使，它对"民主"与"科学"的呼吁也只能是基于实用层面的政治性诉求。在这里，"民主"与"科学"分别代表

①　参见路文彬《阅读爱情》第 2 部《爱不仅仅与幸福有关》，花城出版社 2004 年版。

②　《鲁迅全集》第 11 卷，第 20 页

③　《鲁迅全集》第 5 卷，第 487—488 页。

的是个人身体自由的权利（rights）以及人类思想解放的权力（power）；在进步主义的前瞻过程中，我们的启蒙者对其绝少反观性的省思。有鉴于此，"唯科学主义"思想在中国的现代形成，其实首先就缺失了对于科学自身的启蒙。尽管发生在那一时刻的"科玄论战"本应是一次科学反思的难得对话良机，但是由于"这场论战实际上是为科学做广告，使唯科学主义这一术语广泛运用于从此开始的实证主义思潮"，① 加之当时针对理性、直觉以及科学、玄学等概念尚存在着本质上的认知混乱，因而以张君劢为代表的玄学派注定无力遏止科学形成霸权的时代大势。另外，理性/直觉、科学/玄学在张君劢那里的天真对立，无论如何也的确招架不住丁文江那兼收并蓄、包罗一切的科学大军。② 此时，科学已稳操真理的胜券，玄学若有意成为真理，除接受科学阵营的整编之外别无选择。只要继续同科学对抗，玄学就只能是真理的敌人。一方面是站在直觉的根基上，另一方面却又意欲仰仗理性去反对理性，张君劢的矛盾所为真可谓自掘陷阱。在他的思维里，由于尚未针对理性施行视听维度的划分，故而还无法将自己所动用的理性同直觉统一起来。实质上，就听觉维度来看，"理性就其本性而言是直觉的，而不是推论的，它可以直观到现实"。③ 柏格森称"智力不承认那些不可预见的东西"，④ 亦即从视觉维度对于理性所做的批判。如果我们将其等同于对全部理性的解构，那么柏格森在解构过程中一直运用的那种理性又如何能够为世人所信服？如今看来，仅从霸权主义性质这一点而言，当初科学理性的缺陷就够显明的；它实在有负于人们所给予它的美好期待。人们美好期待中的科学理应属于充满体恤性自由的领域，它会让我们认识到："不存在科学的理

---

① 郭颖颐：《中国现代思想中的唯科学主义》，雷颐译，江苏人民出版社1998年版，第13页。

② 参阅张君劢《人生观》、丁文江《玄学与科学》，载《科学与人生观》（一），辽宁教育出版社1998年版。

③ 别尔嘉耶夫：《自由的哲学》，第120页。

④ 柏格森：《创造进化论》，肖聿译，华夏出版社2000年版，第139—140页。

由以反对使用或复用非科学的见解或通过检验而发现有欠缺的科学的见解，但是的确存在一些理由支持多样性的观念、不科学的废话以及包括受驳斥的少许科学知识。"唯有这样，科学才不至于变异为一意孤行的暴君，从而有资格上升为自然和人生的共同准绳。"排他性不是科学本身，而是把它的一些部分加以孤立并通过偏见和无知加强它们的意识形态。"① 可是，启蒙时代的科学由于秉持的是视觉理性的内核，它的先天盲视铸就了其话语的武断力量。它之于听觉维度的极端挤抑，决定了其所谓的"科学"只能是名义上的。它针对世界的精确计算不可避免地会使自己降低为对后者的生硬剪裁。只要科学仍旧沉迷于数学化规律公式的探求，那便表明它还是未能成为将玄学问题纳入其关注范畴的真正科学，它的不科学之处正如哈耶克所指出的那样："科学所研究的世界，不是我们既有的观念或感觉的世界。它致力于对我们有关外部世界的全部经验重新加以组织，它在这样做时不仅改变我们的观念模式，而且抛弃感觉性质，用另一种事物分类去代替它们。对科学来说，人类实际形成的、在其日常生活中出色引导着他的那个世界图式，他的感知和概念，都不是研究的对象，而是一个有待改进的不完美的工具。科学本身对人与物的关系，以及人们现有的世界观所导致的他们的行动方式，都不感兴趣。"② 今天，"社会科学"名目的出现，昭示的已然是人们为维护理想科学所作出的些许努力。

多次的历史经验教训充分证明：靠视觉理性武装起来的科学终究省略不掉盲动、独断的宿命。在某种程度上，它的雄心和幻觉实难彼此拎清。这里，乌托邦唤起的昂扬斗志同现实遭遇的情景，确实有如曼海姆所描述的那样："他们全然不关心真实存在的东西；确切地说，他们已在

---

① 保罗·费耶阿本德：《告别理性》，陈健等译，江苏人民出版社 2002 年版，第 34—35 页。

② 弗里德里希·A. 哈耶克：《科学的反革命》，第 15 页。

思维中寻求改变存在的局势。他们的思想从来都不是对局势的判断，它只是被用来指导行动。在乌托邦的思想中，被怀着愿望的想象和行动的意愿所引导的集体无意识，掩盖了现实的某些方面。它无视一切可能动摇其信念或麻痹其改变事物的愿望的东西。"① 故而，为乌托邦信念所激励的科学在鼎力追求历史进步的过程中，有时只是在原地踏步抑或疾速倒退。20 世纪 50 年代在中国轰轰烈烈掀起的"大跃进"运动恰是这样一个生动实例，它可以让我们形象地看到，科学理性似乎并不排斥激情。受其驱使，科学竟然得以无视它一向尊奉的规律及事实，甚至走向常识的对立面。亩产万斤乃至 10 万斤的当代神话，在那个时代根本无人以为是反常识的。"人有多大胆，地有多大产"的流行口号，反映出的并非是抛弃理性之后的疯狂豪迈，实际上它依旧根源于理性这样的认识："没有万斤的思想，就没有万斤的收获。"科学家们正是因为首先有了这样的先进思想，于是才拿出了亩产万斤乃至 10 万斤的科学论据。在此，科学论据几乎可以等同于客观事实。据说，毛泽东当时就是因为看了著名科学家钱学森公开发表的论据，才变成了这一时代神话的忠实支持者。②虽然我们今天会将这一神话解释为无理性的荒谬行为，但设若站在视觉理性的立场上，则可以说它完全合乎其理性的逻辑。时任广东省委书记的陶铸曾在一篇文章里如此写道：

> 农业生产是一种人与自然的斗争。对于这种斗争，存在着两种不同的看法：从剥削制度解放出来的人民是力求主宰自然、征服自然呢，还是甘心处于自然的主宰之下而成为它的奴隶呢？在"粮食增产有限论"者看来，大自然神秘得很，不可能为人们所认识，人

① 卡尔·曼海姆：《意识形态与乌托邦》，黎鸣等译，商务印书馆 2000 年版，第 41—42 页。
② 参阅宋连生《总路线、大跃进、人民公社化运动始末》第三章"不少专家、学者出面论证高产'卫星'的科学依据"一节，云南人民出版社 2002 年版。

们更不可能改造它。我们共产党人则认为，自然发展的规律，是不以人的意志为转移的，但是当人们正确地掌握了自然的规律，就能够驾驭自然，改造自然。我们深信解放了的人们一定能够战胜大自然，深信我国的古话"人定胜天"是有道理的。①

这是一段意在批驳当时怀疑亩产神话倾向的文字，但是又有谁能从中读出立论的无理性情绪泛滥呢？典型的"摆事实，讲道理"的叙述风格，蕴涵的岂不就是视觉理性之于未来无限进步的光明想象？其中所诉诸的"斗争"、"主宰"、"征服"等手段，亦恰恰是视觉本能行为的自然彰显。然而，幻象毕竟是幻象，它只是在理念上属于现实，对该理念的期待结果最终将会令我们意识到它距离事实究竟有多么遥远。神秘主义仅仅对视觉来说才是一种消极的认识，在听觉的世界里，它毫无疑问是一种能够让人信服的现实。它暗示的是世界可敬的深度，我们的视觉力量无以抵达这个深度，因而只有借助于心灵的谛听与回应。别尔嘉耶夫从神学角度给出的理由，我们也不妨一听。他说："理性主义的可耻的单调平淡只是存在的病态。所有在历史中生活着的都是奥秘的生命，生活中的美是最真正的现实。神秘和美——这就是最现实的，就是最真实的，经验的日常生活和意识理性之变态是幻影、非存在、罪孽之梦。"②

视觉理性的反神秘主义冲动是一种肇始于扩张和攫取的无所畏惧的冲动，它由此带给人类及自然的伤害已日渐暴露出其不可救药的傲慢与自负。此种傲慢与自负正在使理性曾有的夺目光芒耗散于无知和偏见的黑暗之中。至于卢卡奇针对从谢林到希特勒的"非理性主义"所施予的大规模无情批判，③ 因其信心是建立在视觉理性的基石上的，所以这信

---

① 陶铸：《驳"粮食增产有限论"》，《红旗》1958 年第 5 期。
② 别尔嘉耶夫：《自由的哲学》，第 220 页。
③ 参见卢卡奇《理性的毁灭》，王玖兴等译，山东人民出版社 1997 年版。

心此刻看来由于更接近自负而显得有些不那么很牢靠。不管是谢林还是希特勒,基于我前述的理由,我们都已不能认定其思想同理性无关。理性要想恢复其应有的信心,唯有先行主动改正它顽固的自负癖性,而真正的理性信心便是有能力清楚其自身的不足。此点,哈耶克的话可谓语重心长:"如果我们把人类文明完全说成自觉的理性的产物或人类设计的产物,或者我们自以为完全有能力自觉地重建或维持我们在不知道自己做了什么的情况下建立起来的东西,我们就太不自量力了。"① 我们知道,启蒙在康德那里被认为"就是人类脱离自己所加之于自己的不成熟状态",而"不成熟状态就是不经别人的引导,就对运用自己的理智无能为力"②。不过,对此我们实有必要进行追问的是,如果理智本身并不成熟,它又凭何能使我们变得成熟? 事实证明,康德所推崇的那种理智显然还担当不起成熟的理智。成熟的理智除了对于合理性的观照,还应最大限度地将自己置入"合情"标准的考量之中。基于此,成熟的理智必然懂得倾听;倾听的开始才是理智成熟的开始。已经习惯于远征的视觉理性必须随时准备回到自己的起点,即听觉的起点。

(《视觉文化与中国文学的现代性失聪》,安徽教育出版社 2008 年版)

---

① 弗里德里希·A. 哈耶克:《科学的反革命》,第 87 页。
② 康德:《历史理性批判文集》,何兆武译,商务印书馆 1990 年版,第 22 页。

现代主义与现代性的误读和挪用

卢铁澎*

在中国，作为文艺思潮的现代主义或曰"现代派"似乎早已"烟消云散"了，经由可见的特定活动方式及其成果显现的"现代主义"已属过去时了。可是，不容忽视的事实是，从西方输入的"现代主义"幽灵一直或隐或显地活跃于不同命名的文艺潮流或文化活动中，在某些重要的意识活动领域甚至被挪用到了支配性的地位。"现代主义"和它的母体"现代性"一样，在不断地生成，不断地"烟消云散"，不断地变化，始终在延续。什么是"现代主义"？我们是否需要"现代主义"？中国有无"现代主义"？20世纪80年代初在关于"现代化与现代派"的争论中就困扰着我们的这些疑惑，并没有寿终正寝，80年代后期又以关于"伪现代派"概念的争议再次出场。到了90年代，虽然接踵而来的"后现代主义"、"现代性"言说时尚迅速流行，但也丝毫没有减轻甚至应该说是增加了这些问题对我们的压力。于是，在90年代后期，我们又遭遇了一场关于中国现当代文学是否"现代文学"的争执，论争的焦点表面上是中国现当代文学有无"现代性"的问题，其实还是中国现当代文学有无"现代主义"的问题，因为"现代主义"是"现代性"成熟的标志，如果没有"现代主义"，怎能成为"现代文学"？尽管又引来识见殊异的纷

* 卢铁澎：中国人民大学文学院教授。

纭论议，而发难者也不依不饶，迄今还在继续撑持。可见，"现代主义"问题甩不开，躲不掉，仿佛影子，挥之不去。如此看来，无论是"现代主义"的坚定"粉丝"，还是不共戴天的仇敌，抑或是"怎么都行"的"后现代主义"者，都不能对"现代主义"和"现代性"的现实存在或作为文艺问题的言说存在漠不关心。

一

新时期以来对现代主义的三次论争的发生及其结果，基本上都起因于并且最终都没有彻底突破封闭性视野的囿限，以误读的"现代主义"和"现代性"尺度打量中国文学。我们一次又一次地对"现代主义"喋喋不休的争执，表面上似乎每一次争论的命题有所不同，但实质上都是在"什么是'现代主义'？""中国有无（或能否产生）'现代主义'？"等老问题上纠缠不休。在这些老问题中，最根本的问题无疑是"什么是'现代主义'？"其余和"现代性"以及相关的其他问题的阐释似乎都取决于对这个问题的回答。

徐迟等人在 20 世纪 80 年代初自认为是以经济基础决定上层建筑的马克思主义原理为依据，得出现代主义文艺思潮是现代化社会经济基础的必然产物的判断，认为"现代化必然产生现代派"。并据此宣称，新时期我国要实现四个现代化，就必然需要而且一定会产生现代主义文艺思潮。大多数批评意见指出，徐迟等人并没有真正把握马克思主义的基本原理，更无视物质生产与精神生产的发展还有不平衡的规律，错误地理解西方现代派与西方社会及经济基础的关系，对文艺生成原理的解读陷入了机械唯物主义的误区，把西方"现代派"与西方社会现代化的特殊联系普遍化，重蹈 20 世纪三四十年代庸俗社会学论者的覆辙。徐迟在文章中还提出了"马克思主义的现代主义"和"建立在革命的现实主义和革命的浪漫主义的两结合基础上的现代派文艺"命题。这些观点遭到了强烈的反对和批判，理由是"现代派文艺"或"现代主义文艺"是"专指"20 世纪以来"在西方文艺中出现的被称作各种'主义'的资产阶级艺术思潮和流派"，其内容和性质"十分确定"，是与马克思主义"根本不同的两种思想体系和世界观"。① "现代化就是现代派"，"表现西方资产阶级和小资产阶级知识分子的思想感情"是"现代派文艺""特定的内涵与外延"。"两种不同意识形态范畴里的东西"不能"直接焊接在一起"。② 由于徐迟命题的语焉不详，难免"实际上还不过是提倡西方现代主义文艺"③ 的重大嫌疑。但批判者对"现代主义"内涵的所谓"常识"性静态界定显然十分封闭狭隘，而且本身就存在着逻辑的混乱。作为文艺思潮的"浪漫主义"、"浪漫派"和"现实主义"本来也是属于"表现西方资产阶级和小资产阶级知识分子的思想感情"的文艺，也有着与马克思主义、社会主义根本不同的思想体系和世界观，但为什么就能和"社会主义"或"革命""焊接在一起"而变成了"我们的""主义"、"流派"、"文艺"？唯独"现代主义"、"现代派"就不能呢？"现代主义"或"现代派"只有固定不变的一种，这也明显违背历史事实。即使西方现代主义文艺本身就因各国社会现实和历史文化传统的不同而形成面貌各异甚至相互冲突的思潮或流派：超现实主义发端于法国，与"法国人耽于幻想的习气与超现实倾向"相关；表现主义首先兴盛于德国，不能否认其与德国人重视精神作用的传统所具有的紧密联系；意识流小说肇始于英国，经验主义哲学传统的影响应该是关键的基础。④ 从意大利诞生的未来主义与其他反科技理性的现代主义截然相反，它高度赞扬社会现代化带来的"机器文明"、"速度"和"力量"，其内部也形成了对立的左、右翼之分。现代主义在非西方国家传播的结果也证明了现代主义的非封闭性，如现代主义与拉丁美洲独特的社会现实和历史文化传统的结合，形成了与欧洲本源的现代主义既紧密相联又大异其趣

① 理迪：《〈现代化与现代派〉一文质疑》，《文艺报》1982 年第 11 期。
② 李准：《现代化与现代派有着必然联系吗?》，《文艺报》1983 年第 2 期。
③ 理迪：《〈现代化与现代派〉一文质疑》，《文艺报》1982 年第 11 期。
④ 袁可嘉：《西方现代派文学三题》，《文艺报》1983 年第 1 期。

的魔幻现实主义,① 在日本,则有新感觉派等日式现代主义文学。那么,有没有"中国式的现代主义"呢? 一位对西方现代主义文艺深有研究的中国学者非常肯定地认为,从20世纪初引进西方现代派以后,"中国式的现代主义一直是存在的"。②

"现代化与现代派"的论争不仅没有减弱对"现代派"和"现代主义"认识的封闭性,反倒进一步加强了这种误读意识的牢固性。当现代主义创作在20世纪80年代中期形成气候之后,就被指责为"伪现代派",遭到了来自不同立场的批评和攻击。"伪"的依据一类是认为中国的现代主义作品徒有表面相似的形式,而内容上却没有表现出西方现代主义作品的非理性主义的"生命本体冲动";一类是从经济基础上确认中国目前尚无西方的高度工业化、现代化,中国的现代主义作品表现的现代意识是西方的意识,不是中国现实生活的产物,属于"矫情"———种"冒牌"的"现代主义";第二类是站在现实主义至尊价值观上的批评,不是以否定西方"真现代派"的审美价值就是以传统的现实主义价值观附会于西方现代主义者某些片言只语的同调性,贬斥中国的现代主义模仿的拙劣。不论是哪种立场的指责,其理论标尺都是"真现代派"———种误读的西方现代主义的静态模式,即一位批评家所说的:"没有意识到现代派文学产生于东、西方文化的价值标准都发生移易的时代",也没有意识到"反规范"是现代派的根本倾向而设立的一个"先验规范"。③

就在20世纪80年代初我们热火朝天地讨论"现代化和现代派"问题之前,美国学者马歇尔·伯曼已经出版了他的一部关于现代性和现代

---

① 虽然魔幻现实主义的思潮性质归属尚有争议,但仅从加西亚·马尔克斯自述卡夫卡对他的创作思想的震撼而言,可知魔幻现实主义与欧洲现代主义之间存在着不可否认的重要关联。

② 袁可嘉:《中国与现代主义:十年新经验》,《文艺研究》1988年第4期。

③ 黄子平:《关于"伪现代派"及其批评》,《北京文学》1988年第2期。

主义研究的重要专著《一切坚固的东西都烟消云散了》，书名取自《共产党宣言》中饶有象征意味的一句名言。伯曼著书的初衷是不满于 20 世纪的作家、思想家在对"现代性"的思考"今不如昔"——倾向极端化、平面化的停滞和倒退，希望恢复和延续 19 世纪伟大的"现代主义者"们对待"现代性"的辩证传统。因此，他要通过对 19 世纪现代主义的回顾，"帮助我们回溯到现代主义的根"，使之得到滋养和更新，也是"对今天的各种现代性的批判"，从而"给予我们创造 21 世纪的现代主义所需的见解和勇气"。① 19 世纪伟大的"现代主义者"包括马克思、尼采、波德莱尔、惠特曼、易卜生、陀思妥耶夫斯基，等等，他们准确地把握了"现代"——"现代性"的基本特征：除了"坚固不变"外，它容许任何事物！"每一件事物都包含有它的反面。"② 正如《共产党宣言》的概括："生产的不断革命，一切社会关系不停的动荡，永远的不确定和骚动不安"，"一切固定的冻结实了的关系，以及与之相适应的古老的令人尊崇的偏见和见解，都被扫除了，一切新形成的关系等不到固定下来就陈旧了。一切坚固的东西都烟消云散了，一切神圣的东西都被亵渎了"。③ 马克思、尼采等 19 世纪的伟大"现代主义者""同时既是现代生活的热心支持者又是现代生活的敌人，他们孜孜不倦地与现代生活的模棱两可和矛盾作斗争"。④ 而 20 世纪的思想家们却怎样对待"现代性"呢？伯曼以极端遗憾的口吻抨击他们远比 19 世纪的先驱"更加倾向于极端化和平面化"，"现代性"在他们那里，"或者受到盲目的不加批判的热情拥抱"（如从未来主义者到第二次世界大战后的富勒和麦克卢汉以及托夫勒等对机器和现代科技的狂热歌颂）；"或者受到一种新奥林

① 马歇尔·伯曼：《一切坚固的东西都烟消云散了》，徐大建、张辑译，商务印书馆 2003 年版，第 45 页。
② 同上书，第 20、24 页。
③ 同上书，第 22、23 页。
④ 同上书，第 28 页。

匹亚式的冷漠和轻蔑的指责"（如从首先提出现代性"铁笼"论的韦伯，到马尔库塞等自称继承了马克思批判传统的"新左派"和著作《资本主义文化矛盾》的丹尼尔·贝尔这样的新保守主义者对现代性的激烈攻击，以及福柯等人对现代人享有任何自由的可能性的彻底否定）；"无论在哪种情况下，现代性都被设想为一块封闭的独石，无法为现代人塑造或改变。对现代生活的开放见解被封闭的见解所取代，'既是/又是'被'非此/即彼'所取代"。① 伯曼对现代性的看法与哈贝马斯可谓同路，但在视界的宏阔和见解的精辟（特别是对马克思现代性理论的重视和辨析）方面各有所长。而他对 20 世纪现代主义者的批评，对于我们反思当代中国文学问题语境中的现代主义，更是难得的理论参照资源。

　　马歇尔·伯曼对"现代主义"的界定与众不同，他在《一切坚固的东西都烟消云散了》企鹅版前言的开篇就宣称，该书是以一种"宽广开放的理解方式"来定义"现代主义"的。因此，该书对"现代主义"的界定与一般的学术著作的界定相比，"含义更加宽广丰富"。在马歇尔·伯曼看来，"现代主义"就是"现代的男男女女试图成为现代的客体和主体、试图掌握现代世界并把它改造为自己的家的一切尝试"。这样的"尝试"是一种"斗争"——"一种把一个不断变化着的世界改造为自己的家的斗争"。正因为"现代主义"是这样的一种斗争，所以也就决定了它最鲜明的一种特性："任何一种现代主义的模式都不可能是最终的不可变更的。"② 简言之，现代主义不仅仅是文艺思潮，也不只是一种文化思潮，而是现代人改造现代世界的一种斗争——现代人自身"现代化"的社会活动。这种社会活动没有固定的模式，它随着现代社会的不断变化而不断地自我批判和自我更新。因而，这是一个"变化的现代主义"。伯曼的现代主义定义也许过于广阔无边，但考虑到"现代"犹如

---

① 马歇尔·伯曼：《一切坚固的东西都烟消云散了》，第 28 页。

② 同上书，第 1、2 页。

漩涡般的动力性时代特征，突破静态封闭的狭隘性而采取动态开放的宽广视野来审视"现代主义"，无疑是必要而合理的思维转型。

二

　　对现代主义的误读，除了源于封闭性视野的囿限外，笔者认为还有对"现代主义"概念属性的模糊也是一个重要的病因。"现代主义"到底是历史性的时期概念还是逻辑抽象的类型概念？历史性概念的内涵相当丰富，不可定义，只有历史。尼采早就对此深有感慨，马克斯·韦伯亦有同感。① 韦勒克则明确指出，各种时期和运动的存在，人们可以在现实中把它们鉴别出来，可以加以描写，加以分析，但是永远不可能给这类时期概念下一个明确的终极的定义。② 如果我们将现代主义视为一个历史概念而又希望给它下一个简明的定义，不仅徒劳无功，还会引起无法自圆其说的阐释矛盾。而当我们以逻辑抽象的类型概念来界定和使用"现代主义"时，作为分类标准的属性识别的随意性也就必然导致许许多多的阐释分歧的产生。人们在使用现代主义概念的时候，很少有自觉的概念属性意识，往往在两种概念属性之间摇摆不定。因此带来内涵与外延的更多分歧。按时期概念来把西方的现代主义作为标准来考察非西方的类型学上的现代主义，必然能以任何一点与原型不符之处（例如经济基础）而得出"伪现代派"这样的结论，因为历史性的时期是一次性的，不可能重复出现。按类型学概念使用"现代主义"，类型划分较强的主观性就有不同属性的抽象定位，例如在西方的"现代主义"中抽象出"非理性"作为类型属性的核心标准，那么，中国的所谓"现代主义"作品就不够格而被否定或被斥之为"伪现代派"。同样，反驳者也

---

　　① 马泰·卡林内斯库：《现代性的五副面孔》，第333页。
　　② 韦勒克著，刘象愚选编：《文学思潮和文学运动的概念》，中国社会科学出版社1989年版，第28页。

可以另立分类标准，作出自己的类型界定："现代主义表现的就是现代人对世界、对人类、对自我整体存在及其存在命运的体验和感受。"根据这样一个适合于研究中国文学的"独立概念"，"一个不完全等同于西方现代主义的独立的创作方法"，按照这样的类型界定，就完全有理由说："'五四'新文化运动就是中国的一个现代主义文化运动，'五四'新文学运动就是中国的现代主义文学运动，从那时到现在的新文学创作就是中国的现代主义文学，它不但包括受西方现代主义影响的现当代文学作品，也包括受西方浪漫主义和现实主义文学影响的文学作品。'中国现代主义'是与'中国古典主义'相对举的文学概念，它是在追求中国文学的现代性、摆脱'中国古典主义'的束缚的努力中建立并发展起来的。它同西方的现代主义文学一样，在其产生并发展的过程中，一直居于先锋派文学的位置，是探索性的、实验性的，是与社会群众习惯性的审美心理和固有的文学传统不同的文学。"① 这是一种类型学阐释，但又是对西方"现代主义"概念的"挪用"。正如以色列学者 S. N. 艾森斯塔特所指出的，非西方国家对现代性主题的挪用，使某些西方的具有普遍主义的要素整合到了自己新的集体认同的建构之中，而不必放弃自己传统认同的特殊成分。它并没有消除他们对西方的否定或至少是模棱两可的态度。抗议、制度建设、中心和边缘的重新界定等现代性的特有主题，有利于鼓励和促进现代方案转换到非欧洲、非西方环境中。尽管最初是用西方的术语来表达的，但诸多这类主题在许多社会的政治传统中得到了共鸣。这种挪用"带来了对这些引进观念的持续不断的选择、重释和重构。这一切引起了不断的革新，伴随着新的文化和政治方案的出现，逐渐展现出新的意识形态和制度模式"。② 另一位著名的中国学者在 20 世

① 王富仁：《中国现代主义文学论》（上），《天津社会科学》1996 年第 4 期。

② S. N. 艾森斯塔特：《反思现代性》，旷新年、王爱松译，三联书店 2006 年版，第 53—54 页。

纪 80 年代后期回顾中国引进现代主义的情况时，提出了"中国式现代主义"的概念并对其"基本性质"作了这样的界定：随着中国现代化进程而发展的"中国式现代主义""应当是在最深刻的意义上（而不是最表面的意义上）为社会主义、为人民服务的，是与现实主义精神相通的，是与民族优秀传统相融合的，同时又具有独特的现代意识（即现代化进程中中国人的思想感情）、技巧和风格的，具体表现为心理刻画上的深度和人物塑造上的真度、艺术表现上的力度和艺术风格上的新度"。[1] 这一界定也具有努力把西方概念的普遍主义要素与本土特殊成分相融合的"选择、重释和重构"的挪用特色。对"中国现代主义"的类型学上的挪用性阐释不论是否合适，无疑是突破受"西方中心论"框限的单一"现代主义"、"现代性"的封闭性思维方式的有益尝试。

"现代主义"概念之所以"模糊"、"无力"、没有公认的定义，可以说"有多少现代主义者就有多少现代主义"，[2] 原因在于这个概念"可能是一种风格的抽象，一种极难用公式表示的抽象"。[3] 因此，可以较为清晰地确认的是"朝着深奥微妙和独特风格发展的倾向，朝着内向性、技巧表现、内心自我怀疑发展的倾向，往往被看作是给现代主义下定义的共同基础"[4]。文艺思潮的世界传播，似乎主要就是接受者对创作范型进行直觉的或逻辑抽象出来的风格类型的模仿和挪用，其结果必然形成"貌合神离"或"离形失神"——与原型不可能完全重合甚至差异极大的一种融合了本土因素的新的"意识形态和制度模式"。因此，明智的研究者不应当胶柱鼓瑟，错误地使用特定历史社会环境中的原型性时期概念的某些含义作为标准来判断类型性现象及其性质的真伪。

---

① 袁可嘉：《中国与现代主义：十年新经验》，《文艺研究》1988 年第 4 期。（着重号为原文所有。）

② 马泰·卡林内斯库：《现代性的五副面孔》，第 88 页。

③ 马·布雷德伯里、詹·麦克法兰编：《现代主义》，胡家峦等译，上海外语教育出版社 1992 年版，第 38 页。

④ 同上书，第 10 页。

艺术风格是一个具象性的审美范畴，但"风格本来是基于人的精神的个性法则而成立的，那么，在根本上与其说它存在于作品这样的精神创造的成果中，还不如应该说是在于创作它的精神里面"。① 因此，风格类型的抽象，往往是对风格根底中的精神属性——创作方法、创作原则的类型属性识别。但接受者往往各取所需，甚至以非风格类型的一般文学分类的属性识别来误读和模仿、挪用西方现代主义文艺，或热衷于语言、叙事技巧等表面形式特征的搬用，或随意挪用范型主题的某种倾向性，新时期以来被归入"现代主义"的不少作品属于这种误读和挪用的产物，有的很容易看出与其直接对应的西方现代主义作品原型。应该充分肯定这些作品表现对传统与现代迷信的叛逆精神的重要意义和勇于探索的艺术创新价值，以及一些作家、理论家努力建构"中国式的现代主义"的创作尝试的可贵，但也不能回避或否认从"最表面意义上"模仿西方现代主义中的潜意识、性本能、语言游戏、叙述圈套、暴力血腥、反传统、反美学、反历史、偶然性、宿命论、非理性等倾向的存在，小说抛弃传统叙述脉络，消解意义，颠覆传统价值观，人物陌生化，并侧重于边缘人物和被社会抛弃之人；诗歌依赖所谓的"纯语言"，堆积无法辨识的混乱意象，丧失可读性；绘画拒绝客观形象的再现，醉心于几何立体块面、色块、线条的抽象表现；音乐反对和声，引进噪音，摒弃曲调，甚至无声……在各类艺术中，"人的声音仿佛丧失殆尽"。② 尤其是西方现代主义艺术的瓦解原则中的历史相对主义和历史虚无主义，迄今还广泛渗透于形形色色的文艺创作中，"败坏维系社会团结的各种观念"，"在美学上向内容或群体和社会发起挑战"。③ 这对于尚处于现代化

---

① 竹内敏雄：《文艺思潮论》，河出孝雄编：《文艺思潮》，东京河出书店1941年版，第11页。

② 弗雷德里克·R. 卡尔：《现代与现代主义——艺术家的主权1885—1925》（前言），陈永国、傅景川译，中国人民大学出版社2004年版，第7—8页。

③ 同上书，第7页。

未成熟阶段的中国国情而言，不啻是一种破坏力极强的错位挪用。

三

现代性话语的引进，对于中国现当代文学研究来说无疑开辟了一片崭新的言说空间。但从现代性的视野审视中国现当代文学中的现代主义或曰中国现当代文学与现代主义的关系，既有望更加澄明，也可能愈入迷津。

20 世纪 90 年代后期，有学者以"现代性"为依据考察中国文学，断言 20 世纪中国文学的本质特征是"完成由古典形态向现代形态的过渡、转型，它属于世界近代文学的范围，而不属于世界现代文学的范围；所以，它只具有近代性，而不具备现代性"。① 具有现代性的现代文学必须是在"生产力发达，社会关系建立在新型基础上，专制政治被民主政治所代替，人的个性得到解放"的社会条件上，"文学挣脱了意识形态的束缚而成为一种独立的存在"，其"理论和创作实践更关注个体精神世界，突破理性与规范，带有鲜明的非理性倾向，文学表现形式也因此获得了空前的解放。总而言之，现代文学体现了个性解放的现代人的审美理想"。欧美 20 世纪文学是世界"现代文学"体系的典范和标准，因为它"产生了诸多现代主义流派，而现代主义恰恰又是现代文学的代表性思潮"。② 于是，在"现代性"内涵与外延的阐释争议中，作为焦点的中国文学现代性的问题，实质上又回到了"现代主义"的问题，回到了"什么是'现代主义'？""中国有无'现代主义'？"等老问题上来了，类似"伪现代派"的思维再次重现。中国 20 世纪文学现代属性否定者的理论尺度坚持的都是西方现代主义原型，无论"现代性"、"现代文学"，还是"现代主义"都是单一的纯粹西方模式。也就是说，在这些学者眼

---

① 杨春时、宋剑华：《论二十世纪中国文学的近代性》，《学术月刊》1996 年第 12 期。

② 同上。

中，"现代性"、"现代主义"以及"现代文学"是确定的，封闭的，不变的。所以他们敢于作出这样的判断："现代性只是西方文化的特产，所谓的'反西方现代性的现代性'根本上就不可能存在。"① 这种言说的绝对，"西方中心论"色彩之浓重，令人震惊。

"现代性"和"现代主义"一样，都是表面"简单却又无比令人困惑"② 的概念。西方学者从不同角度切入的研究，对"现代性"有过种种见仁见智的界定。众多的定义大致可分为两大类，一类着眼于时间和社会变迁的外在特征：或者把它看作是与"现代"一样的"历史断代术语，指涉紧随'中世纪'或封建主义时代而来的那个时代"。③ 或者称之为"社会生活或组织模式"，大约 17 世纪首先在欧洲出现，然后程度不同地在世界范围内产生着影响；④ 或者将"现代性"视为由 18 世纪启蒙哲学家开创的一项包罗万象、迄今尚未完成的事业。另一类则从内在的思考或叙事方式来定义，或者如利奥塔那样把"现代性"理解为"元叙事"——一种特殊的叙事方式；或者如福柯那样主张把"现代性"理解为"一种态度"，即"对于现时性的一种关系方式：一些人所作的自愿选择，一种思考和感觉方式，一种行动、行为的方式。它既标志着属性也表现为一种使命"。⑤ 在国内则有学者将"现代性"理解为"现代时期的主导性价值体系"，"独立、自由、民主、平等、正义、个人本位、主体意识、总体性、认同感、中心主义、崇尚理性、追求真理、征服自然"，等等，是"现代性"体现的"主导性价值"。⑥

---

① 杨春时：《现代性与中国文化》，国际文化出版公司 2002 年版，第 9—10 页。
② 马泰·卡林内斯库《现代性的五副面孔》中译本序言。
③ 道格拉斯·凯尔纳、斯蒂文·贝斯特：《后现代理论：批判性的质疑》，张志斌译，中央编译出版社 2001 年版，第 2—3 页。
④ 安东尼·吉登斯：《现代性的后果》，第 1 页，
⑤ 杜小真编，王简等译：《福柯集》，上海远东出版社 1998 年版，第 533—534 页。
⑥ 俞吾金等：《现代性现象学与西方马克思主义者的对话》，上海社会科学院出版社 2002 年版，第 36 页。

由于认识主体的意识结构不同，即使是对同一事物或对象的性质、意义的理解，也可能相异甚远甚至相反；而在同一认识主体的意识结构中，当一个事物或对象和不同的事物相对立或参照时，也同样可能会得出不同的性质或意义。"现代性"内涵的界定之所以如此纷杂，除了"现代性"本身历史的复杂之外，实在是因为界定者的意识结构以及思考的角度和方式不同。所有这些定义都在不同角度和不同层面上揭示了"现代性"某方面的内涵和特征，但至少迄今为止，还没有任何一种定义能全面囊括"现代性"的应有之意。如果正视"现代"犹如巨大漩涡般的动力性时代特征，正视产生于西欧的"现代性"在向全欧洲、美洲直至全世界扩张的过程中产生了"不断变化的文化和制度模式"①的客观事实，我们不能不相信只有"多元现代性"，而没有单一的"现代性"，而"空前的开放性和不确定性"才是现代性特征的"核中之核"。② 例如，在南美、非洲、中东的一些国家出现的"现代性"就不是完全趋同于西方，这些国家都以"现代化"为目标，但许多仍然"保留着高压政体，以军阀和宗教狂为领袖"，甚至如南非那样，"既是自由的，又是一个奴隶制的国度。一方面，这是一个现代的、技术上先进的国家，力图包容并限制现代观点和现代形象……以及关于社会与政治组织的现代概念。另一方面，这依然是世界上保留着奴隶状态（巨大的黑人区，压制性法律）的最进步最成功的经济大国"。中东的沙特阿拉伯的情况也与南非类似，"与现代技术并存的是中世纪关于妇女、社会和政治生活的观念，兼有在压制性政体下永远得不到民主或平等权利的准奴隶式输入劳动力"。③ 非西方社会从 19 世纪中期以来出现的各种民族主义和传统主义运动以及最近的原教旨主义运动等社会运动，即使都"明

① S. N. 艾森斯塔特：《反思现代性》，第 8 页。
② 同上书，第 7 页。
③ 弗雷德里克·R. 卡尔：《现代与现代主义——艺术家的主权 1885—1925》（前言），第 6—7 页。

确地表达出了强烈的反西方或甚至反现代的主题，然而，所有这些运动无疑都是现代的"。① 都不能排除在"现代性"之外。甚至如 20 世纪 20 年代和 30 年代的"共产主义苏维埃"和"欧洲法西斯主义"也是最早出现的"独特的、意识形态的、'可选择的'现代性"，都"完全处于现代性文化方案的框架内，尤其是启蒙运动和主要的革命的框架内。他们对资本主义社会方案的批判，始终围绕着这些现代方案欠完备的看法打圈子"。② 毫无疑义，"现代性不等同于西化；现代性的西方模式不是惟一'真正的'现代性"。③ 中国从鸦片战争以来从传统社会向现代社会的过渡和变迁，指导中国社会主义革命和社会主义实践的是从西方引进的马克思主义理论，改革开放以来对西方现代科学技术和思想文化的吸纳……都是明显的历史事实。中国的"现代性"当然不可能是完全西化的"现代性"，它只能是"多元现代性"中独具特色的一种。

由此看来，西方的"现代主义"模式也并不能等同于全世界范围内文学艺术上的"现代性"，"非理性"不能放大为判断是否"现代主义"或非西方国家的文学艺术有无"现代性"的唯一标准。而且，西方的"现代主义"本身就模棱两可，充满了悖论、矛盾和混乱，它"在大多数国家里是未来主义、浪漫主义和古典主义的一种奇特的混合物。它既歌颂技术时代，又谴责技术时代；既兴奋地接受旧文化秩序已经结束的观点，同时面对这种恐怖情景又深感绝望；它混合着这些信念：即确信新的形式是逃避历史主义和时代压力的途径，又坚信他们正是这些东西的生动表现"。④

现代主义属于与启蒙现代性或社会现代化相对立的文化现代性中的审美现代性，因此"现代主义"、"审美现代性"和"文化现代性"三者

---

① S. N. 艾森斯塔特：《反思现代性》，第 37 页。
② 同上书，第 49 页。
③ 同上书，第 38 页。
④ 马·布雷德伯里、詹·麦克法兰编：《现代主义》，第 32 页。

之间有着逻辑关系上的种属差别，不能混淆等同，其共同性则在于对启蒙现代性或社会现代化的"反思"与"批判"的特质。现代性的内在悖论和矛盾与生俱来，也就是说现代性自其诞生之始就存在着两种现代性的内在冲突，但两种现代性"同根同源"，文化现代性、审美现代性与启蒙现代性之间存在着既对立又相互依赖的辩证关系，因而文化现代性、审美现代性对启蒙现代性或社会现代化的否定，多元现代性的形成，其动力和功能从根本上说是现代文明发展不断完善所需的自我修正和试验。非理性主义反对的"理性"是不完善的有缺陷的却自以为是"完美"的"理性"，它所追求的目标不是抛弃理性，而是出于更高认识阶段的真实的能容纳"非理性"的真正"理性"。由启蒙理性安排下的现代化结果导致了现代性中潜伏的破坏性、野蛮主义的恶性爆发，造成了自由与控制的激烈冲突，充分暴露了启蒙理性的缺陷。弗洛伊德揭示了人的内在心理中非理性的无意识本我与理性的超我之间的矛盾结构的存在，本身就是一种理性的行为，而不是非理性的胜利，因为无意识本身不可能发现和阐释人的心理结构，更不可能创立精神分析理论。弗洛伊德的精神分析理论的贡献，就如同他的医生职业一样，无非是治病救人——使现代人克服启蒙"理性"对心理结构的无知。启蒙理性的本来目标就是人的解放，然而由于其本身的不完善和无知领域的存在，在以其为中心设计的社会现代化方案实现的过程中走向了反面，使现代社会的生活组织和制度模式越来越成为禁锢现代人的"铁笼"，所以需要具有更深刻、更完善的人道主义内涵的文化现代性和审美现代性来纠正。审美现代性与启蒙现代性之间存在着复杂的既对立又依存的关系，同样，审美现代性与文化现代性中各领域如哲学现代性之间也存在着种种顺逆互动的动态性复杂关系，因此，在对现代主义的研究中，文化现代性内部的复杂关系也不容忽视。例如，既然美洲的、中东的、非洲的现代性、社会主义苏维埃和欧洲法西斯主义都是与西欧"原装"现代性相并列的"可选择"的多元现代性,那么贯彻"最初的现代主义者"① 之一的马克思的思想——最典型的文化现代性——的文学艺术是否没有"现代性"?语言的差异与文化的多样性使人类的巴别塔追求成了永恒的烂尾工程,也宿命般注定了误读存在的合法性或难以避免。需要通过不断的反思来区分并重视的是,误读以及随之而来之挪用的价值取向及其对民族文化建设与现代文明发展的损益。

(原载《文艺理论与批评》2007 年第 2 期)

----

① 马歇尔·伯曼:《一切坚固的东西都烟消云散了》,第45 页。

审美现代性的理论意义

一

　　现代性仿佛一个幽灵，游荡在中西学界的上空。现代性话语人言人殊，莫衷一是。概而言之，现代性指的是西方在全球统一世界史开始时所建立的意识形态；分而述之，在哲学上是康德的启蒙哲学——构建人类先验理性和主体性；在政治上是卢梭的自由民主和三权分立——催生法国大革命和美国立国法权体系；在文艺上是波德莱尔开始的审美现代性——行使着对社会现代化的反思和批判。与本文论题相关的是文化层面的现代性话语。

　　启蒙思想以理性主义、主体论、普遍性、科学主义等为西方的社会现代化制造合法性话语，推动社会现代化进程。但现代性是一个复杂的文化现象，在社会存在和社会意识层面都有诡异的另一方面。在前者，社会的工业化过程带来丰富物质的同时又让人付出了极大代价，这就是最早由席勒、马克思等人所论述的资本主义对人的异化现象，在后者则是从叔本华、尼采开始的对启蒙哲学，从波德莱尔开始在现代文艺领域的对社会现代化反思和批判的事业。因此，哲学层面的现代性可以按历史阶段或精神实质分为启蒙现代性和文化现代性（哲学现代性和审美现

---

*　章辉：四川外国语学院中外文化比较研究中心教授。

代性），前者是对现代化的呼吁和肯定，后者是对现代化的反思和批判。

从叔本华开始的西方现代哲学实现了非理性主义（唯意志主义、精神分析学、生命哲学等）、个体主义（存在主义等）、语言论（分析哲学、逻辑实证主义等）等转向。至后现代思潮，西方学界大谈历史的终结、理性的终结、人的终结、哲学的终结、真理的终结、意识形态的终结、知识分子的终结等，解构传统的人类中心主义、宏观进步历史观、科学理性观、符合论真理观、主体性、主客二分等观念，哲学家转而诉诸非理性的直觉、体验、诗性语言，主张回归生活世界，要把人从新老传统中解放出来。从哲学现代性视阈返视启蒙思想，启蒙哲学的局限，一是推崇主体理性精神，倡导人对客体自然的改造，导致了人类中心主义和对自然的残害。二是它忽视了人自身的存在和意义，因为其科学理性思想指向的是客体，是主体与客体的关系，比主客对立更为根本的主客合一的存在本身被遮蔽，而这个本源性的主客合一的存在正是人生意义之源。三是主体性哲学无本体论依据。主体性哲学要解决的是认识论和实践论问题，但认识论和实践论本身不能成为其自身的依据，因为认识和实践派生于主客合一的存在。四是主体性哲学在方法论上推崇自然科学方法，但自然科学方法的对象是死的无生命的物质，这种方法应用到人文学科就很有限。人文学科的对象是人而不是物，其方法就不应是科学理性的认识，而是理解、直觉和对话。20 世纪克罗齐的直觉，柏格森的绵延，伽达默尔的理解，海德格尔的领悟，巴赫金和哈贝马斯的对话等正是在主体性哲学以及由此而来的自然科学方法论消退后人文科学方法论崛起的产物。后现代思潮是现代哲学的继续。后现代思潮认为，不存在世界最终的本质和根源，不存在可用宏大叙事法叙述的历史；存在的只是话语，只是语言游戏自由地在权力关系网中游离，没有一种话语有前后一贯的意义；不存在具有普遍逻辑和客观真理的科学；真理只存在于人的解释中，等等。现代和后现代哲学对启蒙哲学的批判以人的解放为鹄的，旨在把人从神性和理性统治下解放出来。

二

19世纪末20世纪初，许多哲学家、艺术家揭示启蒙现代性的虚妄不实，转而发掘被科学主义所忽视、贬低、压制的人的非理性领域即原始思维、艺术、宗教等非科学非逻辑世界对于生命的意义，这就是审美现代性理论的来源。审美现代性表现在美学理论上就是否定美学、救赎美学、形式主义美学、艺术本体论等思潮，表现在文艺创作上则是现代主义文艺思潮。最早对启蒙现代性提出批评的美学家是席勒。席勒说，现代人已沦为碎片，审美是人走向完整与和谐的途径。青年马克思在《巴黎手稿》中揭示了资本主义制度不利于艺术发展，资本主义经济异化人的现实。马尔库塞认为，"审美的学科具有一种与理性的秩序相对立的感性的秩序。当进入到文化的哲学时，这种观点，旨在于去解放感官"，① 艺术就是对异化的揭示和对工具理性、官僚机制的否定。布莱希特提出艺术与现实生活"间离"的命题。阿多诺提出"否定美学"，他说，资本主义的日常生活是启蒙现代性的意识形态发展到极端的产物，理性压制感性，道德约束自由，工具理性反过来统治主体自身，资本主义商品的生产和交换法则已经渗透在日常生活中，而艺术本质上是自为自律的存在，现代主义艺术就是对日常生活的否定。马克斯·韦伯说，艺术在当代生活中具有把人们从工具理性和实践理性的压制和刻板性中救赎出来的重要功能。总之，艺术本体论、形式主义等美学思潮区别文学语言与日常生活语言，寻求艺术的自律性，否定艺术与现实的关联，也就是否定启蒙运动以来被工具理性、官僚组织所统治的日常生活，以对这种生活的批判来营造艺术的自由空间。

审美现代性还表现在文艺创作思潮上。在西方近代文艺史上，启蒙主义文艺是对现代性的呼吁和追求。最早对社会现代化持完全的否定和

---

① 马尔库塞：《审美之维》，生活·读书·新知三联书店1989年版，第53页。

批判态度的是浪漫主义文艺思潮。马丁·亨克尔说："浪漫派那一代人实在无法忍受不断加剧的整个世界对神的亵渎，无法忍受越来越多的机械式的说明，无法忍受生活的诗的丧失……所以，我们可以把浪漫主义概括为'现代性'（modernity）的第一次自我批判。"① 批判现实主义在批判资本主义社会的同时仍然秉承现代理性，是以理性的进步观为视点对现实的批判，到现代主义文艺则连这个理性的视点也被根除了。现代主义文艺展示了现代人无家可归的生存状态，即精神的荒原（艾略特）、虚无（萨特）、荒诞（加缪）、物人（卡夫卡）等的产生。象征主义、唯美主义、颓废主义、超现实主义等文艺思潮追求艺术的自律性，因为日常生活已被工具理性所控制，人性已被谗害，艺术就应与社会保持距离并批判和脱离这个社会，去寻找另一个世界。"现代性不存在于被观察的事物之中，而是存在于波德莱尔、康斯坦丁·居伊或马拉美的目光之中。"② 比如，唯美主义主张，不是艺术模仿生活而是生活模仿艺术。唯美主义以纯艺术来对抗资产阶级平庸的世俗生活，认为只有在自律性的艺术中才有真正的美和自由可言。"现代性就是过渡、短暂和偶然"（波德莱尔），因为日常生活中只有恶心、荒诞、孤独、烦闷，等等，艺术要以感性主义、神秘主义、个人主义、超现实主义给人以自由和解放。现代主义艺术和美学理论以对混乱、含混、非理性、恶心、丑、反和谐、个性、感性等的展示来对抗启蒙现代性的秩序、统一、理性、确定性、普遍性，所以说审美现代性是"对抗文化"（屈林）、"否定文化"（波吉奥利）、"反文化"（卡洪）、"自恋文化"（拉什）等。

三

现代性话语是一种理论视角。在启蒙哲学家那里并没有现代性思想

---

① 刘小枫：《诗化哲学》，山东文艺出版社 1986 年版，第 5、6 页。
② 伊夫·瓦岱：《文学与现代性》，第 84 页。

的自觉，他们只不过在不自觉地为人的觉醒做理论合法性的建构，现代性是当代西方思想者在回顾这段历史时对前人思想历程的一种反思。历史总是在诠释中前行，后人总是在对前人做新的阐释，从而在新的视野中理清过去展望未来。现代性视阈可以展开在人文社会科学的方方面面，它让我们对过去有一个更高更清晰的视点。对于当前中国的美学文艺学研究而言，审美现代性具有多方面的理论意义，下面试举几例来加以说明。

第一，从审美现代性看中国现代文学的性质。"中国现代文学"这个概念本身是不恰当的，好像中国一开始追求现代化，文学就自动获得了现代性。从五四开始的30年文学的主题是民主和科学，文学以民主和科学反对封建主义，呼唤人性解放和个性觉醒，强调个体生命的价值和独立性，自由的爱情成为主题，这与欧洲从文艺复兴以来的人文主义思潮和启蒙运动反封建反宗教统治的主旨一致，其文学精神是呼唤现代性。五四文学的思想资源是欧洲的现实主义和浪漫主义，它们以主体理性精神为本，前者以理性批判指向现实，后者以理性精神指向未来，五四文学则以这种理性精神批判中国传统文化，展望新文化。五四时期，西方现代主义文艺思潮昙花一现，从总体而言，五四文学并没有获得审美现代性，而只是启蒙现代性，它呼唤着现代化的主体理性、民主和科学精神，而不是对此的反思和批判。五四文学的性质和当时的社会性质是一致的，五四运动是启蒙运动，是反封建主义传统文化的运动。只是由于中国外忧严重，救亡压倒了启蒙，封建主义阴魂并没有被清除，这才导致了后来"文化大革命"时期的封建主义回潮。直到20世纪80年代，随着新写实、实验小说的产生以及意识流手法等的引进，文学的现代精神才得以产生。总之，把中国五四开始的文学认为是"现代文学"是错误的，从审美现代性的角度看，文学艺术的现代性并不等同于社会物质层面上的现代化，它不是对后者的肯定而是对其的否定、批判和超越，而五四文学只是对启蒙精神的鼓与呼，而非对其的反思。

第二，从现代性看西方传统美学，可以知道西方传统主流美学是一种理性主义认识论美学。在柏拉图那里，"理式"、"共相"是事物存在的根据，艺术因为不能提供真理性的认识，不能认识"理式"而被斥为"影子的影子"。亚里士多德提出了诗比历史更具有哲学意味的命题，似乎抬高了诗的地位，但诗只是比历史更高，而不是比哲学更高。亚氏认为，诗的价值在于能提供对现实的普遍本质的认识。"理式"在中世纪演化为上帝，美是上帝的名字，自然美和艺术美成为对上帝的象征性认识。到启蒙运动时期，在"美学之父"鲍姆加通那里，审美是比逻辑认识低级的感性模糊的认识。英国经验主义美学家同样把美学纳入认识论，他们把自然科学方法用于美学研究，探索了审美认识的心理基础。在理性主义哲学家那里，审美由于是想象力的活动，不能提供理性先天必然的真理而被贬抑。康德认为，审美只是一个中介，一个过渡，一个象征，实践理性为人生最高要义，这明显地体现在康德的崇高论中。康德把美的分析放在前，崇高的分析放在后，其意图即崇高是邻近伦理理性的，是道德的象征，是实践主体性的预演。到黑格尔，"美是理念的感性显现"，审美和艺术仍处于低级地位，它只提供了对理念的感性认识。可以看出，从柏拉图开始到黑格尔的传统形而上学以理性的逻辑思维为最高真理，审美活动只是对真理的模糊认识，审美想象因此被贬低。认识论美学在文艺思想上表现为模仿说、再现说、镜子说等，典型、类型、现实主义、个性、共性等都是其关键词。

第三，从审美现代性视角看，实践美学是古典美学（启蒙现代性），是对社会现代化的肯定与呼吁，未获得审美现代性。实践美学是中国近半个世纪以来的主流美学流派。实践美学的古典性表现在：（1）理性主义。实践美学认为美是实践的产物，而实践又是理性的、社会的、物质的活动，真和善是美的基础，这就导致了审美的理性主义。（2）集体主义。李泽厚特别强调，实践是人类集体的征服自然的活动，因此，对于个体而言，美是先在的，个体的审美活动就在其视野之外。造成这种理论弊端的原因是李泽厚把马克思《巴黎手稿》中对黑格尔精神实践的颠倒直接搬到美学中来，黑格尔的普遍先于特殊就变成集体性的实践活动高于个体性的审美活动。（3）科学方法论。在 20 世纪 80 年代的方法论热中，实践美学的代表人物之一周来祥对在美学中应用科学方法最为热衷。李泽厚也经常谈到科技活动中的美。自然科学方法对实践美学的影响最明显地体现在美与美感的关系上，实践美学认为美是客观存在的，美感是对美的反映和认识，这是典型的自然主义思维方式。所谓自然主义，指的是在主客二分的前提下，设定一个对象的客观存在，主体站在对象之外对这对象进行客观的认识和把握的思维方式，这是近代以来自然科学的发展对人类思维模式影响的结果。这种对象性思维把美学问题纳入认识论领域，抹杀了人文科学方法论的独特性。（4）人类中心论。李泽厚自称其哲学为"主体性实践哲学"，它把康德的实践理性改造为马克思的具体现实的改造自然的物质活动，人的主体性仍然保留，不过是从主体内在的道德精神回到现实的物质实践，这明显地体现在其崇高论上。李泽厚说，崇高的本质不是实践理性，而是实践活动在征服自然时所体现的人的伟大力量。蒋孔阳的美学命题："人是世界的美"，"美是人的本质力量的对象化"等把美的光环套在人的改造自然的形象上，使实践美学具有人类中心论特征。（5）乐观主义历史进步观。实践美学认为，实践产生了美，实践的发展可以美化世界，可以产生人性和谐的审美王国。这种乐观精神正是启蒙思想的历史发展观，在阐释现代性的审美现象如荒诞、丑等时就无能为力。（6）对自由的理解。实践美学认为，自由是对必然的认识和对现实的改造，但这种自由是有限的，不是真正的自由，因为人对现实的认识，实践对现实的改造都是有限的，在现实中，客体总是对主体的一种限制，只要有主客对立就不可能有真正意义上的自由。马克思的认识是非常清楚的，他说，真正的自由存在于物质生产领域的彼岸。实践美学以现实的有限自由来界定审美的精神自由是不恰当的。除了以上所述，实践美学还存在起源本质论、实践决定论等缺陷。总之，从审美现代性角度看，实践美学还未走出古典，不具有现代精神。

第四，从审美现代性角度看审美活动。当代中国美学要么认为美感是理性和感性统一的活动，要么认为审美活动是科学认识与理性意志的中介，或者认为审美活动是对现实的感性掌握。可以看出，这些说法或来自康德，或来自黑格尔，或来自早期马克思，是古典形态的审美理论。从审美现代性的理论视角来看，审美活动则是个体创造生命意义的活动。在西方美学史上，柏拉图把诗人驱逐出理想国，康德认为美只是道德的象征，黑格尔把哲学思辨置于审美之上，这种观点到叔本华开始改变。叔本华认为，世界的本体是绵延不断的意志之流，审美静观可以拯救我们于痛苦的生命意志。尼采说，只有审美的人生才是有意义的人生。海德格尔要人们去本真地"是"，审美活动就是最自由、最本真的"是"，马利坦要我们在审美活动中领悟神性……这些美学观点构成了审美现代性的理论内涵。在上帝和理念隐退后，现代人的生存意义无所皈依，人是独特的，孤独的，有限的，必死的，人面临存在之深渊，只有"畏"和"烦"的现代性体验，那么何处寻求超越之境何处建构生命意义回答是审美活动，只有审美活动才能引导我们走向澄明之境，审美活动建构了现代人的生命意义之家园。人生存的意义不在彼岸世界，而在此在的生存之中，而此在的生存又是平庸的，是世俗化、机械化、工具化、意识形态化的，只有审美活动才给我们以自由。从现代性视野来看，审美活动不是掌握世界的方式，不是感性和理性的统一，不是认识和实践活动的中介，而是在非理性、感性、理性、超理性合于一身的超越性体验中寻求生命意义。在审美活动研究中借鉴审美现代性的理论根据在于：（1）我们除了现代化外别无他途可走，西方的现代化进程是我们的镜子。（2）我们正在发展市场经济，市场经济的人性根据是人都有追求物质幸福和自由的权利，市场经济的主体是个体的人而非抽象的国家和集体。（3）现代性的审美活动在神性、理性消退后创造着个体的生命意义，它在肯定个体现世生命活动的同时以其形而上的超越。

以上仅从四个方面看审美现代性理论与中国当代美学文学研究的关联。现代性理论的内涵极为丰富，给我们的借鉴意义是多方面的，比如后主体论文艺学问题，中国古代文论的现代转型问题，20 世纪中国美学的评价问题，中国美学在 21 世纪的发展问题，等等，都可以从现代性视角获得有益资源。

（原载《甘肃社会科学》2004 年第 4 期）

审美主义、现代性与文艺消费

何志钧*

现代化标示着个体化、世俗化、工业化、文化分化、商品化、城市化、科层化和理性化等共同构成了现代世界的过程，现代性正是伴随着现代艺术的散布普及、消费社会产品的日常消费、新技术的广泛应用和新型交通与通讯方式对社会生活的全面渗透而进入到日常人生中的。[①]现代性文化意味着功利化、世俗化、感性化、享乐主义与对纵欲的认可、对个性与自由的热烈崇奉、社会分工的加剧、学科的分化和独立发展。但令人费解的是恰恰是在一个最功利、最务实、最世俗的时代审美主义得到了确立。自康德以来，文艺是审美的，审美是无功利的，区别于世俗功利活动，区别于快感的观念一时间蔚为风行，深入人心。布洛克（Blocker）说，现代西方美学的核心问题一度是"阐明和限定'审美经验'和'审美对象'的特殊性质"，"主导现代美学的问题"——审美经验相对于其他类型的经验的独特性，"本身就带有一种强烈的倾向——认为存在着某种独立的（自治的）经验领域"。[②]那么，应当如何理解审美

＊ 何志钧：鲁东大学中文系教授。

① Steven Best, Douglas Kellner, *Postmodern Theory*: *Critical Interrogations*, London: The Macmillan Press LTD, 1991, pp. 2—3.

② H. G. 布洛克：《现代艺术哲学》，滕守尧译，四川人民出版社1998年版，第17、18—19页。

主义与现代性文化的关系，审美主义、文艺自律与现代文艺的商品化、消费化又有何关联呢？

　　审美主义、文艺自律无疑与现代性文化有着内在的关联。正是资本主义分工形式和现代性的文化分化促成了现代学科的分化、美学的产生、审美主义的深入人心和审美与文艺的高度自律。独立自律并不是从一开始就被视为是艺术的独特品格，艺术自律的思想本身归根结底是现代资本主义工业文明的产物，审美自律与大工业生产、工业化时代社会分工的细密密切相关。"专业化是现代抽象系统的关键品质"，①"自文艺复兴运动以来，随着社会分工的精细化，哲学对人的态度和成就的解释越来越受到自律论和内在论思想的统治"。② 在古代世界，艺术和实用技艺之间没有明确的分界，也自然不存在分门别类、各自相对独立的学科和艺术门类。17 世纪之后，各种分门类的科学才从哲学中分化出来。18 世纪中期以后美学也才形成为一个独立学科，与此基本同时现代意义上的文艺概念也脱颖而出。这根源于现代化运动、大工业生产、社会分工的加剧、商品化潮流对古代社会文化结构、文化精神的冲击和文化分化的出现与日趋明显。"作为社会子系统的'艺术'进化为一个完全独立的实体是资产阶级社会发展逻辑的重要组成部分。随着劳动的分工变得更加普遍，艺术家也变成了专门家。"③ 艺术独立、审美、现代性文化、商品化具有内在的关联。美学产生和艺术独立是在同一时期。美学是一个非常晚的发明，并且十分重要的是大约在它产生的同时，艺术的概念也从熟练技巧这一含义的关联中摆脱出来，具有了卓越的含义，艺术的概念和事业也几乎不再具有宗教的功能了。艺术作品开始完全自立，摆脱了一切生活关系，为艺术而艺术得到了空前的推重。直到 18 世纪，随着资产阶级社会的兴起以及已经取得经济力量的资产阶级夺取了政治权力，

---

　　① 安东尼·吉登斯：《现代性与自我认同》，赵旭东、方文译，王铭铭校，生活·读书·新知三联书店 1998 年版，第 33 页。

　　② 豪泽尔：《艺术社会学》，居延安编译，学林出版社 1987 年版，第 6 页。

　　③ 彼得·比格尔：《先锋派理论》，高建平译，商务印书馆 2002 年版，第 100 页。

作为一个哲学学科的系统的美学和一个新的自律的艺术概念才出现。由此，艺术活动被理解为某种不同于其他一切活动的活动。审美和艺术成了一个无目的创造和无利害快感的王国，超然于世俗人生之上。审美、自律文艺与现代分工方式的本质一致性必然使文艺成为一个独立的分工领域，在市场上占据一席之地。由此，现代意义上的文艺消费得以成为现实。

审美自律、艺术独立与感性欲望、世俗情感也并不矛盾。"美学建立在感性之上。凡美的东西，首先是感性的；美诉诸感官，是未升华的欲求的对象。然而，美确乎处于未升华的向升华的目标前进的中途。"① 作为感性学的美学、自律的文艺从一开始就强调对立于抽象理性的感性，对立于彼岸世界的此岸世俗人生，现代性文化强调与宗教、神本主义、信仰主义对立的人本主义、现实主义，强调审美、艺术、感性与宗教、理性、道德的张力关系，本身就为审美自律的认识埋下了伏笔。美学在欧洲兴起的时代，正好是宗教精神在欧洲被启蒙运动的科学、理性精神瓦解的时代。美学独立与艺术自律性的实现是与现代文化非宗教化、世俗化趋势息息相关的。只有当与文艺、审美摆脱对宗教生活实践的依附地位，从宗教中分离出来时，美学独立与艺术自律才有可能，文艺与审美沉入世俗人生的过程同时也是文艺走向自律，美学走向独立，审美主义入主要津的过程。由此，审美、自律文艺与感性、个体体验和世俗人生欲望获得了内在的一致性。"现代审美学从一开始就是感性学的别名，因而对审美的强调从根本上说就是对感性的强调；而且更重要的是，审美现代性（aesthetic modernity）将人的感性存在置于本体论位置，也将现代性问题推向极端，它实际上意味着要从人最直接的现实与最易逝的体验中，来获得对自身的确认和对现在与永恒（如果还有永恒的话）的

---

① 马尔库塞：《新感性》，刘小枫主编：《现代性中的审美精神》，学林出版社1997年版，第967页。

把握。"① 美学成为独立学科，文艺走向自律也与作为理性自律个体的现代人的产生、个人主义、人本主义的高扬遥相呼应，感性、特殊、个人与美学、审美主义、自律文艺是一同在现代性文化的胚胎中孕育出来的。"在某种意义上，'个体'并不存在于传统文化中，而个体性也不被赞赏。只是随着现代性社会的出现或更具体地说，随着劳动分工的进一步分化，分离的个体才成为人们关注的焦点。"② 在个人主义出现的诸多原因中，有两个是至关重要的："其一为现代工业资本主义的兴起，其二为新教，尤其是其中的加尔文教或清教的普及。""资本主义带来了经济特殊化的大幅度增长；它与不很刻板、不很均一的社会结构和不很专制、更为民主的政治体制一道，极大地增加了个人选择的自由。"与此相关，哲学家和小说家都对特殊的个性予以了大大超过以往的关注。"这种主观的、个人主义的精神模式，对笛福的作品，对小说的兴起的重要意义是非常明显的"，"现代小说也是一方面与现代的现实主义认识论关系密切，另一方面与它的社会结构中的个人主义联系紧密"。③ 因此，审美、自律在实质上不仅不否定文艺可以成为可供消费的商品，而且实质上为之提供了观念基础和现实可能性。只有当文艺成为一个自律的、独立的领域，文艺才能成为一种特殊的"商品"（一种与其他商品不同的具有自己特殊使用价值的商品），这恰恰为它成为消费品，作为商品在市场上出售，转换为交换价值提供了合理性、必要性和现实可能性。审美、自律文艺与世俗生活、此岸世界的内在关联使它只能在世俗生活中寻找自己的价值和意义基础、生命与活力源泉。如此一来，它就可以光明正大、理直气壮、义无反顾地走向市场，走向市井大众，与金钱、利润、市场经济结伴同行。

① 张辉：《审美现代性批判》，北京大学出版社1999年版，第168页。

② 安东尼·吉登斯：《现代性与自我认同》，第85页。

③ 伊恩·P.瓦特：《小说的兴起》，高原、董红钧译，生活·读书·新知三联书店1992年版，第63、78、64页。

　　审美主义的出现也与艺术地位的上升和艺术观念的变化有关，泰勒（Charles Taylor）认为："审美的概念出自 18 世纪艺术理解中的另一个类似的变化，与从模仿到创造的模型转换相关。"① 而这同样与资本主义生产方式和现代性文化息息相关，"创新的概念产生于这样一个事实：传统的封建主义生产条件被打碎，新的反封建的经济和社会秩序得以建立，个人的创造力得以承认。竞争和首创精神是天才概念产生的先决条件"。② 现代性文化对于个人主义、个性自由、个性、特殊、感性、体验的重视也为独创、天才、审美特性的观念奠定了基础。视文艺为独创，赋予文艺"创造"（而非"制作"）的荣誉是与市民阶级崛起、人本主义、个人主义兴起、现世生活日益得到重视、文艺特别是艺术地位的上升、文艺走向独立自律、审美体验的特殊性成为美学的核心课题互为表里的。视文艺为天才的独创物的观念是现代市场社会经济竞争和文化竞争日趋激烈的必然结果，在这个时代，个性、自由、人的才能、探索欲和首创精神备受推重，"文艺复兴运动出现了天才和作为天才个性表现的艺术作品的概念。中世纪时还未产生竞争的思想，还不知道什么叫文化和经济竞争，因此还看不到创新的好处和墨守陈规的坏处。文艺复兴运动到来的最明显的标志是个人主义历史的转折点，这时候不仅创造的个人完全意识到自己的独特性并要求获得特别的权力，而且公众的注意力也开始从艺术作品转向艺术家本人"。③ 没有对个人特殊性的高度重视，没有对人性与人的才能的坚定的人本主义信念就很难关注到天才与独创，表现在文艺领域，就是视文艺为个人的创造物，强调文艺、审美经验的特殊性，艺术家的创造活动而不是艺术的表现对象成为了关注的重点。天才、独创说到底还是与对和发财致富有着密切关系的科学、知识、理

---

　　① 查尔斯·泰勒：《现代性之隐忧》，程炼译，中央编译出版社 2001 年版，第 72—73 页。

　　② 豪泽尔：《艺术社会学》，第 54 页。

　　③ 同上书，第 23 页。

性、才智、探索与首创精神的重视和视自然万物为达成利润的手段的工具主义观念有关。确如豪泽尔（Arnold Hauser）所说，文艺复兴运动产生了"天才"这一概念。认为艺术作品是超传统、超规则的个性表现的结果。这种天才观念实际上导源于"智力财产"的思想，而智力财产的思想是与现代资本主义同时产生的。由此，天才和艺术的创新成了竞争经济的一个武器。① 也正是因为对一切财富形式和创造财富的一切手段、能力的重视，瑞士著名经济学家西斯蒙第（Simonde de Sismondi）早在19世纪初就在论述经济学问题时就把可以给人带来的"精神享受"的科学、宗教、文艺等统统归结为一种特殊的财富，把"物质享受"和"非物质享受"一视同仁为财富的消费。② 这客观上也为文艺成为消费品，走向市场，成为赢利手段和财富的新形式提供了合法性，洞开了大门。由此，文艺消费和物质财富的消费之间形成了一种可以确定和衡量的交换关系、换算方式。

现代美学和自律文艺重视感性、世俗、当下，强调个体性、私人性与多样性，强调美的特殊性、美与现实生活、人生欲望的距离，这与资本主义现代性文化的普遍主义情结也并不矛盾。一则，"普遍性的情致是资产阶级的独特特征，这个阶级与代表了特殊利益的封建贵族阶层进行着斗争"。普遍性的情致与资本主义反封建的使命、世俗化的社会文化追求有着内在的关联，"康德的命题中的资产阶级性恰恰在于要求审美判断的普遍有效性"。③ 资本主义的社会和文化的使命客观上使审美自律与文艺独立成为必然。再则，文艺自律、审美独立与正义、自由一样都建立在现代性文化对普遍人性和共同人性的坚定信念之上。只有当人性成为普遍人性，审美判断成为普遍有效的判断时，审美才可能获得自律的理

---

① 豪泽尔：《艺术社会学》，第54页。

② 西斯蒙第：《政治经济学新原理或论财富同人的关系》，何钦译，商务印书馆1964年版，第96—97页。

③ 彼得·比格尔：《先锋派理论》，第113页。

由。而从更深的层次看，审美独立、文艺自律与资本主义对公民身份、货币交换、市场经济的普遍有效性的要求内在关联。丹尼尔·贝尔说"资本主义是一种经济—文化复合系统。经济上它建立在财产私有制和商品生产基础上，文化上它也遵照交换法则进行买卖"，① 市场交换法则、货币体系的普遍有效性、自由形式和抽象化形式也为审美、人性、理性成为普遍有效范畴奠定了基础。相信人性是普遍的，公民身份、劳动主体具有普遍有效性，审美和文艺才能获得客观性与普遍性。而公民身份、货币交换、市场经济的普遍有效性又只有在劳动主体获得普遍的人身自由，出现了"劳动的自由形式"、"劳动的抽象化形式"时才是可能的。"一般资本主义体系得以存立的前提，是'劳动的自由形式'。……或者说，保证了一般资本主义体系运动之活力机制的空间，是'劳动的抽象化形式'。"② 文艺自律、审美独立乃至现代性文化的普遍主义诉求还是资本主义生产体系运转的同一性逻辑运动的结果，审美与文艺的无目的的合目的性根源于资本主义生产的无目的的合目的性，在资本主义生产体系中，交换价值超越了使用价值，为生产而生产成为绝对追求。与之相应，审美与自律文艺也被纯化为绝对的商品，成为资本主义生产"自由形式"、"抽象化形式"的具现和"肯定性文化形式"。③

如前所述，审美独立、文艺自律与资本主义现代性文化息息相关。那么，如何理解在审美独立、文艺自律所体现的"审美现代性"、"美学现代性"与资本主义现代性文化之间存在着的明显矛盾呢？马泰·卡林内斯库（Matei Calinescu）指出："在作为西方文明史一个阶段的现代性同作为美学概念的现代性之间发生了无法弥合的分裂（作为文明史阶段

① 丹尼尔·贝尔：《资本主义文化矛盾》，第60页。
② 见田宗介：《现代社会理论——信息化、消费化社会的现在与未来》，耀禄石平译，国际文化出版公司1998年版，第26页。
③ 参见肖鹰《后美学与审美现代性批判——评 J. M. 伯恩斯坦〈艺术的命运〉》，《国外社会科学》1997年第4期。

的现代性是科学技术进步、工业革命和资本主义带来的全面经济社会变化的产物）。从此以后，两种现代性之间一直充满不可化解的敌意，但在它们欲置对方于死地的狂热中，未尝不容许甚至是激发了种种相互影响。""'为艺术而艺术'是审美现代性反抗市侩现代性的头一个产儿。"① 表面看来，美学独立与文艺自律对文艺特殊性、世俗化、感性化的强调必然与理性主义、科技主义相冲突，审美主义、审美的超越性也必然与现代性文化对瞬间、当下的强调相冲突，文艺成为批量生产的、司空见惯的消费品，审美、艺术日益成为日常人生的一部分，艺术的世俗化、欲望化会发生抵触，但实际上它们之间却有着深刻的内在关联和对立统一关系，他们一同孕育于现代性文化的母胎中。这与现代性文化的复杂构成状况息息相关。在现代社会中，理性、清教精神与享乐主义、感官欲望、感性主义并不矛盾，而是内在关联，对立同一的。理性主义与审美主义、感性主义是一个问题的两面。审美现代性的感性诉求与科技主义、理性主义、商品经济社会中经济人、理性自律个体的理性算计、勤俭敬业、积极进取，恰恰是构成了互补关系，推动早期资本主义发展的从一开始就不仅仅是韦伯所谓的兢兢业业、克制欲望、勤俭创业的新教精神，而且是黑格尔、马克思、桑巴特所说的热情、情欲、奢侈之风和世俗化的性冲动。审美主义并不是与工业文化、理性主义、科技主义对立的，而是与之构成了对立统一关系，形成了一种推动工业化迈进的张力，共同构成了现代性文化的两只轮子。"现代社会形塑的是理性的、自律的、中心化的和稳定的个体（法律上的'理智的人'、受过教育的代议制民主型公民、斤斤计较的资本主义'经济人'、公共教育体制下以分论等的学生），② 这种理性自律个体同时又是充满欲望的个体，理性

① 马泰·卡林内斯库：《现代性的五副面孔——现代主义、先锋派、颓废、媚俗艺术、后现代主义》，第48、52页。

② Mark Poster, *The Second Media Age*, Cambridge：Polity Press，1995, p. 24.

审
美
主
义
、
现
代
性
与
文
艺
消
费

精神、进取追求与欲望并不矛盾。前者与工业发展的内在规律、科技、探索欲有关，也内在包含了后者。两者都是现代资本主义经济发展所需要的，商业公司要求个人努力工作，追求事业上的成功，接受延迟的满足——在最粗暴的意义上，就是成为一个组织人（organization man）。然而，在其产品和广告中，公司宣扬享乐、瞬间愉悦、放松和悠闲自在。你要在白天'规矩正派'，晚上'尽情放松'。"① 在早期资本主义时代，清教主义思想之所以有着积极意义恰恰是由于它刺激了工业和政治组织的发展。在早期资本家禁欲和节俭的背后恰恰是隐藏着蓬勃的贪欲和强烈的奢侈渴望的，小心翼翼的精打细算是为了日后能财大气粗。理性与感性、天国与世俗、克制与纵欲在此达到了完美统一。韦伯（Max We-ber）曾指出，早期资产者的禁欲节俭是进行资本原始积累的手段，在大获全胜的资本主义那里，"寻求上帝的天国的狂热开始逐渐转变为冷静的经济德性；宗教的根慢慢枯死，让位于世俗的功利"，"物质产品对人类的生存开始获得一种前所未有的控制力量"，"变成一只铁的牢笼"。② 而见田宗介更进一步指出了这是资本主义文化精神逻辑演进的必然结果。他指出："'凯恩斯革命'与彻底反凯恩斯主义的'信息消费化'，就是从新教伦理中解放和自立出来的资本主义精神的完成形态。……对于资本主义体系的纯粹化和完成来说，对新教伦理的否定是必不可缺的。"③ 足见理性生活与感性生活的对立统一构成了现代性的两面。在现代性文化中既不能离开感性、世俗、欲望，也不能离开理性、节制、勤勉。将人类行为中的经济行为分离出来考虑固然有助于增进我们对经济问题的了解，而且人们实际上正是经济学教科书所谓的"经济人"，尽管很少

---

① 马泰·卡林内斯库：《现代性的五副面孔——现代主义、先锋派、颓废、媚俗艺术、后现代主义》，第 13 页。

② 马克斯·韦伯：《新教伦理与资本主义精神》，于晓、陈维纲译，生活·读书·新知三联书店 1987 版，第 138、142 页。

③ 见田宗介：《现代社会理论——信息化、消费化社会的现在与未来》，第 30 页。

有人能自觉清醒地感悟到这一点。但这并不意味着人们的行为可用"经济人"一语涵盖尽净，人类的动机和利益远较"经济人"复杂、多样，我们的行动和决策，并不仅仅取决于经济上的考虑，大多数正常的人还对物质福利之外的事情深感兴趣。① 更进一步说，包括现代性文化在内的所有文明都不可能将理性与感性割裂开来。可以说，理性就是履行原则的合理性，甚至在西方文明滥觞之时，理性就被当作约束的工具，本能的感性世界长期以来总被看作是有害于理性，与理性水火不容的。在哲学一直用来理解人类存在的范畴中，始终保留着理性同压抑之间的联系，似乎凡属于感性、快乐、冲动领域中的东西，都必定包含着同理性相敌对的含义，都带有说教或猥亵的味道，必须加以克制和约束。从柏拉图到现代世界的"反淫秽法"，对快乐原则的诋毁势不可挡，然而潜抑性理性的统治（在理论上或实践上）从未完全得逞：它对认识的垄断始终受到挑战。正如弗洛伊德（Sigmund Freud）所强调的：幻想（想象）保存着不见容于理性的真理。②

　　而且，即使是审美现代性自身也是两重矛盾因素的统一体，也同样是感性与理性的对立统一。如前所述，审美独立与文艺自律一方面是现代性世俗化的结果，与世俗、感性、当下有着密切关系，另一方面，它使文艺和审美与道德、快感、政治、宗教相对隔离，得以与世俗、感性、欲望保持距离，对之进行反思和超越，得以专门化和精致化，这有助于打造一种更为理性、圆满的现代性文化精神。确如波德莱尔所说，现代性、艺术或者美具有两重性，它一半是过渡、短暂、偶然，另一半是永恒和不变。③ 简单地说，审美现代性就是理性的对立面，就是感性是不

　　① Arne Jon Isachsen, Carl B. Hamilton, and Thorvaldur Gylfason, *Understanding the Market Economy*, Oxford; New York: Oxford University Press, 1992, p. 40.

　　② 马库泽：《俄尔甫斯和那喀索斯的形象》，赵越胜译，刘小枫主编《现代性中的审美精神》，学林出版社 1997 年版，第 1174 页。

　　③ 波德莱尔：《现代生活的画家，1846 年的沙龙》，《波德莱尔美学论文选》，第 424 页。

确切的，理性生活与感性社会生活的对立统一构成了现代性和审美现代性的两面。审美同时作为对感性、享乐的支持者和否定者而存在，它既追随感性又警惕世俗，既热恋当下又追思永恒。审美现代性既诉诸感性、特殊、个性、独创，也诉诸理性超越、审美判断、分析思维、学科分化。它既是对现代性文化的维护和肯定，又是对之的否定与超越。一则，审美与文艺关注感性、个体体验与生命欲求，再则，"真正的审美类型在排斥感性的东西"。① 审美以世俗排斥宗教和宫廷获得自律，又以理性、超越保持对欲望人生、日常生活的独立和距离，获得自律，这决定了其矛盾性。"美学现代性应被理解成一个包含三重辩证对立的危机概念——对立于传统；对立于资产阶级文明（及其理性、功利、进步理想）的现代性；对立于它自身，因为它把自己设想为一种新的传统或权威。"② 审美现代性的复杂性还在于它一方面对资产阶级现代性文化会形成抵制和批判，另一方面"审美为中产阶级提供了一个关乎其政治抱负的圆通自如的模式，例证了自律和自我决定的新形式，转变了法律和欲望、道德和知识之间的关系，重塑了个体和总体之间的联系，在风俗、情感和同情的基础上改观了各种社会关系"。③ 审美自律固然是工业文明和现代文化分化的产物，是现代性文化的必然结果，但它并非是随着现代性文化的萌生马上就产生的，也不是现代性文化的直接结果。资本主义生产关系和资本主义文化萌芽早在中世纪后期的意大利城邦国家即已出现，而产业革命也开始于 17 世纪，但美学这一学科的出现、审美主义的高涨和现代意义上的文艺观念出现在 18 世纪中期以后，这恰恰是在资本主义文化秩序趋于稳固，现代性文化弊端开始显露之时，这固然表明审美现代性

---

① 斯普朗格：《审美态度》，刘冬梅译，刘小枫主编《现代性中的审美精神》，第 695 页。

② 马泰·卡林内斯库：《现代性的五副面孔——现代主义、先锋派、颓废、媚俗艺术、后现代主义》，第 16 页。

③ Terry Eagleton, *The Ideology of the Aesthetic*, Oxford：Basil Blackwell Ine, 1990, p. 28.

文化的形成有一个积累渐进的过程，不可能一蹴而就，而同时也表明了文艺、审美面临着威胁以及由此而生的恐惧和抗争。与审美自律相伴的是视文艺为天才的创造物。天才观念既与现代性文化对个性、自由、个人主义的推重和视文艺为创造，强调文艺、审美经验的特殊性的文艺美学观念有关，同时也表明了一种恐惧。豪泽尔说："所谓天才的概念不过是艺术家的一种自我广告形式，是在充满作品的市场上进行竞争斗争的一种武器而已。一旦资产阶级在道德上完全战胜了贵族阶级、有了自信心和安全感之后，用以自夸的天才概念就不再需要了。天才是艺术家自身解放尚未实现时的武器，当他们不再需要用'天才'来进行自我广告时，艺术自由也就已经确立了。"① 伊格尔顿的观点与他不同，但却有异曲同工之妙。他说艺术家强烈呼吁卓越的天才的时代恰好也是艺术在商品世界中遭遇屈辱，艺术家降格为小商品生产者，备感失落的时代。② 可以说审美现代性从一开始就显露出了它对工业文明、产业社会、现代性的矛盾态度、悖论关系和它自身的矛盾性（既是对现代性文化的延展、体现，是它的一部分，与之有着共同的精神文化基础，又存在着不一致之处，有着否定现代性文化的怀疑精神和超越现代性文化的冲动）。这种状况还与现代社会的自我否定冲动和与生俱来的产生发展机制有关。现代社会是一个必须不断进行否定，不断刷新自我，更新换代才能永葆活力，生存下去的社会。这源于资本主义生产体制对利润最大化的无止境追求，也与资本主义商品经济体制内含的竞争机制有关。现代性总是意味着一种"反传统的传统"，这也从一个方面解释了现代主义否定其自身而又不丧失其同一性（identity）的更新能力。确如马泰·卡林内斯库

---

① 豪泽尔：《艺术社会学》，第54—56页。

② Terry Eagleton, *The Ideology of the Aesthetic*, Oxford：Basil Blackwell Ine, 1990, pp. 64—65.

所言，现代性（还有现代主义）是一种"反对自身的传统"。①

总之，现代意义上的文艺消费与现代大机器生产、现代商业文化、现代性审美理念息息相关，现代性文化使古代静观、膜拜的教化式、信仰化的文艺欣赏为具有浓厚商品化、世俗化色彩的现代文艺消费所取代。尽管从古到今，文艺的商品生产和消费都不绝如缕，但只是随着现代大工业生产的空前迅猛发展，随着商品化逻辑不仅渗透到经济生活而且渗透到精神文化生活的方方面面，深刻影响了人们看待世界万物，处理自身生活的方式，文艺的商品消费才真正成为一个焦点性的问题，文艺消费也才如此密切地与商业经济、利润、现代性文化和消费主义意识形态形成网络状的连锁关系。在这个时代，古代静观、膜拜的教化式、信仰化的文艺欣赏虽然没有终结，但其枢纽地位早已为具有浓厚商品化、世俗化、娱乐化色彩的现代文艺消费所取代。

审美独立、文艺自律的观念是工业文明和现代性文化分化的客观结果。正是现代性文化分化促成了现代学科的分化、美学的产生、审美主义的深入人心和审美与文艺的高度自律。而文化分化说到底又是大工业生产和社会分工加剧的产物。由此，艺术独立、审美主义与现代性文化、工业大生产、商品消费形成了内在的逻辑关联。文艺走向独立和自律的过程与文艺沉溺于紫陌红尘的过程是同一的。这首先是因为对宗教文化的背离总是与对世俗人生的热盼不可分割的，于是在现代文艺消费中，一方面是对感性世界和感官欲望的热衷，一方面则是对审美超越和艺术独立的向往和推崇，二者并行不悖，统一于现代文艺消费中。

（原载《艺术广角》2005 年第 6 期）

---

① 马泰·卡林内斯库：《现代性的五副面孔——现代主义、先锋派、颓废、媚俗艺术、后现代主义》，第 87 页。

建构"全面的现代性"

建构"全面的现代性"

——在"批判启蒙"与"审美批判"之间

刘悦笛 *

"现代性"（Modernity）是在近50年的文献中频繁出现的词汇，广义的"现代性"，就是指17世纪启蒙时代以降（曾以欧洲为主导的）新文明之基本特性。换言之，"现代性是由以都市为基础的工业资本主义的文化逻辑所组成的，它具有高度分化的结构——政治、经济、文化——它们自身逐渐与中心化的体制相分离"。①一般而言，来自欧洲文化的"现代性"的基本理念里，起码包括"启蒙的理性"、"对进步的信仰"、"经验科学"与"实证主义"等层面。因而，以"批判思想"、"经验知识"和"人道主义"的名义，"现代性"标志着一种变革的文明基本观念，标志着对传统和惯例发出挑战的理性回应。这类"现代性"的基本理念在欧洲被确立之后，几乎是一路高歌猛进，冲破了一切障碍与资本主义的现代化、工业技术和经济生活结合起来，从而深深地嵌入了现代社会和文化结构的内部。

"现代性"这个用语，往往被追溯到波德莱尔的经典论述那里。实际

---

* 刘悦笛：中国社会科学院哲学研究所副研究员。

① Allen Swingewood, *Cultural Theory and the Problem of Modernity*, New York: St. Martinv's Press, 1998, p. 137.

上，这个词在 19 世纪的法国仍是一个新词汇，但在 17 世纪的英语世界就已经通用了。例证就是，在 1627 年出版的《牛津英文词典》里就首次收入了"modernity"（意为"现时代"）一词，其中还引证了贺拉斯·华尔浦尔论诗的一句话——这些诗（指托马斯·查尔顿的诗）"节奏的现代性"。① 可见，"现代性"在一开始出场的时候，就同审美紧密地联系在一起。

这样，在历史上，基本上存在两类对"现代性"的反思理路，一类我们可以称之为"泛审美现代性"，另一类可以称之为"批判启蒙现代性"。可以说，这两类"反思现代性"都洞见到了现代性的负面价值，也都试图在批判现代性的基础上来重建，但又都各执一端而忽视了彼此。实质上，这两类"反思现代性"倒可以在一个更新的基础上融会贯通起来，进而提出一种崭新的"全面的现代性"。

一 反思现代性 I:从波德莱尔、齐美尔到福柯

有趣的是，对现代性的最早的反思，就是从美学的视角作出的。这是由于，在 19 世纪的后半叶，各种艺术形态连同哲学、心理学都逐渐步入现代的历程。通过对新的叙事模式的发现和时间概念（如意识流）的发展，绘画和音乐率先打破了传统的摹仿观念，从而去想象另一种没有明显中心的、流动的和不居的现实，印象派的艺术便在其中担当了急先锋。

正是在这样一种艺术语境下，美学家敏感地捕捉到了时间感的变化。就在 1863 年，波德莱尔在连载于《费加罗报》上的《现代生活的画家》里，其中一章的标题就定为"现代性"。波德莱尔认定："现代性就是短暂性（transient）、飞逝性（fleeting）、偶然性（contingent）；它是艺术的

① 转引自梅泰·卡利内斯库《两种现代性》，《南京大学学报》1999 年第 3 期。

一半，艺术的另一半则是永恒性（eternal）和不变性（immutable）。"①
的确，这位著名的《恶之花》的作者几乎在瞬间就抓住了现代都市生活
的某些特质，抓住了自己从中感受到的流动性和非确定性。这是波德莱
尔对快速工业化时期都市生活的主观反应，也是对文化自身飞速商品化
的客观估计。

　　在此就出现了一种思想的罅隙。波德莱尔究竟是完全拜倒于"现代
性"的裙下，还是对"现代性"有所保留呢？且看他对"美的双重性"
的如下论述，这一论述竟同对"现代性"的观感是如此的类似："构成
美的一种成分是永恒的、不变的……另一种成分是相对的、暂时的。"②
可见，诗人区分出美既包括"某种永恒的东西"又包括"某种过渡的东
西"，这同"现代性"所包容的"短暂"与"永恒"的两面性，是如出
一辙的，或者说，后者是波德莱尔美的理念在"现代性"问题上的延伸。

　　如此看来，在一定意义上，波德莱尔眼中的审美现代性带有"反启
蒙"（anti- Enlightenment）的色彩。因为，他并没有被现代性的飞速疾驰
所完全迷惑而眩晕，而是要将"现代性"切开了两半，一半是"变"
的，另一半则是"不变"的。在波德莱尔看来，无论是现代性还是艺术
乃至人性，都包含"变与不变"的内在统一。这样，正由于波德莱尔从
审美的视角出发，才让现代性呈现为"时代性"（Zeit）和"永恒性"
（Ewigkeit）的交汇。③ 在这种"不变"的意义上，我们看到，波德莱尔
仍是反对那种不可避免的历史进步观的，同时，也用一种美学的冲动来
反对理性自律性的，所以，他才会常常在文字中表露出"古今之辩"与
"今非昔比"的感叹。

---

　　① 波德莱尔：《现代生活的画家》，见《波德莱尔美学论文选》，第 424 页，译
文根据英译有所改动，原译为"现代性就是过渡、短暂、偶然，就是艺术的一半，另
一半是永恒和不变"。

　　② 同上书，第 416 页。

　　③ Jürgen Habermas, *The Philosophical Discourse of Modernity*, Cambridge：Polity
Press，1987.

　　沿着波德莱尔对现代都市的观照之路，齐美尔独辟蹊径走出了一条"社会美学"（sociological aesthetics）之途，他以此作为反思"现代性"的新径。应该说，齐美尔所继承的还是波德莱尔的"反整体论"（anti-holism）的思路，前者与后者共同分享了碎片化的、经验的和微观分析的观看方式，但后者还仅仅是就美学而论审美现代性，前者则试图在审美现代性与社会基础观念之间架设桥梁。

　　照此而论，齐美尔主要还是依据"社会互动"（social interaction）和"社会化成"（social sociation）的模式来定位"现代性"的。他认为，社会过程在本质上而言是心理过程，经历的是"社会化成"的社会过程，个体之间相互的互动形式或模式，使得行动的内容获取了社会现实的地位。由这种基本社会学观出发，齐美尔就好像东看看、西瞧瞧的游手好闲者（flaneur），看到了"现代性"的纷繁错杂的印象，并将之记录下来。这种记录被称之为"印象风格理论"，因为它不成体系而被社会学研究者所摒弃，但是这恰恰是审美风格所擅长的地方。可见，谈论齐美尔的"现代性"理论自然离不开另一种视角：审美的视角。这是由于，齐美尔不仅仅将社会问题看作是"伦理学问题"，而且也将之视为"美学问题"，[①] 因为按照他的理解，从美学的动机出发，同样能够有利于"完全不同的社会理想"。

　　齐美尔在《社会美学》中这样来定位他心目中的"审美现代性"："美沉思和理解的本质在于：独特的东西强调了典范的东西，偶然的仿佛是常态的，表面的和流逝的代表了根本的和基础的。"这同波德莱尔又是何其相似！这里的"偶然的"、"表面的"、"流逝的"，不正是波德莱尔所说的"短暂性"、"飞逝性"、"偶然性"吗？甚至齐美尔就将之视为常态的、根本的和基础的，因为审美的本质也在于一种将瞬间变成永恒的力量。因而，"现代性在此就得到了一种动态的表达：支离破碎的存在的

---

① 齐美尔：《桥与门》，涯鸿、宇声译，上海三联书店1991年版，第221页。

总体性和个体要素的注意性，得以显现。相反，集中的原则、永恒的要素却逝去了"。① 由此看来，齐美尔更具有后现代的气质，而这种气质显然是来自于他的美学视野。

福柯关于"现代性"思考的文献，主要集中在《何为启蒙》（1984）这篇著名的长文中。多数的研究者将注意力放在这篇文章前半部分涉及的重要人物康德身上，的确，该文也是对康德 1784 年 12 月回答《柏林月刊》的那篇《答复这个问题："什么是启蒙运动？"》（1784）短文的再反思。但是，人们却相对忽视了出现在福柯该文中段的另一位重要人物，那就是波德莱尔。在这位人物的作品里，福柯发现了"19 世纪现代性最尖锐的意识之一"，② 并借此阐发了自己对"现代性"的基本理解及其对"启蒙"的另类态度。

按照康德的规范理解，"启蒙运动就是人类脱离自己所加之于自己的不成熟状态"。③ 但在福柯看来，这是康德在"以完全消极的方式"给启蒙下定义，并单方认定这才是启蒙的"出路"（Ausgans）。其实，"'启蒙'是由意愿、权威、理性之使用这三者的原有关系的变化所确定的。……应当认为'启蒙'既是人类集体参与的一种过程，也是个人从事的一种勇敢行为"。④ 但仅仅出于意愿而私人使用理性还不够，"'启蒙'因此不仅是个人用来保证自己思想自由的过程。当对理性的普遍使用、自由使用和公共使用相互重叠时"，⑤ 才有"启蒙"。

由此可见，福柯的反思的聚焦点，还在于"理性之使用"及其背后深藏的东西。隐藏在康德这种自我意识背后的是，他是将启蒙观念建立

---

① D. Frisby (ed.), *Critical Assessments*, Vol. 1, London：Routledge, 1994, p. 331.

② 米歇尔·福柯：《何为启蒙》，见《福柯集》，杜小真编选，上海远东出版社 1988 年版，第 534 页。

③ 康德：《答复这个问题："什么是启蒙运动？"》，《历史理性批判文集》，何兆武译，商务印书馆 1990 年版，第 22 页。

④ 米歇尔·福柯：《何为启蒙》，见《福柯集》，第 530 页。

⑤ 同上。

建构「全面的现代性」

在一套普遍的先验理性和道德结构的基础上的。所以，福柯才拒绝将道德行为准则与普遍有效的理性联系起来，"试图抛弃'绝对命令'中康德道德的先验基础，以挽救一种更深入的和历史性的实践理性观念，而这种实践理性观念成为伦理学概念的基础"。① 那么，如何重建这种伦理呢？出人意料的是，福柯走的却是以美学拯救伦理的路线，或者说，这与他将当代伦理学当作一种美学实践，与所谓的"生存美学"（aesthetics of existence）有关。

福柯在"生存美学"里赋予"自我控制的观念"以核心地位。这种观念既来自于对古希腊思想的阐发，福柯从中接受了"至高自我"（sovereign self）的传统观念，也来自于波德莱尔的自我英雄化（heroization of the self）的启示。

在此，波德莱尔及其"现代性"思想对福柯而言就像一剂解药。福柯一反通常的理解总是把"现代性"看作是"与传统的断裂、对新颖事物的感情和对逝去之物的眩晕"，这些只是"对时间的非连续性"的表面意识。而在援引波德莱尔的"现代性"的经典定义后，他又说明波德莱尔的意图刚好相反，他并没有接受和承认这种恒常的运动，而是对这种运动采取了某种客观的态度。因而，"这种自愿的、艰难的态度在于重新把握某种永恒的东西，它既不超越现时，也不在现时之后，而在现时之中。……现代性是一种态度，它使人得以把握现时中的'英雄'的东西。现代性并不是一种对短暂的现在的敏感，而是一种使现在'英雄化'的意愿"。②

一言以蔽之，在福柯的眼中，现代性就是"当下的新意"（newness in the present）。福柯以波德莱尔的"现代性"为批判武器，要批判正是启蒙思想的理性神话。其背后的潜台词是，那些似乎不可避免的历史进

① 路易斯·麦克尼：《福柯》，贾湜译，黑龙江人民出版社1999年版，第160页。
② 米歇尔·福柯：《何为启蒙》，见《福柯集》，第534页。

步和理性自律的哲学信仰，都应该在"当下"的关注中被消解掉了。"现代性"无非只是理解"当下"之途，并没有那些包括总体性在内的所谓的超越原则。

二　反思现代性Ⅱ:从韦伯、阿多诺到哈贝马斯

从波德莱尔、齐美尔再到福柯，这是一条完整的线索，基本上是从"审美批判"的视角来反思"现代性"的。但是，他们对启蒙的反思却并没有那么激越，或者说，他们"反启蒙"的态度基本上是隐含着的。那种明确"批判启蒙"的思想线索是在下列人物身上出现的，这些人物就是韦伯、霍克海默、阿多诺和哈贝马斯。总体来看，他们批判的直接标靶，无疑就是"启蒙"。

对"现代性启蒙"的省思，首先出现在韦伯的"文化社会学"的思考里面。按照这一基本思路，"现代性"被认为精确地开始于组织和文化的进步理性。与此同时，随着一统天下的传统世界观和价值系统的崩溃，"价值系统"开始出现分化而趋于多元的结构——这些领域分别是"政治和经济领域"、"知识和科学领域"、"审美和爱欲领域（个人领域)"。这种分化之所以在现代社会出现，是由于社会的"合理性"和文化的"解魅化"。一方面，当社会行为都关注"目的—手段"功能这种效率关系的工具理性化的时候，显然，人们就无法摆脱理性化所设置的圈套；另一方面，当理性化不仅嵌入到国家、官僚制的社会结构里面，而且还深入浸渍到文化与个性的时候，世界也便趋于"祛魅"。反之，文化也具有反作用力，比如"文化促进理性的、官僚体制的统治结构本身的传播"就是如此。①

———————

① 马克斯·韦伯:《经济与社会》下卷，林荣远译，商务印书馆1997年版，第320页。

这样，社会"合理性"与文化"解魅化"便直接带来两个后果：一个是历史地造成了"持久算计的世界"，另一个是使得"多神和无序的世界"得以陷落。① 以此为中介，便是现代科学、理性知识和新的宗教的兴起，对诸如经济、政治、审美、爱欲、知识等其他的完全不同领域的"生活秩序"（Lebensordnungen）第一次提出了挑战。由此，也就造成了这些方面分别形成了相对自律的领域，从而各自打造出属于自己的"价值领域"（Wertsphären）。这样，现代社会便不再以那种传统意识形态作为拱顶石，而是以自律领域（及其与之相匹配的价值）的网络为特征。

总之，韦伯视野里的"现代性"既是具有结构性的，又是具有规范性的，其核心仍是对启蒙哲学的一种批判。他的文化社会学所考虑的就是文化领域的"自律"、"自由"和"分化"。这样一来，他的"现代性"也便与人性的理性化与领域的自律化相互关联起来，甚至具有了某些后现代的征候。②

在韦伯之后，第一代法兰克福学派（主要是霍克海默、阿多诺）暗中继承了韦伯对工具理性的批判，以激进的姿态来猛烈地批判启蒙；而第二代法兰克福学派（主要是哈贝马斯）直接继承的则是韦伯的文化价值领域的分化理论，但是却在对待启蒙"现代性"的态度上趋于相对保守。

当然，霍克海默、阿多诺《启蒙辩证法》里所谓的"启蒙"具有更哲学的意味，并不直指康德所说的18世纪欧洲的启蒙运动，而是意指一种使人类摆脱蒙昧、"以启蒙消除神话、以知识代替想象"的基本精神，他们对启蒙进行了深入的批判：

---

① Nicholas Gane, *Max Weber and Postmodern Theory*, London：Palgrave Publishers Ltd，2002，p. 29.

② Allen Swingewood, *Cultural Theory and the Problem of Modernity*, New York：St. Martinv's Press，1998，pp. 147—148.

首先，启蒙的努力无非是通过个体的解放，走一条从"神话"到"启蒙"的道路。然而，这一进程当中，启蒙本身倒成为了一种不可质疑的新神话。"正如神话已经进行了启蒙，启蒙精神也随着神话学的前进，越来越深地与神话学交织在一起。启蒙精神从神话中吸取了一切原料，以便摧毁神话，并作为审判者进入神话领域。"① 事实走向了反面。这里，第一个关键词是"神话"。

其次，启蒙精神要通过理性原则对自然进行统治，这便要求人对自然的优胜和支配。但是，人在支配自然的同时，在力图把自然界中的一切都变成"可以重复的抽象"的同时，人也在接受自然的反支配。因为"每一个企图摧毁自然界强制的尝试，都只会在自然界受到摧毁时，更加严重地陷入自然界的强制中"②。在此，第二个关键词便是"自然"。

再次，启蒙的发展，使得资产阶级的"工具理性"，亦即以崇尚理性为名、行操纵和计算之实的技术理性却愈演愈烈，科学也以维持自我生存为根本的原则。这样，就造成了"管理型"剥削形式的不断延伸，"所以在整个自由主义发展阶段，启蒙精神都始终是赞同社会强迫手段的。被操纵的集体的统一性就在否认每个个人的意愿"③。可见，在现代社会机器对人形成了控制和禁锢之后，人们都沦为社会机器的一个个零件而已。在这里，第三个关键词就是"理性"，实际上，所批判的是来自韦伯意义上的"工具理性"。

相形之下，哈贝马斯却直接从韦伯那里吸取思想养料，在诸多方面离他的老师阿多诺的立场更远一些，他表明了自己的独特观念——保卫并发展启蒙的"现代性"计划！哈贝马斯其实仍是在追随韦伯的文化价值分化的理念，并由此确定了三方自律的领域：科学领域、道德（及法

---

① 霍克海默、阿多诺：《启蒙辩证法》，洪佩郁、蔺月峰译，重庆出版社1990年版，第9页。

② 同上书，第11页。

③ 同上书，第10页。

律）领域和艺术领域，但认定这三大领域都有着自身的内在理性，这便由此呈现出一种"文化现代性"的分裂状态。

　　哈贝马斯认定："18 世纪启蒙运动哲学家所构想的现代性方案，从如下方面可以得见：依据各自的内在逻辑努力发展客观科学、普遍道德和法律，自律艺术。同时，还要将这些领域各自的认知潜能从其奥妙的方式中释放出来。"① 应该说，韦伯仅仅关注的只是不同价值领域的特殊知识增长，还有专家与公众之间沟壑的出现，但在对待释放启蒙的潜力问题上，始终是持一种模糊不清的悲观主义态度。相对而言，哈贝马斯的基本立场则是乐观主义的，他认定"现代性"的任务尚未完成，关键是如何将尚未释放出来的启蒙潜能释放出来。

哈贝马斯认为，每个领域所集聚的启蒙潜能，都不仅仅在于技术和形式化的知识蕴藏于其间，而是经济组织、政治体制、法律和道德还有审美形式等构成了现代文化的基石，它们带来的是"实质性"价值的生产，而非"形式化"价值的产生。为了释放启蒙潜能，哈贝马斯提出"认知观念"、"规范观念"和"审美观念""这三个文化价值领域，必须同相应的行为系统紧密地结合起来，这样才能保障面对不同有效性的知识生产和知识传承"，这是其一；每个领域中的"专家文化所发挥出来的认知潜能还要同日常交往实践联系起来，同时充分地运用到社会行为系统当中去"，这是其二；"文化价值领域还要彻底地制度化，从而让相应的生活秩序获得充分的自律性"，② 这是其三。具体来说，就是"认知—工具合理性"在科学活动中获得制度化，"审美—表现合理性"在艺术活

---

① Jürgen Habermas，"Modernity：An Incomplete Project"，in *The Anti-Aesthetics*：*Essays on Postmodern Culture*，Edited by Hal Forster，Washington：Bay press，1983.

② Jürgen Habermas，*The Theory of Communication Action*，Vol. 1，Cambridge：Polity Press，1989，p. 240.

动中获得制度化，如此等等。①

最值得称道的是，哈贝马斯在开放社会和文化世界的内在可能性的同时，提出了通过"现代文化"与"日常生活"的再度关联，而使得启蒙计划得以真正的实现。进而言之，也就是让"现代性"有效的规范内容，成为人类"生活世界"的有机构成部分，进而去帮助形成不同的文化实践。

三 "执两用中"：建构一种"全面的现代性"

综上所述，根据历史的线索，我们已经梳理出两条"反思现代性"的红线。

反思现代性Ⅰ：以波德莱尔为起点，中经齐美尔，直到福柯那里结束。我们称之为"泛审美现代性"，因为他们面对"现代性"都持一种"审美批判"的态度。波德莱尔的思想可谓是纯粹的"审美现代性"，齐美尔和福柯虽也"皆著"审美的色彩，尽管思想的基调上前者注重的是社会，而后者关注的则是伦理。

反思现代性Ⅱ：以韦伯为起点，直接穿越了法兰克福学派的两代哲学家，从霍克海默、阿多诺到哈贝马斯又形成了"现代性"思想的转型。这条红线很清晰，又可以被称之为"批判启蒙现代性"，顾名思义，这就是一类在批判启蒙基础上来实现启蒙的"现代性"思想。

这二者，无疑就是吉登斯所谓的"作为文学—审美概念"（literary-aesthetic concept）与"作为社会—历史范畴"（sociological-historical category）的两类现代性。② 但无论是"泛审美现代性"还是"批判启蒙现代

---

① Jürgen Habermas , *The Theory of Communication Action*, Vol. 1, Cambridge：Polity Press, 1989.

② A. Giddens, *Social Theory and Modern Sociology*, Oxford：Polity Press, 1987, p. 223.

性"，可以说，都具有一种"悖论"的性质。这种"现代性的悖论"体现在，他们虽然都来自于"现代性"，但又都同时反戈一击，反击了"现代性"的负面价值，从而在现代性内部产生了一种"反现代性"的张力。正如哈贝马斯在论述"审美现代性"时所言，"现代性公然反叛传统的规范功能；现代性以反抗的经验为生，反抗所有的规范"。① 在这个意义上，"泛审美现代性"和"批判启蒙现代性"都被认为是"反思的现代性"或"现代性的反思"。

实质上，在这两种视角之间，在反思现代性 I 与反思现代性 II 之间，我们可以获得一种"融合视界"的大视野。这种现代性，也就是介于"审美批判"与"批判启蒙"之间的新的"现代性"。这种"现代性"应该兼具了"审美批判"与"批判启蒙"的积极特质，同时，又是超逾了这两种原初现代性的更高的"现代性"。就此而论，"反思现代性 III"才是真正意义上的"全面的现代性"。这种"全面的现代性"的基本思想内蕴，包括如下四个方面：

首先，以"审美"中和"主体性"，走出"人类中心主义"，从而走向一种"主体间性"的交往原则。

以"启蒙"为主导动力的传统"现代性"，往往导致"主体性"的过分张扬。这样所造成的后果，便是业已断裂开的主体对客体的优越和战胜，从而导致人对自然的强力支配和无情盘剥。一种强有力的"人类中心主义"由此孳生。这样的"主体性"所带来的，不正是齐美尔所忧心忡忡的"主观文化"与"客观文化"相冲突的"文化悲剧"吗？相形之下，古希腊人"可直接将大量客观文化应用于自己的主观文化建设，使主客观文化同时得以和谐发展，但因现代的主客观文化之间相互独立

---

① Jürgen Habermas, "Modernity: An Incomplete Project", in *The Anti-Aesthetics: Essays on Postmodern Culture*, Edited by Hal Forster, Washington: Bay press, 1983.

化，这种和谐已经破碎"。① 尽管齐美尔对古希腊人的理想文化状态的憧憬是充满梦幻的，但是由这种比较而来的文化断裂却是无可质疑的。

在此，审美的力量就有了用武之地，它最适合作为平衡主体与客体、主观与客观的"中和的机制"。因为，在美的活动里面，向来就要摒弃主客两待的基本范式，而趋于"你中有我、我中有你"的相互融合。这种融合机制所达到的理想状态，就是齐美尔所论的"客观文化的主观化"与"主观文化的客观化"，但齐美尔仍处于传统思维范式当中，仍在割裂主客的基础上再试图来融会二者。这不仅是"人类中心主义"思维在其中起作用的结果，也与"欧洲中心主义"的思维范式息息相关。这里便存在一种悖论，既明知这种二元割裂的缺陷，但言说的时候又无法摆脱这种两分。能够走出这种悖论的途径之一，就是走向"主体间性"或"交互主体性"（intersubjectivité）。这是由于，美的活动能够形成一种"理想的交往共同体"的氛围，使得身处其间的人与人之间能够进行自由的对话和交往。② 依此类推，当这种审美原则推演到"主体之际"乃至文化当中的时候，就会带来一种健康的交往和对话状态，从而拒绝人与人、人与文化、文化与社会、人与社会的分裂。这不仅仅是哈贝马斯所说的"交往理性"的结果，其实也是另外一种"交往感性"的过程，或者说理性与感性"本然融合"的自由交往的过程及其结果的统一，因为在美的活动里面感性与理性的分裂也是不存在的。这才是理想的"交往原则"与"交往原则"的理想。

其次，以"审美"中介"纵向理性"，远离"逻各斯中心主义"（logocentrism），从而塑造出一种"横向理性—感性"的图景。

以"理性"为核心原则的传统"现代性"，常常造成一种"理性"

① 齐美尔：《桥与门》，第95—96页。
② 刘悦笛：《生活美学——现代性批判与重构审美精神》，安徽教育出版社2005年版，第315—326页，本书认为，"情感共同体"构成了审美交往的理想性之现实基础。

建构「全面的现代性」

的过度强大，并将其理性规律侵占和渗透到一切社会和文化的领域之中。在思想层面上，这便造成了理性与感性的基本分裂，乃至在"现代性"的促动下，使得感性成为了理性的奴仆。这就忽视了在原本意义上，感性理应去融会理性，来冲淡理性的"毒素"，来融解理性的"硬核"。在社会层面上，韦伯意义上的"工具—目的合理性"或"形式合理性"便成为了现代社会的坚硬内核，从而将整个社会卷入到"手段支配目的"、"工具—目的合理性统领价值合理性"、"形式合理性霸占实质合理性"的社会状态。随着科学技术的发展，一种以操纵、计算、狭隘的技术理性为实的"工具理性"，遂将整个社会的重心置于技术对自然的支配上面。这是一种崇尚专业技能的高度理性化模式，甚至当今的社会和文化也就此被认定为是"过度理性化"（hyper-rationalized）的。

这种一脉相承的理性模式，基本上是一种"纵向理性"的历时性范式。因为它所强调的是一种由低至高的、线形的、不可逆的进步观念。这同时也就是德里达所洞见的"逻各斯中心主义"。传统的形而上学将逻各斯作为真理和意义的中心，并认为它们可以通过理性来认知，这便将理性仅限定于"认知—工具"（cognitive-instrumental）的维度，从而也就忽略了生活世界中的理性复杂性。由此种缺陷出发，其实便可以倡导一种韦尔施所谓的"横向理性"（Vernunft transversale），这里"理性恰恰是合理性形式和过渡的一种能力"，它"不同于一切原则主义的、等级制度的或形式的理性构想"，而试图"理解和构建一个整体"，以"使理性适应知性"。① 同时，"横向理性既较为有限又较为开放。它从一种合理性形式过渡到另一种合理性形式，表达区别，发生联系，进行争论和变革。……它一方面超越合理性形式，但另一方面重新与合理性形式

---

① 沃尔夫冈·韦尔施：《我们的后现代的现代》，洪天富译，商务印书馆2004年版，第441—442页。

结合，所以它的综合是局部的，而它的过程本身是多种多样的"。① 其实，在这种整个是水平的和过渡的"程序"当中，与理性本然不可分的感性也应该充当重要的角色，主要充当的是一种"中介者"的角色。这意味着，审美应在理性与社会之间充当必要的中介，审美也由此能回复到其"感性学"的原初含义。其实，韦尔施的"横向理性"照此又应拓展为"横向理性—感性"的共时性存在模式。由此可以提出一种"温和的实质合理性"，也就是不仅指向达到目的的手段，而且指向手段之后的目的，而这两者都是在以感性—理性的方式被双向确定的。当然，这种"横向理性—感性"一直在两条战线上作战，一面的敌手是过度的理性化，另一面的敌手则是无底的非理性化。这是因为，现代性所带来的"文化领域"的自洽化，既为非理性主义的孳生又为理性主义的发展留下了巨大空间。

再次，以"审美"平衡"文化分化"，反对科学、道德和艺术的绝缘分裂，从而趋向一种"文化间性"的对话主义。

以"分化"为文化表征的"现代性"，将现代的"整个生活系统"分离开来，因为"生活秩序"的分化是伴随着不同领域的"内在价值"的特殊化而共存的。在文艺复兴时期世俗文化脱离宗教文化而独立之后，18 世纪康德对文化所作的思辨的、伦理学的和美学的三个领域的划分也基本得以成型，它们分别以"真"、"善"、"美"为不同的轴心原则。这样，理论思辨领域、道德实践领域和美学领域，这些不同的领域在"现代性"的发展中处于相互独立的历史进程当中。在独立自主的分化过程里，科学、道德和艺术的基本领域都由此获得了自治的规定性。当每个文化领域都获得了最充分的可能自治性，也就是获得了韦伯意义上的"自主权"时，这就意味着每个领域都变成是"自我立法"的。比如，现代主义艺术的自主化，便是文化形式对于现实的自主化。与此同时，

<hr />

① 沃尔夫冈·韦尔施：《我们的后现代的现代》，第 442 页。

建构「全面的现代性」

随着领域的分化，文化作为整体也独立于整个社会的领域，并由此开始改造着社会的结构。如此看来，文化分化也就成为了"现代性"的基本文化表征。正如拉什所见，他所谓的"现代化"就是文化的"分化"，或者德国分析家所说的"差异外显"（Ausdifferenzierung）的过程。

然而，拉什的侧重点在于对后现代文化的描述，他认为"后现代化"则是一个"去分化"，或者说是"消除差异"（Entidifferenzierung）的过程。① 这种后现代原则的出场，恰恰打击到了现代性文化发展的要害。在此，我们理应提倡一种"文化间性"的对话主义，简言之，也就是：反对文化分化，倡导文化的融合，文化之间的再度的融合。因为，由于科学理性的过分强大，理论与实践又难以统一，现代文化总是被理性的"手术刀"条分缕析地肢解开来。这便是主要属于科学与思辨领域的"理性原则"对其他领域实施的"殖民化"。相反，与理性主张侵略和掠夺不同，从审美的角度来看，审美的世界似乎是最不具有"侵略性"的，而是主张一种文化与文化之间的健康的融合状态。当然，这种相互的平等共处，也是在保持自身的前提下得以实现的，传统美学过分强调的"自律性"在此应被消解。但同时，也要强调一种"文化间性"的最基本的差异，也就是"底限"的差异。而且，还要强调逐渐趋于"一体化"的文化与社会之间的协调发展。总之，面对"文化分化"，"审美弥合原则"的主要的启示就是——要谋求一种"融合的发展"与"发展的融合"。

最后，以"审美"规划"社会尺度"，抛弃"乌托邦"的虚幻之途，铺出一条"新感性—理性社会"的路径。

"现代性"的发展，基本上是以"启蒙的规划"为准则的。这样的启蒙现代性带来一系列的社会和文化后果。"主体性"的过度增长，带来了人与自然的地位的颠倒。由此，"人类中心主义"的困境就在于：

---

① Scott Lash, *Sociology of postmodernism*, London：Rouledge，1990.

人本来就应是自然的一部分，而不应是让自然对自身"臣服"，但又必须从"汲取"自然中获得发展。同时，"理性"的无限增长压制了人的感性本能，造成了社会的片面化和人的异化发展。由此而来的"逻各斯中心主义"，用它的"线性"的科学分析与逻辑思维，不仅抽取了人的活生生的生命，而且抽掉了自然事物的生命，乃至根本忽视了整体性的"原型思维"。审美的规律就需要在这里得以生长，因为启蒙现代性的过程及其后果恰恰是没有按照"美的规律"来塑造的。实际上，审美恰恰可以成为规划"社会尺度"的原理，借用马尔库塞的话来说就是——"审美之维可以作为一种自由社会的尺度"。①

当然，这种"审美尺度"并不是流于某种乌托邦主义，如早期法兰克福学派那样诉诸"审美乌托邦"，从而指向了所谓的"高度的现代性"那样。这样做的后果，就使得"一切给定的存在及其本身都与理想之境、超越之思相临，乌托邦思想以其真实的客观可能性环绕着现实"。② 真正的"审美尺度"则是将审美作为社会的发展的"必要尺度"，而非"绝对尺度"。如果这种尺度绝对化，必然导致审美主义与乌托邦的同谋，从而使得审美也获得了"极权主义"的本质。卡尔·波普尔透视到了这种危险，因而他提出一种折中主义的路线："人类生活不能用作满足艺术家进行自我表现愿望的工具。……我同情这种唯美主义的冲动，我建议这样的艺术家寻求以另一种材料来表现。我主张……追求美的梦想必须服从于帮助处于危难之中的人们以及遭受不公正之苦的人们的迫切需要；并服从于构造服务于这样的目的的各种制度的迫切需要。"③ 正是这种降低了乌托邦程度的审美，才能成为塑造一个未来的"新感性—理性社

① 马尔库塞：《新感性》，刘小枫编《人类困境中的审美精神》，第 623 页。
② E. 布洛赫：《乌托邦的意义》，见董学文、宋伟编《现代美学新维度》，北京大学出版社 1990 年版，第 199 页。
③ 卡尔·波普尔：《开放社会及其敌人》第 1 卷，陆衡等译，中国社会科学出版社 1999 年版，第 310 页。

建构「全面的现代性」

会"的真正尺度，但是后现代主义那种过分崇拜差异和相对主义，也要在这种社会重塑中得以削弱。

总而言之，既然"现代性的事业"尚未完成，那么，我们就理应构建一种"全面的现代性"。如上四个方面，恰恰构成了健康的"现代性"的完整图景，它探讨的无疑是一种人与世界、人与人之间的新型关系。

（原载《学术月刊》2006 年第 8 期）

现代性的多元之维

李世涛[*]

李世涛[*]

"多元现代性"观念对我们来说并不陌生。2002 年詹姆逊（Fredric Jameson）在上海所作的"单一的现代性"的报告，就引发了关于单一或多元现代性的争论，这足以反证"多元现代性"观念与我国学术界的亲和力。①2004 年泰勒（Charles Taylor）在上海作过关于这个议题的报告，也受到了学界的热烈欢迎。②③

艾森斯塔特（Shmuel N. Eisenstadt）是以色列著名的社会学家，其比较现代化研究和多元现代性研究在国际学术界都很有影响。他的《帝国的政治体系》、《现代化：抗拒与变迁》等著作都已被翻译成中文出版，并在专业领域产生了一定的影响。但奇怪的是，他的现代性理论在国内的影响

＊　李世涛：中国艺术研究院马研所研究员。

①　李世涛：《现代性视域中的中国问题——詹姆逊与中国现代性道路的选择》，《东南学术》2005 年第 5 期。

②　刘擎：《多重现代性的观念与意义》，许纪霖、刘擎：《丽娃河畔论思想》，华东师范大学出版社 2004 年版。

③　泰勒先在北京商务印书馆作了比较法国革命与俄国革命的学术报告，之后又在上海作了以多重现代性为议题的学术讲座，并与学者们进行了交流。仅笔者读到的综述文章就有刘擎的《多重现代性的观念与意义》、童世骏的《多重现代性、斯特劳斯和当代知识论》（http：//www. cul-studies. com/community/tongshijun/1576. html），上海的《东方早报》还报道了讲座的盛况。

根本无法与吉登斯（Anthony Giddens）、鲍曼（Zygmunt Bauman）、卡林内斯库（Matei Calinescu）、伯曼（Marhall Berman）、泰勒等学者相比，他的多元现代性研究也一直没有能够引起我国学界的足够重视。事实上，与上述学者相比，艾森斯塔特的研究与中国有更多的关联。这不仅是因为以色列与中国的国情比较接近，还因为他对中国的研究远比上述学者深入。从这种意义上讲，我们更应该关注艾森斯塔特的研究。限于篇幅，本文仅研究其多元现代性理论以及对中国现代性建设的意义。

一 多元现代性的形成

现代性是一个众说纷纭、莫衷一是的概念，这与研究者切入现代性问题的不同路径关系密切。我们先以艾森斯塔特理解现代性的路径为切入点，看他是从哪些方面来把握现代性的。

艾森斯塔特是这样理解现代性的：首先，他是从文明的视角来理解现代性的。现代性是一种独特文明，它与历史上其他类型的文明的区别在于：它是轴心文明的转折的产物。其次，现代规划所导致的人的自主性、开放的未来观念和反思意识，与现代文明有着密切的关系，它规定了这种文明独特的文化前提和政治前提，也决定了现代性的基本预设、文化特征、政治取向、意识形态前提和制度前提。最后，现代性是一个多方面、多层次的复杂的综合体，它不断地变化、不断地重构，但这种重构是继承与变异的统一，也是多种力量相互作用的结果。这些因素构成了现代性的各个侧面，也是研究现代性需要正视的问题。在研究现代性的历史、现实问题和发展趋势等问题时，在进行相关的价值判断时，都需要考虑这些因素。实际上，正是对现代性的这些因素的把握，促使艾森斯塔特以此为起点，发展出"多元现代性"的观念。

作为对社会发展状态、趋势的一种宏观性的描述和概括，现代性是一个多维的复合性的概念。为了全面而深入地把握它，我们可以从构成现代性的主要因素入手，分析它们在现代性形成过程中的作用，进而把握现代性的复杂性和多元现代性的形成。这也是艾森斯塔特的思路。他分析了现代性的主要构成因素，诸如作为现代规划的现代性的文化方案、现代性的政治方案，集体和集体身份的建构，现代性的意识形态模式和制度模式，传统和社会历史经验在形成现代性时所起的作用，非西方社会对最初的现代性的挪用，国际因素的影响等，这些因素既产生了最初的西方现代性，又产生了多元现代性。我们从这些因素入手来解释多元现代性的形成。

现代规划包括现代性的文化方案和政治方案，它们在最初形成时，带来了现代性的意识形态前提和制度前提。其中，现代性的文化方案起着非常重要而独特的作用："现代性的文化方案带来了人的能动性和人在时间之流中的位置的观念的某些独特转变。它持有这样一种未来观念，其特征是通过自主的人的能动性，众多的可能性得以实现。社会秩序、本体论秩序和政治秩序的前提和这类秩序的合法化，不再被认为是理所当然的了。围绕社会政治权威的秩序的基本本体论前提，产生了一种强烈的反思意识——甚至原则上否定这种反思意识的合法性的现代性最激进的批评者都具有这种反思意识。"[1] 现代性文化方案所导致的反思意识比此前的社会更为强烈：对于存在于特殊社会或文明中的超验图景和基本本体论概念，不但可能有多种不同的解释，而且还可以被质疑。而且，这种反思意识有可能使现代性进行自我纠正、自我更新，获取不断发展的动力。现代性文化方案也使个体获得了前所未有的自由感：除了固定的角色之外，他们还需要承担多种其他的角色；他们有可能属于超越地域的、处于变化之中的共同体。总之，现代性文化方案极为重视人的自主、解放和创造，希望把人从传统政治和文化权威等各种束缚中解放出来，以扩大个人和制度的自由度和活动领域，这必然导致对人的反思意识、探索精神和掌控自然（包括人性）能力的强调。这些观念的结合产生了现代性文化方案的自信：人的积极的、有意识的活动能够塑造社会。

---

① S. N. 艾森斯塔特：《反思现代性》，第39页。

这种自信通过互补而矛盾的两种途径得以实现：人的现实行动可以弥合超验秩序与世俗秩序的鸿沟，实现一些乌托邦和末世论的构想，使人面对无限开放的未来；同时也认识到个体、群体的多元目标与利益的合理性，认识到对共同利益的不同解释的合理性。

实际上，正是现代性文化方案形成了现代规划的基本特征，即人的自主性与开放未来的结合；人的有意识的行动可以塑造社会。现代规划的基本特征决定了现代政治秩序和集体认同与边界的前提，也使政治秩序的概念和前提、政治领域的构建和政治进程的特征都发生了根本性的变革。现代性政治方案的出现，极大地冲击了传统的政治秩序，并引发了社会的重大变化："新概念的核心在于，政治秩序的传统合法性已经衰竭，而建构这一秩序的各种可能性则相应地被开辟出来，结果，人类行动者在如何建构政治秩序的问题上，出现了聚讼纷纭的局面。它把反叛的倾向、思想上的反律法主义与建立中心、设立制度的强烈倾向结合起来，引起了社会运动、抗议运动。这些运动成为政治过程的一个持久成分。"① 现代性政治方案使现代政治领域和政治进程呈现出这些基本特征："最重要的首先是政治场域和政治过程的公开性；其次是强调'社会'的边缘阶层、社会的全体成员应直接地、积极地参与政治场域的活动；第三是出现了中心渗透边缘、边缘侵入中心的强烈倾向，中心与边缘间的区分变得模糊不清了；第四，中心或多个中心被赋予了奇里斯玛的品质，与此同时，各种抗议的主题和象征也被中心所吸纳，这些主题和象征作为这些中心的前提的基本的、合法的组成部分，变成了近代超越理性的组成部分。"② 这些主题和象征主要有平等与自由、正义和自主、团结和认同等，它们也构成了现代性规划的核心。

现代规划的基本特征也决定了建构集体和集体认同边界的方式。首

---

① S. N. 艾森斯塔特：《反思现代性》，第83—84页。

② 同上书，第84页。

先，把集体认同的基本成分（市民成分、原生成分、普遍主义成分和超越的"神圣"成分）从思想上绝对化。其次，集体认同的市民成分更为重要。再次，政治边界的建构和文化集体边界的建构之间关系密切。最后，既强调集体的领土边界，又强调集体的领土的和/或特殊主义成分与更为广泛的普遍主义成分之间的紧张。此外，集体的认同和建构还以反思的形式被质疑，并成为具有浓厚意识形态色彩的斗争和争论的焦点。①正是从现代规划中产生了两种主要的现代性的意识形态：一种是极权主义的意识形态，它强调集体的优先权，视之为本体论实体，强调其诸如民族精神之类的初始的、精神性的特征；另一种是雅各宾主义的意识形态，它强调政治原则的优先权，认为人的努力能够重建政治和改造社会。其共同特征是："怀疑公开的政治秩序和制度，尤其是代议制和公开讨论的制度。其次，它们都表现出一种专制独裁的倾向，排斥他人，并且竭力把被排斥者妖魔化。"② 但现代性的意识形态在现代性文化方案和政治方案上的表现又有不同：前者的意识形态表现为理性至上的原则，即把实质理性或价值理性统摄到工具理性之下，或把它统摄到总体性的道德乌托邦理想之下；后者的意识形态表现为与多元化对立的极权式的全面控制的合理性，但现代性政治方案也承认个体和集体利益的多元化，以及对它们的多重解释的合理性。现代性的意识形态全面地影响了个体与集体，还直接地影响到现代性的制度选择，而且后者更为重要。

在现代性的产生和发展过程中，历史经验和传统的作用是不能忽视的。例如，传统对原教旨主义的影响，历史经验的影响使日本和印度的民主模式与欧洲、美洲的民主模式大相径庭。在艾森斯塔特看来，在当代社会中，历史经验和传统不仅不会消亡，也不可能只能够产生封闭的文明，而是以特殊的方式延续着自己的历史和模式。它们与现代规划结

① S. N. 艾森斯塔特：《反思现代性》，第 85 页。
② 同上书，第 74 页。

合起来获得了现代品质，并成为塑造现代社会的重要力量："这些不同的经验，影响到现代性的不断互动、对任何单一的社会和文明的冲突、不断构成的共同参照点以变化不定的多种方式得以成形。"①

从现代性的发展历史看，现代性的扩张经常伴随着经济上的侵略、政治上的压迫和军事上的威胁，这势必影响到现代性的形象。对于非西方社会而言，一方面现代性意味着进步和光明的前途，它们渴望现代性；另一方面，先天性的不平等和面临的各种压迫，使它们对现代性产生了一种矛盾、抵触和抗拒的情绪。这样，就形成了非西方社会对现代性的爱恨交加的态度，并影响到其现代性的建构。这些原因促使非西方社会挪用最初的西方现代性的主题和制度模式，根据自己的利益与需要对其进行不断的利用、选择、重释和重构，并逐渐产生了不同的意识形态和制度模式。此外，现代性的扩张还伴随着民族—国家之间、政治经济权力中心之间的冲突和对抗，以及权力中心为争取国际霸权而展开的斗争。有时候，这些矛盾、冲突、对抗和斗争还非常激烈，甚至到了只有依靠战争才能解决的程度。这些因素也可以引发现代性的制度和文化的变化。

在现代性的扩张过程中，现代规划与制度性的政治、经济和文化结合起来，共同塑造了现代性发展的动力，再与不同的传统和历史经验相结合，形成了现代性的制度模式和意识形态模式。此外，国际性的因素也是促使现代性的制度模式和意识形态模式发生变化的重要原因。正是这些因素之间的相互作用，才最终产生了现代性和多元现代性的结果。

二 "多元现代性"观念的多重阐释

何谓"多元现代性"？用艾森斯塔特的原话就是："现代性的历史，最好看作是现代性的多元文化方案、独特的现代制度模式以及现代社会

① S. N. 艾森斯塔特：《反思现代性》，第 438 页。

的不同自我构想不断发展、形成、构造和重构的一个故事——有关多元现代性的一个故事。"①

艾森斯塔特在《宗教领域的重建：超越"历史的终结"和"文明的冲突"》一文中，对这个观念做了迄今为止最为全面的解释："第一种含义是，现代性和西方化不是一回事；西方模式或现代性模式不是惟一的、'真正的'现代性，尽管相对其他现代图景而言，它们在历史上出现的时间在前并继续成为其他现代图景的至关重要的参照点。第二种含义是，这类多元现代性的成形，不仅在不同国家间的冲突上留下了烙印，因而需要将民族—国家和'社会'作为社会学分析的普通单位，而且在不同的纵观全国的（cross-state）和跨国的领域打下了烙印。多元现代性概念的最后一层含义是认识到这类现代性不是'固定不变'的，而是不断变化的，正是在这类变化的架构内，当代时期宗教维度的兴起和重构，才能得到最好的理解。"②

艾森斯塔特的解释是理解这个观念的主要依据，但鉴于这个观念的复杂性，仍然需要从多个角度予以阐释，"多元现代性"观念既是对现代性的历时性的描述，也是对现代性的共时性的描述——这需要分别从时间和空间的角度予以阐释，既是对事实的描述，又是理论反思的产物。我们尝试从这些方面逐一分析这个观念的多重含义。

现代性的产生和发展过程大致是这样的。最初的现代性是特定时间和地域的产物，即产生于17世纪的西欧，产生时带有明显的特征："欧洲现代性的独有的特征开始时主要是努力形成一种'理性'的文化、有效的经济、民众（阶级）社会和民族国家，在这当中，'理性'扩展的趋势越来越清楚，并形成了一种以自由为基础的社会和政治秩序。"③ 但

① S. N. 艾森斯塔特：《反思现代性》，第14页。
② 同上书，第412页。
③ S. N. 艾森斯塔特：《历史传统、现代化与发展》，见谢中立、孙立平《20世纪西方现代化理论文选》，上海三联书店2002年版，第364页。

现
代
性
的
多
元
之
维

后来，随着帝国主义和殖民主义的扩张，现代性也超出了其发源地西欧，扩张到欧洲其他地方，再进一步地扩散到美洲、亚洲、非洲等世界各地，最终成为一种全球性的现象。军事侵略、经济上的渗透和掠夺、殖民主义的统治等因素的结合促成了现代性的扩张，其中占优势地位的军事、经济和通讯技术是现代性扩张的重要前提。

从时间上说，现代性可以被划分为最初的现代性、古典时期的现代性和 20 世纪末以来的现代性。现代性的萌芽可以追溯到中世纪，经过长时间的发展，终于在 17 世纪的西欧形成了最初的现代性。最初的现代性的形态较为单一，但在现代性的古典时期，现代性就呈现出了多元的态势。从 19 世纪到 20 世纪的 60—70 年代，作为现代性缩影的领土国家、革命国家和社会运动纷纷涌现，展现了现代性的多元图景，这些现代性与最初的现代性既有相同之处，又有变化和差异。与最初的现代性相比，这些现代性在作为其前提的现代规划、文化方案、政治方案、意识形态和制度模式等方面都有很大的变异，在具体面貌和发展态势上都呈现出了多元性。自上个世纪末以来，西方社会出现了一些新的现象，诸如原教旨主义、种族宗教，包括女权运动、生态运动等在内的各种各样的新社会运动，以及新的散居者和新的少数民族。这些新的现象都挑战了经典的现代民族—国家模式，也挑战了最初的现代性模式，使现代性又有了新的发展，并呈现出不同的形态和特点。由此看来，不同历史时期的现代性都有很大的差异，具有多元化、多样性的特点。

从空间上来说，虽然同属于欧洲，但西欧的现代性与由此发展而来的诸如东欧、中欧等其他欧洲地区的现代性就有很大的差异；虽然同为发达地区，但美洲与欧洲的现代性也有很大的差异；亚洲、非洲的现代性与欧美的现代性之间的差异就更大了；在美洲内部，北美、加拿大和拉丁美洲的现代性之路就大为不同；即使同属于儒教文化圈，中国、日本和新加坡的现代性也有很大的差异，更不要说它们与印度之间的差异了。虽然这些现代性有相似之处，但政治、文化、制度模式和意识形态模式的具体的面貌又大相径庭，呈现出了多元化的表现形式和发展态势。

从事实上看，最初发源于西欧的现代性，以及由此发展而来的西方的现代性，其文化前提、政治前提、意识形态模式和制度模式都有很大的变化，西方现代性扩张所导致的亚洲、非洲等地的现代性的变化就更大了。现代性的发展不但突破了最初现代性的前提，而且还发展出了诸如西欧、美洲、中国、日本和印度等多种类型的现代性，而不是单一的文明模式和制度模式。20世纪末以来现代性所发生的变化更有说服力，这个时期出现的新社会运动倾向于由国家转向地方；新的散居者和新的少数民族挑战了经典的现代民族—国家模式，反对民族—国家的同质化文化前提的束缚。这些运动的目的是为了争取在教育、公共通讯等中心的制度领域和国际上的自主性，同时也在公民认同及与之相关的权利等方面争取自主性，由此促进了种族的、地区的、地域的和跨国的等被压抑身份的建构。此外，还有宗教色彩浓厚的原教旨主义和种族宗教运动，各种排他主义的种族运动，这些运动具有全球性，仍然具有现代品质。而且，随着资本主义全球扩张的加剧，跨国组织、国际移民等现象引发了诸如全球犯罪等许多国际性问题，它们都挑战了经典的民族—国家模式，削弱了民族国家控制和管理其政治、经济的能力；同时也削弱了民族国家对暴力的垄断权，出现了许多分裂主义和恐怖主义活动。这些运动和全球化趋势都加剧了现代性的变化，使现代性呈现出新的特点。这些现象从事实上有力地说明了现代性的多元化和多样性。

从理论上看，"多元现代性"观念不但是反思现代化理论的产物，而且还积极地借鉴了后现代主义等文化理论的成果。实际上，在20世纪的50年代，以帕森斯（T. Prsons）为代表的现代化理论成为占主流地位的最有影响的理论。现代化理论依托历史进步主义，认为非西方社会将会通过抛掉自己的传统、采用西方（特别是美国）先进的现代化模式而取得发展，西方的现代化模式将会为世界带来全面的进步；现代性模式和制度模式也将是单一的，世界将呈现出同质化（西方化或美国化）

的图景。在冷战的世界格局中，现代化理论表现出了维护西方霸权和继续扩张的极强的意识形态性，它的自信和乐观是建立在对现实的简化和歪曲之上的。现代化理论忽视了现代性的矛盾、冲突和内在紧张，也忽视了现代性的破坏力量，甚至对"一战"、"二战"对世界所造成的毁灭性的创伤也充耳不闻，更缺乏必要的理论反思。现代性的发展打破了现代化理论的构想，也启发人们反思其片面性和错误。艾森斯塔特不但多次直接地批评现代化理论，而且还从许多方面指出它的错误和偏狭。通过比较"多元现代性"观念与现代化理论，我们可以发现，在现代性的模式和制度、传统与社会历史经验之于现代性的影响、现代性的发展图景、现代性的价值判断和现代性内在关系的认识等方面，二者的差别和对立都是显而易见的，前者反思了后者的理论预设、前提和意识形态性，批评与纠正了后者的错误和理论盲点，进而形成了独特的现代性的观念。

此外，艾森斯塔特还受到了后现代主义理论的影响。我们知道，西方学术界继 20 世纪 50 年代的现代化研究高潮之后，又出现了后现代主义思潮；接着在 20 世纪的 70—80 年代又出现了新一轮的现代性研究。实际上，后现代主义理论的部分动力就来源于对现代化理论的质疑和反思。20 世纪末以来的现代性研究不但是对现代化理论的反拨和反思，而且也吸收和反思了后现代主义理论，并由此引发了关注现代性、重新认识现代性的热潮。后现代主义致力于颠覆中心与边缘的二元对立和等级秩序，挖掘被压抑对象的潜力，强烈地质疑了西方霸权和西方中心主义的意识形态。后现代主义话语对现代化理论和其他现代性话语的冲击是巨大的：不仅反对西方的现代性是本真的、唯一的现代性，也反对西方现代性的霸权和同质性，同样要承认西方之外的现代性的合法性。这些方面也是艾森斯塔特所强调的，后现代主义话语对"多元现代性"观念的影响可见一斑。而且，在艾森斯塔特看来，从不同方面体现了现代性的最新变化的新社会运动也与后现代主义存在着复杂的关系，诸如流散者的身份认同等新社会运动就是在后现代主义理论的直接指导下产生的，并反映了后现代主义的某些理念，艾森斯塔特把这些运动视为体现了现代性最新发展的运动。虽然艾森斯塔特不像有的学者那样把这些运动视为后现代运动，也不承认后现代性已经取代了现代性，但他仍然承认这些运动与后现代主义思潮之间的联系，也部分地接受了这些运动对现代性的反思。因此，其"多元现代性"观念也同样受到了后现代主义话语的影响。

这样，从时间与空间、事实观察与理论反思等角度入手，我们才能够全面而深入地把握"多元现代性"观念的丰富性和复杂性。

三　直面破坏性的多元现代性批判

自现代性诞生以来，学者们对它的批判就一直没有间断过，艾森斯塔特也加入了批判现代性的大合唱。尽管他也从外部批判现代性的消极面，但主要还是从现代性的内在结构的紧张和冲突中揭示现代性的破坏力。

现代性的阴暗面（即现代性的破坏性因素）与现代性的积极因素一起构成了现代性的整体，忽视任何一方面的认识都是不完整的，尽管现代性的积极意义远大于其消极后果。谈起现代性，我们经常联想到现代性的成就，诸如自由与民主的扩大、科技的进步、物质生活水平的改善，等等，但很少想到其消极后果及破坏性，以及对其原因的认识和分析。当然，现代性的消极结果是多方面的，但从其破坏性入手来研究其消极结果，无疑是一个很好的切入点。实际上，破坏性也是多元现代性的消极后果之一，正是从揭示现代性的破坏力入手，艾森斯塔特由对现代性的批判过渡到对多元现代性的批判，尤其是对多元现代性的破坏力的批判。

现代性的内在矛盾和紧张，资本主义制度的发展与政治领域中的民主化要求之间的矛盾和紧张，这些矛盾又与民族国家之间的冲突、争夺中心霸权的冲突交织在一起，这些因素导致了现代性的破坏性，也改变了人们对现代性的乐观态度。通常，人们经常从外在与内在的视角来认识现代性的阴暗面。从外在的视角来看，现代性的前提和制度阻碍了人的创造力，削弱了人的精神的丰富性，摧毁了社会秩序、社会道德及其先验的基础，破坏了人与自然、社会的有机联系；从内在的视角来看，现代性方案所强调的人的能动性与强大的控制倾向之间存在着全面而连续的冲突，现代制度导致了社会的不平等和社会秩序的动荡。虽然有些指责过于偏激，但这些问题都不同程度地存在，有的甚至发展到了非常危险的地步。

在艾森斯塔特看来，现代规划的基本前提内部就充满着紧张与悖论，现代性的阴暗面就直接存在于现代规划的内在冲突中。这些紧张与悖论表现在："首先，存在于有关这一方案的主要成分的总体论概念与更多样化的或多元主义的概念之间（涉及理性的概念本身及其在人类生活与社会中的地位，自然、人类社会及其历史的建构）；其次，存在于对自然和社会的反思和积极的建构之间；第三，存在于对人类经验的主要思维度的不同评价之间；第四，存在于控制和自主之间。"① 概而言之，就是多元主义和极权主义之间的紧张和对抗，这些矛盾是造成现代性的破坏力量的最主要的原因，它也体现了现代性的破坏潜能（把暴力、恐怖、战争意识形态化和神圣化），这些破坏潜能在法国大革命和浪漫主义运动中都有明显的表现。多元主义和极权主义之间的紧张还派生出其他的矛盾，诸如乌托邦或开放的态度与实用主义之间的矛盾、封闭的身份认同与多种身份认同之间的矛盾，这些矛盾都可能成为现代性的破坏性因素。除此之外，在现代性扩张过程中，非西方社会与西方的关系，对西方社会与现代性之间的关系的认识，也都可能成为现代性的破坏性因素。就此而言，艾森斯塔特一针见血地指出："野蛮主义不是前现代的遗迹和'黑暗时代'的残余，而是现代性的内在品质，体现了现代性的阴暗面。

---

① S. N. 艾森斯塔特：《反思现代性》，第23页。

现代性不仅预示了形形色色宏伟的解放景观，不仅带有不断自我纠正和扩张的伟大许诺，而且还包含着各种毁灭的可能性：暴力、侵略、战争和种族灭绝。"①

　　艾森斯塔特认为，野蛮主义的根基在于人性的某些基本特征，在于构建人类社会、文化和社会秩序的活动。社会秩序、意义系统和边界的构建与集体认同，一方面具有克服生存的焦虑、获得信任和保障创造力量等积极意义；另一方面它们也涉及权力的实施和合法化，使人感受到社会秩序的专断和脆弱，并把对社会秩序的矛盾态度转化为暴力和侵略倾向，把他人视为陌生和邪恶的对象而予以拒斥或攻击，从而具有了破坏的潜能，极端的法西斯主义便是在建立集体边界过程中将现代性的破坏潜能彻底暴露出来的典型。

　　这种潜能能够在任何社会产生，一旦与现代规划结合起来，其建设性和破坏性的潜能都非常强烈。虽然现代性的文化方案为现代性的扩张提供了合法性，但现代性的扩张主要依靠了殖民主义和帝国主义的力量，战争、经济掠夺和通讯技术是达到其目的的手段，现代性的扩张加剧了非西方社会与西方社会之间的对抗，也暴露了其破坏潜能。现代性的扩张还产生了现代性霸权之间的冲突和对抗，有的对抗只有通过战争才能解决，使现代性的破坏潜能发展到了触目惊心的程度。"一战"和"二战"都充分地展示了现代性的破坏潜能，其中的种族清洗、纳粹大屠杀、恐怖主义更是令人发指、惨不忍睹！遗憾的是，现代性的破坏潜能并没有绝迹，一旦遇到时机，它就可能死灰复燃，20世纪末发生在一些苏联加盟共和国、科索沃、卢旺达的"种族清洗"，都说明了现代性破坏潜能的顽强。现代性的破坏性是对现代文明的极大嘲讽，它破除了笼罩在进步主义上的光环，呈现出了现代性的残酷性。此外，有的现代性的消极后果则是现代性的某些方面极端发展的产物，如现代性的扩张把启蒙

运动的"理性至上"原则推向极端,使工具理性膨胀、越位,结果使工具理性有取代价值理性、实质理性的危险,造成了事实与价值、目的与手段之间的紧张,导致了人的精神的平面化和生存意义的亏空,使人成为理性的"铁笼子"之中的囚徒。

事实上,破坏性是现代性的内在局限和表现,也同样是多元现代性的内在局限和表现。破坏性不仅表现在最初的现代性及由其发展出来的多元现代性上面,也表现在现代性的扩张过程中所伴随的战争、侵略和压迫上面。对现代性阴暗面的批判,也同样是对多元现代性阴暗面的批判。

因此,我们既要看到现代性的成就和建设性潜能,又要看到其消极面和破坏性潜能,并分析导致这些结果的原因。同时,我们还应该认识到,现代性的缺陷有外在、内在之别。外在的缺陷容易识别和克服,而现代性的内在缺陷则是内在于其前提中的紧张、矛盾与冲突,我们更应该仔细地辨认、认真地对待。只有这样,我们才能认识现代性、多元现代性的破坏性,才能全面地认识现代性、多元现代性,把这些消极因素扼杀在萌芽状态,或将其危害程度降低至最低。

四　"多元现代性"何为?

艾森斯塔特对欧洲文明、美洲文明、印度文明和中国文明等轴心文明及其现代化进程都有精深而扎实的研究。"多元现代性"观念就是他集多年比较现代化研究得出的结论,既有恢弘的视野、严密的理论论证,又有强烈的现实针对性,并因此具有了非常重要的理论价值和现实意义。这里主要从以下四个方面分析"多元现代性"观念对于中国现代性建设的启发意义。

第一,"多元现代性"观念对于我们认识当代世界状况、全球化等问题具有重要的价值。在对当代世界发展状况(包括现代性)的判断中，弗朗西斯·福山（Francis Fukuyama）的"历史的终结"论和塞缪尔·P. 亨廷顿（Samuel P. Huntington）的"文明的冲突"论最具影响力。前者认为，社会主义与资本主义两大阵营的对立被打破之后，资本主义已经大获全胜，自由主义和市场经济将取得支配地位，现代性文化方案之间的意识形态冲突将趋于终结；后者认为，以伊斯兰教和儒教为主要代表的文明，它们反对西方、反对现代文明（现代性的缩影），仅仅在延续其历史上的文明，并形成了自己封闭的文明，未来的世界将会是这些文明与西方文明之间的矛盾、冲突和对抗。"多元现代性"观念则是艾森斯塔特对这两种观点的直接回应：虽然资本主义在世界范围内占优势地位，但现代性文化方案的意识形态模式和制度模式的冲突仍然存在，而且有时候还非常激烈，这足以说明"历史终结"论的错误；以反西方、反现代面貌出现的伊斯兰等文明不可能只产生封闭的文明，它们以特殊的方式延续着自己的历史，而且还与现代规划结合起来获得了现代品格，有时它们甚至还通过挪用西方现代性的主题和制度来反对西方，用"文明的冲突"来概括世界的发展显然是错误的。因此，尽管时有冲突发生，但当代世界的趋势只能是多元现代性的存在和发展，这是艾森斯塔特对世界现状的基本判断。这意味着，现代性的基本现实仍然是我们的思维和行动的出发点，围绕现代性展开的各种问题仍将继续存在，现代性文化前提的内在矛盾所导致的意识形态模式和制度模式（包括资本主义和社会主义）之间的紧张、冲突和矛盾，依然会继续上演；资本主义、社会主义都是多元现代性的表现，但现代性又不仅仅限于它们，还包括了更多的内容；后现代主义话语虽然从表面上否定了现代性，但实际上是从不同的角度重新反思了现代性的问题，后现代性无法，也不可能取代现代性。这些观点对于我们全面认识当代世界现状、资本主义和社会主义的发展、现代性与后现代性之间的关系，都是富有启发意义的。此外，艾森斯塔特的全球化论述也颇有特色。他认为，现代性的古典时期（从19世纪到20世纪60—70年代）是第一波的全球化，20世纪迄今的现代性是第二波的全球化,也就是说,全球化就是现代性的扩张;全球化挑战了经典的民族—国家模式,但仍然无法从根本上消除民族—国家的力量,现代性仍然是全球化的主要内容,也是处理全球化问题必须面对的现实。既然艾森斯塔特承认了多元现代性、民族—国家模式的正当性,实际上也就是否定了整齐划一式全球化模式,他的论述有助于帮助我们走出一味地追求与国外趋同的全球化误区。

第二,"多元现代性"观念有利于我们全面、客观而科学地认识现代性。在 20 世纪改革开放之初,现代化成为全民的共识,举国上下无不对之顶礼膜拜。这样,乐观的态度和想象支配了我们对现代性的认识,现代性成为自明的、毋需置疑、论证和反思的对象,我们只要无条件地按照西方的道路重走一遍就什么问题都解决了,甚至对现代化的反思都被视为保守、落后。现在看来,这些认识的局限是不言而喻的,现实的发展首先需要我们打破现代性的幻觉,科学而全面地认识现代性。我们要认识到现代性的利弊、得失、机遇与挑战,而不至于被现代性的光环所迷惑而忘了其可能隐藏的陷阱。此外,要区别对待现代性的外在缺陷和内在缺陷:虽然外在的缺陷容易识别,但我们还是应该及早地防范这些问题;现代性的内在缺陷则比较隐蔽,是现代性与生俱来的痼疾,也是我们应该予以特别重视和警惕的因素,应尽力将其危害降至最小。现代性的扩张和建构经常以否定传统的合法性为前提,也由此破坏了社会秩序、政治秩序和其他和谐因素,造成了社会的动荡,诸如此类的问题都是由现代性的内在缺陷所导致的,也是我们必须面对的问题。因此,"多元现代性"观念对现代性的破坏性的揭示,能够促使我们破除现代性的幻觉,直面其矛盾、冲突、残酷和野蛮性,使我们全面地认识和解决现代性所导致的这些问题。

第三,"多元现代性"观念对现代性主体自主性的强调有着重要的现实意义。"多元现代性"观念既强调西方现代性的始源地位、规范意义和参照价值,又同样强调现代性的多元化和多样性。尽管西方的现代性模式曾经在历史上发挥了重要的作用，并作为其他现代性的基本参照物而继续发挥作用，但现代性不是西方化，西方的现代性并不是唯一真实的现代性，应该把现代性从西方的霸权中解放出来，同样地重视非西方社会的现代性的理念和实践。这个观念能够启发发达国家更全面地看待现代性的得失，认真地对待后发展国家的现代性探索。它对于后发展国家的启发意义则更为重要。作为发展中国家，中国一方面要理解现代性的复杂性和利弊得失，充分地享受现代性的成果和机遇，并遵守现代文明的游戏规则，在国际上争取更大的发展空间；同时也应该重视自己的实际国情，从实际出发，建构适合自己的现代性。反之，如果完全按照西方的现代性模式来规范自己，不但可能发挥不了自己的长处，甚至还可能重复西方现代性的弯路，从而付出不必要的代价。

第四，"多元现代性"观念对传统和社会历史经验的重视，有利于发挥它们对于建构现代性的作用。我们知道，每一个国家（或民族）的传统和历史经验都是传承和发展的统一，既不能完全抛弃传统，也不能照搬传统。同样，在社会（包括现代性）的发展中，传统和历史经验是塑造现代性的不可忽视的力量。多元现代性观念揭示了传统和历史经验对于现代性的重要作用，有助于帮助我们认识、发挥传统与社会历史经验的积极作用，避免其可能导致的负面影响，甚至有意识地予以改造和转化。中国传统尽管有许多阻碍现代性的因素，但它特别重视人与人、人与自然、人与社会之间的有机联系与和谐共处，重视伦理在塑造个人与社会中的作用。这些传统在现代性建设中仍然具有现实意义，通过继承或转化还可以继续发挥其应有的作用。

中国的现代性建设，需要宽广的视野、科学的态度、勇于进取的精神和强有力的实践，国外的现代性论述也理应成为我们的重要资源和参照。因此，艾森斯塔特的"多元现代性"观念理应引起我们足够的重视。

（原载《厦门大学学报》2007 年第 2 期）

从"全能的神"到完整的人

——席勒的审美现代性批判

曹卫东*

一

现代性的发生在西方是一个重要而复杂的理论问题和实践问题。几乎所有前西方社会理论都是围绕着这个问题而逐步展开的，从康德开始，直到当代不同进路的社会理论思潮，人们绞尽脑汁，反复思考的问题其实只有一个，那就是现代性在社会和思想两个层面上是如何发端又如何发展的，由此形成了两种截然不同甚至相对的看法：一种认为，现代性是历史断裂的结果，这就是所谓的"现代断裂论"（以社会主义和自由主义为代表），他们指出，在现代与前现代之间有着一场深刻的社会革命和思想革命，涉及了人们生活的方方面面；另一种则认为，现代的发生是一个错综复杂的事件，不能简单地把现代与前现代割裂开来，无论从社会结构、法律体系、经济制度，或是从宗教观念和个人认同来看，现代与前现代之间都存在着有机的内在联系，都是人类历史展开过程中丝丝相扣的组成环节，这就是所谓的"现代连续论"（以保守主义为代表）。[①]在"现代断裂论"与"现代连续论"之间，我们很难区分出孰

　＊　曹卫东：北京师范大学文学院教授。

　①　请参阅 Hans Blumenberg, *Die Legitimitaet der Neuzeit*, Frankfurt am Main, 1997；以及拙文《评〈现代的合法性〉》，载《中国学术》2001 年第 2 期。

高孰低，但无可否认的一点是，在西方社会理论当中，"现代断裂论"始终占据着上风，并深深地影响了人文学科和社会学科对于现代性的理解和批判。相对而言，"现代连续论"则一直都处于边缘地位，直到20世纪末期，随着人们对现代社会的问题意识的深化，才重又显示出其别具一格的历史价值。

就席勒而言，他显然是坚决反对"现代连续论"，而坚定不移地站在"现代断裂论"一边的。也就是说，按照席勒的现代性理解，现代与前现代之间存在着一种对立甚至矛盾的关系。现代的发生就是对前现代的一种反动甚或颠覆；现代的发展就是对前现代的一种批判和纠正，以及对现代自身的进一步的批判和纠正。认为席勒主张"现代断裂论"，并非空穴来风，而是有着充分依据的，而首要的一点就在于席勒对于神圣与世俗的二元理解。

西方（特别是哈贝马斯）的现代性哲学话语告诉我们，现代性的形成有几个标志性的事件：譬如文艺复兴、宗教改革、启蒙运动、主体性哲学以及法国大革命等。[1] 现代化的过程也因此而被认为是解神圣化和世俗化的过程。神圣与世俗之间构成了现代性批判的一对主导范畴。

从世俗和神圣的关系角度来看，上述现代性发生的标志性事件有一个共同的内容，就是"神正论"（Theodize）。所谓"神正论"，就是要对神的存在加以论证和明确。我们知道，在中世纪，神是绝对的存在，它无须论证，也无法论证，更不能论证，因为它不证自明。在神的面前，人是一个相对而渺小的存在，人对神只有恭候和服从，而不允许也不敢对神提出质疑。对神的质疑，就是对神的冒犯。神与人处于一种既关联又疏离、既和谐又紧张的绝对等级关系当中。

"神正论"的出现在很大程度上打破了人与神之间的这一尴尬局面。人胆敢对神的存在提出证明的要求和作出证明的举动，单单这一点就足

---

[1]　J. Habermans, *Der philosophische Diskrus der Mod-erne*, Frankfurt am Main, pp. 9—33.

以说明，人已经把自己树立了起来，希望能和神处于平等的位置上进行对话。在"神正论"当中，对神的畏惧和谦恭消失了，代之而出现的是对神的怀疑和论证。因此，"神正论"，就其本质而言，本身就是一种革命性的理论话语，它标志着人的意识的初步觉醒。换言之，"神正论"既是一种对神的解构理论，同时也是一种对人的建构理论。"神正论"在证神的同时也在证人。①

"神正论"肇始于斯宾诺莎，成熟于莱布尼茨。斯宾诺莎用他的《神学政治论》和《简论神、人及其幸福》建立了德国历史乃至欧洲历史上最典型的泛神论体系。莱布尼茨在斯宾诺莎的基础上则把"神正论"向前又推进了一步，分别从本体论、宇宙论、永恒真理说、前定和谐说等四个方面展开论证。莱布尼茨的这一系列论证被康德概括为物理—神学证明，构成了德国现代性话语的重要泉源。也正是在这个意义上，一般的思想史著作都认为，德国现代性可以在莱布尼茨那里找到其哲学基础。

二

席勒无疑是一个启蒙主义者，而且是一个坚定的启蒙主义者。但作为一个启蒙主义者，席勒是否直接受到过莱布尼茨的影响，我们没有进行过认真考究，因此不敢妄下结论。但不管如何，席勒是继承了莱布尼茨的"神正论"传统，反对神圣和拥抱世俗的——作为康德哲学的传人，席勒不可能不在康德那里受到过莱布尼茨的间接熏陶。

传统观点认为，启蒙时代的典型特征就在于对宗教的怀疑和批判。这种看法后来虽然在很大程度上遭到了质疑，但并没有被彻底推翻。因

---

① 请参阅 Panajotis Kondylis, *Die Aufklaerung in Rah-men des neuzeitilchen Rationalismus*, Stuttgart, 1986。

为，宗教怀疑和宗教批判即便不是启蒙运动的一般特征，也是其中的一个主要特征。否则，也就不会有历史上宗教改革运动的如火如荼。

按照恩斯特·卡西尔（Ernst Cassirer）的说法，德国启蒙运动对待宗教的态度比英国和法国要复杂得多。因为相当一批德国思想家在怀疑和批判宗教的同时，又都留有一定的余地。① 不过，反过来，留有余地，并不意味着在怀疑和批判宗教方面会逊色多少。从某种意义上讲，德国思想家对宗教的怀疑和批判也有非常激进的一面，具体表现在对神圣话语的反思和批判立场上。当然，德国的启蒙主义者在反对神圣时，所针对的对象是大有差别的。有些思想家只反对超验之神，丝毫也不去冒犯世俗之神，席勒的精神导师康德就是这样一个典型，他把宗教限定在理性范围内，也就为神的世俗活动留下了余地；此外，康德与普鲁士统治者之间的交情，也说明了康德对待神圣的微妙立场。有些思想家则是只反对世俗之神，却对超验之神手下留情，康德的诤友哈曼（Johann Georg Hamann）和赫尔德（Johann Gottfried Herder）算是这方面的代表。他们一边在为启蒙理性摇旗呐喊，一边又悄悄地到中世纪那里去寻求精神上的慰藉。②

而席勒就不然了，他与其说是综合了，不如说是超越了康德、哈曼和赫尔德等人，因为他既反对超验之神（上帝），也憎恶世俗之神（绝对君主）。关于宗教信仰问题，席勒曾有过这样的一段直白：

> 我信什么教？你举出的宗教，我一概不信。——为什么全不信？——因为我有信仰。③

---

① 请参阅恩斯特·卡西尔《启蒙哲学》，山东人民出版社 1988 年版。

② 关于德国启蒙思想家特别是康德、赫尔德、哈曼等人的宗教观念，请参阅康德《单纯理性限度内的宗教》，香港卓越书楼 1997 年版；Robert T Clark, *Herder：His Life and Thought*, Berkeley and Los Angeles, 1955; Johann Georg Hamann, *Tage-buch eines Christen*, Wuppertal, 1999。

③ 席勒：《席勒戏剧诗歌选》，人民文学出版社 1996 年版，第 373 页。

一切宗教，席勒均表示拒绝；一切信仰，在席勒那里都如同粪土。这当中自然也包括准宗教化的世俗崇拜，比如，对于封建权贵的臣服等。因为，席勒从世俗崇拜身上看到了宗教信仰的影子，或者说，席勒认为，宗教信仰和世俗崇拜是有着内在联系的。

我们先来看看席勒是如何反对超验之神的。席勒似乎是继承了德国宗教改革者的立场，他没有把宗教理论或信仰体系当作首要之敌，而是把矛头直接对准了宗教的制度化，也就是教会，特别是宗教裁判所：

卢梭（1781）

我们这个时代的耻辱的墓碑，

墓铭使你的祖国永远羞愧，

卢梭之墓，我对你表示敬意！

和平与安息，愿你在身后享受！

和平与安息，你曾白白地寻求，

和平与安息，却在此地！

何时才能治愈古老的创伤？

过去黑暗，所以哲人们死亡！

如今文明了，哲人依旧丧生。

苏格拉底死在诡辩家手里，

卢梭受尽基督徒折磨而死，

卢梭——他要把基督徒改化成人。①

这首短诗当中有许多内容值得我们重视，而首先需要强调指出的，就是卢梭这个充满争议的历史人物。如何理解和定位卢梭，到目前为止还是

---

① 席勒：《席勒戏剧诗歌选》，第 309 页。

西方学术界的一大尴尬。最新研究表明，倾向于把卢梭看作保守主义者的呼声越来越高。① 但把卢梭看作保守主义者，并不意味着要推翻传统意义上的作为现代性的捍卫者的卢梭形象，只不过是想强调卢梭对于现代性的另类理解。即便把卢梭看作是保守主义者，我们也不能否认，卢梭所提出的现代与前现代之间的紧张，针对的是现代与古希腊（文明与自然/高贵与野蛮），而不是现代与中世纪，也就是说，卢梭在神圣与世俗之间，显然是选择后者的。从这个意义上说，卢梭是个现代主义者；同样，也正是在这个意义上，卢梭才被启蒙运动接纳为精神先驱和思想领袖。席勒显然也是从这个角度来理解卢梭的。他从卢梭身上看到的是世俗与神圣之间的紧张关系。在席勒看来，卢梭是一个反对基督教的英雄，卢梭的一生，就是与基督教战斗的一生，而战斗的目的就是要把人从基督教的统治之下拯救出来（"把基督徒改化成人"），使人从中世纪的自我认同（基督徒）中解放出来，完成人作为人的现代认同的建构。

席勒对宗教制度化的反抗，实际上所着眼的还不是彻底打破上帝的垄断地位，而是要提升人的地位，使人和上帝处于平等的对话状态。因此，席勒对超验之神的反抗多少还有些抽象而含蓄。但是，席勒对世俗之神的批判，就可以用毫不留情和不屈不挠来形容了。因为，在席勒的理解当中，当时统治德国的这些绝对君主们都是在借上帝之名，行压迫人之实。教会是宗教的一种制度形式，而绝对主义制度同样也是宗教的一种制度形式。可以说，席勒终其一生，都在与德国的世俗之神作斗争。这固然和德国当时的社会现实有着一定的关系，但更主要的还是由席勒的现代性理解所决定的。早在青年时代，席勒在《坏君主》一诗中指出，绝对君主如同上帝的"木偶"，甚至"影子"，恣意妄为。作为世俗之神的绝对君主要说有罪，罪就罪在打着上帝的幌子，掩盖甚至践踏人性（"以罪行掩盖着人性/使人终生不得说话"）。不过，需要指出的是，

---

① 请参阅拙文《卢梭是个保守主义者》，载《读书》2002 年第 1 期。

席勒在反抗神圣的时候，经常是没有超验和世俗之分的。因为在席勒看来，超验之神及其制度化与世俗之神及其制度化之间存在着盘根错节的勾连关系，或者说，存在着一体化的关系。

比如，《唐·卡洛斯》是席勒的一部著名诗剧，写于 1783 年。在《唐·卡洛斯》中，席勒的本意是要深刻揭露宗教裁判所的丑恶行径，为那些饱受其侮辱的人们报仇雪恨。席勒在给友人的信中曾反复强调自己的这一写作动机：

> 哪怕我的卡洛斯从剧坛上消失，对那些至今只是被悲剧之剑稍微划破一点皮的人，我要用剑去刺中他们的灵魂。①

席勒不惜牺牲自己的主人公，也要把心中对于宗教裁判所的憎恶和痛恨畅快淋漓地表达出来，但是，在后来的写作和修订过程中，席勒的宗教批判动机渐渐地发生了变化，他大大地淡化了对宗教裁判所的揭发和批判，而把矛头转向了绝对君主，这一点主要表现在主人公的变换上，我们从 1787 年的定稿当中可以看到，此时此刻，主人公已不再是西班牙王子唐·卡洛斯，而是变成了波撒侯爵；戏剧的焦点也不再是王子的爱情，而是波撒侯爵与绝对君主菲利普之间的冲突。

传统的席勒研究注意到的仅仅是，随着《唐·卡洛斯》的写作动机和主人公的变换，这部诗剧的主题也发生了变化，由一部家庭剧变成了历史剧和政治剧；戏剧冲突的重点也由西班牙王子与父亲之间的家庭矛盾和代际矛盾变成了民族矛盾和阶级矛盾。

但传统的席勒研究基本上都忽略了这部作品当中宗教批判动机的变换：由对超验之神的批判转向对世俗之神的批判以及由此而彰显出来的

---

① 转引自莱奥·巴莱特、埃·格哈德《德国启蒙运动时期的文化》，商务印书馆 1990 年版，第 132—133 页。

超验之神与世俗之神在结构上的一体性。在《唐·卡洛斯》中，波撒侯爵之所以反对国王菲利普，原因很简单：国王忘记了自己还是一个人，而一心追求成为"人上人"——上帝。显然，席勒在这里是要借波撒侯爵的口来表达自己的心声：反对神圣秩序（基督教）与世俗秩序（绝对主义）以及神圣君主（上帝）与世俗君主（国王）在结构上的一体化。

三

如果说，从现代性批判角度来看，席勒反对神圣是"破"的话，那么，他弘扬世俗，也就是弘扬人性，则是"立"。席勒"立"的关键在于提出了"完整的人"的概念，用来作为他的现代性理解的主导范畴。所谓"完整的人"的概念，在德国古典思想那里有着举足轻重的地位，可以说，几乎所有德国古典思想家都是围绕着这个概念建立起自己的思想体系的，或是唯心的，或是唯物的，但有一点是共同的，那就是以"完整的人"作为理想型，促进人性的成长和完善。在席勒那里，"完整的人"既是其追求的理想，也是其理论的前提，归纳起来，主要有两种表现形式：一种是抽象的，一种是形象的。

我们先来讨论"完整的人"的抽象概念，它集中见于《审美教育书简》第15封信：

> 人既不仅仅是物质，也不仅仅是精神。因此，美作为人性的完美实现，既不可能是绝对纯粹的生活，就像那些敏感的观察家所主张的那样，他们过于死板地依靠经验的证据；也不可能是绝对纯粹的形象，就像抽象推理的哲人和进行哲学思考的艺术家所判断的那样。他们中的前者过于脱离经验，后者在解释美时过于被艺术的需要所指引。美是两个冲动的共同对象，也就是游戏冲动的对

象。……在人的一切状态中，正是游戏而且只有游戏才使人成为完全的人。①

席勒在这封信中所阐述的"完整的人"的概念主要包括以下几层含义：

首先，席勒强调了审美对于人性的本体论意义，强调审美过程就是人性的完善过程和实现过程；席勒之所以把人性寓于审美过程之中，是因为他已经意识到了人性的不完善，而在席勒所处身的时代，人性的不完善主要由于两个原因，要么是因为人受到了上帝的压迫（神学世界观），要么是因为人受到了文明的压迫（科学主义世界观）。两种世界观造成了人的双重异化。如果说启蒙哲学在批判神学世界观上有着突破性的贡献的话，那么，它却在有意无意之间孕育和促进了科学主义世界观。换言之，在启蒙时代，人只是从一种异化状态进入了另一种异化状态。如何克服新的异化状态，是摆在每一位启蒙思想家面前的难题，席勒没有回避这个难题，他所给出的建议是审美教育。

其次，具体到人的概念来看，席勒认为，启蒙哲学造成异化主要表现为它对人的理解不是出现偏颇就是趋于激进。按照席勒的分析，启蒙哲学提供了两种完全对立的人的概念，一种是经验主义的人的概念，一种是唯理主义的人的概念。前者强调人的感性冲动，而感性冲动不可能使人达到完善的程度，因为"它用不可撕裂的纽带把高度奋进的精神绑在感性世界上，它把向着无限最自由地漫游的抽象又召回到现时的界限之内"。后者突出的是人的形式冲动，而形式冲动虽然竭力使人获得自由，使人的各种不同的表现达到和谐状态，但它最终激活的不是一个完整的人，而只是我们身上的"纯客体"。

最后，席勒提出了自己的人的概念，就是游戏冲动主宰下的人的概

① 席勒：《审美教育书简》，上海人民出版社2003年版，第120—121页。

念。原因很简单，游戏冲动把感性冲动和形式冲动有机地结合了起来，使人性得以完满完成。换言之，在席勒看来，人只有在游戏状态下，才享受到了充分的自由；人只有在游戏的时候，才真正称得上是一个"完整的人"。而人一旦完整了，人性一旦完善了，美也就得到了彰显：

> 在力的可怕王国和法则的神圣王国之间，审美的创造活动不知不觉地建立起第三个王国，即游戏和假象的王国。在这个王国里，审美的创造冲动给人卸去了一切关系的枷锁，使人摆脱了一切称之为强制的东西，不论这些东西是物质的，还是道德的。①

总之，人性、游戏和审美三位一体，这就是席勒提供给我们的"完整的人"的形象，也是席勒理想中的现代人的形象。

接下来，我们再来看一看"完整的人"的形象概念。最典型的形象当然还得算是席勒笔下的"强盗"。席勒从 1776 年开始构思和写作《强盗》，1781 年完成了第一稿，并用别名出版发行。1782 年 1 月 13 日，《强盗》在曼海姆（Mannheim）国家剧院上演，取得了极大的成功。1782 年，曼海姆出版商推出了第二版，随即又有了第三版，这次的标题上画上了一头猛然跃起的狮子，还题有"反对暴君"的文字，以此来点明作者的真实意图。关于席勒，马克思有过一段我们耳熟能详的评价，这里不妨再引述一次：席勒的文学创作把个人变成了时代精神的单纯的传声筒。② 对于席勒，马克思的这个评价当然是消极的，但我们也可以换个角度来积极地加以理解，也就是说，我们可以把马克思的这个评价再往前发挥一步，那就是：席勒的文学创作不仅仅是时代精神的传声筒，

---

① 席勒：《审美教育书简》，第 235—236 页。
② 马克思：《致斐迪南·拉萨尔》，《马克思恩格斯全集》第 29 卷，人民出版社 1972 年版，第 537 页。

其实也是他自身美学理论的形象陈述。"强盗"这个形象可以说就是席勒理想中的"完整的人"的化身。

问题是，席勒把他的主人公叫做"强盗"，那么，"强盗"作为"完整的人"的化身，其完整性究竟表现在哪些方面呢？或者说，席勒是如何用"强盗"这个人物形象来图解他的"完整的人"的概念的呢？

一般认为，席勒之所以把主人公叫做"强盗"，在很大程度上是一个让步，更是一种策略，为的是能让自己的作品顺利进入公众视野。①但我们如果换个角度看，也可以发现席勒这样命名主人公，其实也是利用"戏仿"制造"反讽"的味道：绝对君主们既然把任何一个起来反对他们和他们所代表的绝对主义制度的人都叫做"强盗"，那好，我们就干脆刻画一个"强盗"给世人看一看，究竟是谁让他们成为了"强盗"，他们作为"强盗"究竟有没有起来反抗的理由和存在的意义；或者说，既然盗亦有道，那么，"强盗"的逻辑究竟何在。

按照席勒自己的交代，《强盗》一剧有三重主题，也就是说，席勒是分三步阐明"强盗"这个形象的完整性格的。②首先是一种不屈不挠的反抗精神。卡尔·摩尔批判和反抗的是一个冷漠无情的世界，因为在这样一个世界里，个性得不到发挥，行动得不到落实，生命眼睁睁地成为一段历史而一无所成。由于这是一个没有人性甚至遏制人性的世界，因此，卡尔·摩尔不断地呼唤创造性和自主性，强调自我意识，反对一切成规。但值得注意的是卡尔·摩尔所选择的反抗途径：他没有寄希望于现有的法律或秩序，而是遁入一个"无法无天"的世界，以此来对抗这个颠倒和不公的世界。

其次是一种刻骨铭心的悲剧精神。卡尔·摩尔作为一个人有着其天

---

① 请参阅 Ulrich Karthaus, Sturm und Drang, Epoche-Werke-Wirkung, Muenchen, 2000, pp. 124—130。

② 请参阅 J. Bolten, *Freedrich Schiller: Poesie, Re-flexion und gesellschaftliche Selbstdeutung*, Wilhelm Fink Verlag, 1985, pp. 64—75。

生的性格缺点，这就是一腔热情，意气用事。他一心想在一个不公的世界里寻找到公正甚至创造出公正，而他选择的途径竟然是"以暴易暴"、"以牙还牙"，用不公对抗不公，这就注定了他的悲剧结局。这里实际上涉及了席勒对个体的理解。在席勒看来，个体自身由于不可避免会带有这样或那样的不成熟，因而很难与世界为敌。想单凭个体的力量去克服世界上的不公，或战胜不公的世界，其结果只能是个体自身陷入不义，并酿成悲剧。

最后则是悲天悯人的牺牲精神。《强盗》虽然不是第一个把世俗之爱作为描写内容的文学作品，但它深刻地揭示了世俗之爱的脆弱性。我们知道，无论是卡尔·摩尔的父亲还是卡尔·摩尔的情人，给予他的都是真挚无私的爱。然而，这种爱不管多么高尚，最终都未能逃出他的兄弟弗朗茨·摩尔设下的诡计。仅仅是弗朗茨·摩尔的一纸书信，就让卡尔·摩尔失去了判断力，失去了对父亲的信任和对情人的爱恋。爱在诡计面前轻而易举地就变成了恨，而且是灾难性的恨。表面上，爱恨错位，只是一场误会；实际上，却是人性本质所致。爱恨错位，最终所造就的是人的牺牲精神。

总的来说，在人的概念上，席勒通过对"强盗"形象的刻画，解决了两个非常重要的理论问题，首先是人的地位问题，主要包括人与世界、人与社会、人与自我以及人与他者（特别是超验他者上帝）的关系，其中，人与社会的关系更显重要。其次是发现了人性的固有矛盾。因此，"强盗"这个人物形象在揭示人的完整性的同时，更发现了人的矛盾性；或者说，席勒塑造的是一个充满矛盾性和同一性的人的形象。人的完整性在"强盗"身上有了一次升华，它不仅仅意味着人的同一性，更意味着矛盾性中的同一性。

四 结语

把抽象的"完整的人"的概念和形象的"完整的人"的概念综合起

来，我们看到，根据席勒的理解，人就其完整性或矛盾性中的同一性而言，只有一个定性，那就是自由。在席勒心目中，古希腊人作为理想中的"完整的人"的代表，追求的是一个自由；强盗作为现实中的"完整的人"的代表，追求的同样也是一个自由。自由，已经不单纯是席勒的一个理想了，更是现代人的一种特殊规定性。

那么，从抽象和形象两个层面上明确了"完整的人"概念之后，我们马上就会提出这样的问题：如何才能把"完整的人"的概念真正付诸实现呢？为此，席勒首先明确了自己的历史观，用"朴素的诗"和"感伤的诗"作为例证，亮明了自己在古今之争中的立场，认为现代虽然有这样那样的弊端，但历史的进步是不容倒转的。接着，席勒针对资产阶级社会提出，人如果想顺乎历史潮流，实现自己的完整性，就必须起来抗争，不仅要像"强盗"那样在社会当中造反，更要在国家层面上革命，而且还要是暴力革命，甚至于在交往关系当中也要推行一场革命，克服掉人的个体化和大众化的极端倾向，为人最终进入一个审美王国奠定基础。不过，所有这些问题都涉及了席勒的历史概念、政治理念以及社会概念，因而已经远远超出了本文的论述范围。

（原载《文学评论》2003 年第 6 期）

尼采审美主义与现代中国

张　辉[*]

一　尼采思想与中国知识界相遇的一般情况

尼采，这位自称具有"不合时宜的思想"的德国哲人，即使不是 20 世纪上半叶在中国知识界影响最大的西方思想家，无疑也应属于最具代表性的人物之列。从 1902 年梁启超在《新民丛刊》上发表《进化论革命者颉德之学说》，[①]到 1920 年李石岑主持的《民铎》杂志编辑出版"尼采号"，再到李石岑《尼采超人哲学浅说》[②]和"战国策派"代表人物陈铨的《从叔本华到尼采》[③]等著作的出版，从王国维、鲁迅到茅盾、郭沫若……尼采的思想，在 20 世纪上半叶的中国始终受到知识人的关注。

就尼采作品的翻译而言，应该说也达到了一定的规模。据目前掌握的材料来看，鲁迅、张叔丹、肖赣、郭沫若、刘天行等人最早翻译的是尼采代表作《查拉图斯特拉如是说》（*Also sprach Zarathustra*, 1883—1885）的序言，《查拉图斯特拉如是说》全文，首先有一位无名氏发表

在《国风日报》上的译本，其后郭沫若、马君武、肖赣、徐梵澄、雷白韦、高寒（楚图南）也有不同的译本问世。尼采的自传《看哪这人!》（*Ecco Homo*，1908）则主要有包寿眉、徐梵澄、刘恩久、高寒等人的译本。另外徐梵澄还译了《朝霞》（*Die Morgenrote*，1881）和《快乐的知识》（*Die Froehliche Wissenshaft*，1882）两本书。还有一些短篇文字的翻译情况，这里不再一一列出。①

同样值得注意的则是国外一些介绍尼采思想和生平的著作也被翻译成中文出版，但这些作品主要来自英法和日本；德国人对尼采的直接论述则几乎没有涉及。比较著名的有英国人 Muegge《尼采》一书，② 法国人 Henri Lichtenberger 的《尼采的性格》③ 和日本人三木清的《尼采与现代思想》④ 等。和许多西方思想传入中国的情形相似，尼采思想在中国的流播，中间媒介的作用也不可忽视。

至于这一时期中国知识界涉及尼采的著作与文章更是数量可观；而受到尼采影响的知识者更可以说是大有人在。⑤ 事实上，尼采的超人思想以及打破一切偶像、重估一切价值等重要思想，在中国赢得了来自不同知识群落的广泛反响与回应，并从不同的侧面被赋予了具有中国特点的内涵。比如，章太炎是较早提及尼采的学说并将之与中国传统思想进行比较的重要思想家，早在 1907 年的时候他就说道：

要之，仆所奉持以"依自不依他"为臬极，佛学王学，虽有殊

---

① 关于德国美学东渐的一般情况可参见拙作《德国美学的东渐及其媒介研究》，《北大中文研究》创刊号（1998），第 354—381 页。

② 1920 年《晨报》以报纸不多见的方式连载英国人 Muegge 所撰的《尼采的一生及其思想》（4 月 15 日至 6 月 17 日）和《尼采的超人思想》（11 月 4 日至 8 日），两篇文章实际上即 Muegge《尼采》一书的全部内容。

③ 丽尼译：《尼采的性格》，《国际译报》第 6 卷第 1 期，1934 年。

④ 卢勋译：《尼采与现代思想》，《时事类编》第 3 卷第 20 期，1935 年。

⑤ 比如关于鲁迅和尼采思想的关联可参看乐黛云《尼采与中国现代文学》，《北京大学学报》（哲学社会科学版）1980 年第 3 期；王富仁：《尼采与鲁迅前期思想》，《文学评论丛刊》第 17 辑，中国社会科学出版社 1983 年版，等等。

形，若以楞枷五乘分教之说约之，自可铸熔为一。王学深者，往往涉及大乘，岂特天人诸教而已。及其失也，或不免偏于我见。然所谓我见者，是自信而非利己（宋儒皆同，不独王学），犹有厚自尊贵之风，尼采所谓超人庶几相近（但不可取尼采之贵族学说）。排除生死，旁若无人，布衣麻鞋，径行独往。①

　　而几年之后（1915）谢无量对尼采的认识，则从一个侧面反映了中国知识人在近代以来的大变局中所走过的心路历程。尼采思想的"多偏宕横决，易使人震荡失守"与"当世之大患"适成对照。② 而傅斯年，则在五四运动爆发的当月，以与谢无量颇相类似的声音表达了自己的思想："我们须提着灯笼沿街寻超人，拿作棍子沿街打魔鬼。"③ 主张打破以孔子为代表的旧中国的文化偶像。而这一思想的形成，显然是与尼采关于不断打破偶像的思想有关的。④

　　所有这些都不只是少数知识人的孤立的声音，而在一定程度上反映了一个时代的大背景：尼采，在中国语境中，不仅是作为一个对现代文明的反对者的形象出现的，而且同时也是被作为近代思想观念的代表者来加以接受的，⑤ 超人哲学，成为批判传统文化中消极因素的有力武器。这一双重特征，无疑凸显了尼采在中国文化中非同一般的文化身份；而随着他的思想被法西斯化，就更增加了这个本来就有争议的思想形象的复杂性。尼采思想与中国的关系可谓扑朔迷离。40 年代，刘天行在他所翻译的《查拉图如是说导言》附识中，一方面否定了人们将尼采与希特

　　① 章太炎：《答铁铮》，《民报》第 14 号，1907 年。
　　② 谢无量：《德国大哲学者尼采之略传及学说》，《大中华杂志》第 1 卷第 7 期，1915 年。
　　③ 傅斯年：《随感录》，《新潮》第 1 卷第 5 号，1919 年。
　　④ 同上。
　　⑤ 关于尼采思想所具有的双重指涉，可参见伊藤虎丸《鲁迅如何理解在日本流行的尼采思想》，程麻译，《鲁迅研究》第 10 辑，中国社会科学出版社 1987 年版。

勒法西斯主义划等号的成见，另一方面，则也同样期望以尼采的思想来作为刺激"怠惰苟安"的国人的"兴奋剂"；① 而冯至则在《尼采对于未来的推测》（1945）中充分看到尼采被希特勒、墨索里尼所利用的同时，对尼采作为现代"文化的批评者"的身份予以了肯定。②

在尼采思想的批判功能得到许多人的认可的同时，对其精神实质的审美主义特征，中国知识界也予以了应有的重视，"战国策派"的重要代表人物林同济，在给陈铨的《从叔本华到尼采》一书所写的"序言"中非常突出地表达了这种思想。林同济对尼采的审美主义理解主要体现在两个方面：其一，他主张以艺术的眼光来看待尼采的作品，即所谓"第一秘诀是要先把它当作艺术看"，这实际上是就接受者的期待视野而言的；其二，就尼采思想本身的真正内涵来说，审美主义也是其核心部分。以艺术的眼光来欣赏尼采，实际上是为了还尼采思想的本来面貌。因此，林同济认为，"尼采就同庄子柏拉图一般，是头等的天才。我们对尼采应该以艺术还他的艺术，思想还他的思想"，③ 而"尼采之所以是上乘的思想家，实在因为他的思想乃脱胎于一个极端尖锐的直觉……逻辑呢？当然逻辑也有其地位。不过是尼采用逻辑，而不是逻辑用尼采。他化逻辑于艺术之火中而铸出他所独有的一种象征性"。④

在我们的论题范围内，需要指出的是，尽管不能简单地以为中国知识界对尼采思想所秉有的批判功能的肯定，与对他的审美主义特征的揭示，具有完全对应的逻辑关系，但是，对二者之间的复杂联系又是不容忽视的。一方面我们要考察尼采思想的生命哲学内涵，是怎样构成了中国语境中审美主义的思想资源的；另一方面，我们同样需要看到，对中

---

① 详见刘天行《查拉图如是说导言》"附识"，《大鹏月刊》第 1 卷第 3 期，1941 年 12 月。

② 冯至：《尼采对于未来的推测》，《自由论坛》第 20 期，1945 年 3 月 17 日。

③ 林同济：《我看尼采》，陈铨：《从叔本华到尼采》，在创出版社 1944 年版，第 2 页。

④ 同上书，第 8—9 页。

国知识界而言，尼采思想的审美主义本质，事实上也不能机械地与唯美主义或艺术至上主义相提并论。李石岑早在 1920 年就对尼采的审美主义思想有所揭示，并且深刻指出："尼采之视艺术，较知识与道德重，至有艺术即生活之语。知识或道德对于生活之关系，与艺术对于生活之关系，大有差异"，但是，他同时又认为："艺术即生活一语，为尼采艺术论之特彩……艺术所以立于知识或道德之上者，故有最高之意味最高之价值在，非浮薄之唯美主义、艺术至上主义，所可相提并论也。"①

那么，在中国语境中尼采审美主义的演进逻辑究竟是怎样的呢？

二　尼采审美主义演进逻辑的中国式诠释

众所周知，尼采审美主义思想源于叔本华，叔本华的思想又在很大程度上来自康德。饶有意味的是，中国知识人对这种思想承继关系的阐释，无论是在表达方式还是在知识旨趣上，都具有非常典型的中国特色。中国文化的丰富内涵与思想前提很自然地便构成了讨论这一问题的宏大背景。这一方面解释了尼采审美主义得以在中国引起共鸣的部分原因，另一方面也从一定程度上展现了现代中国语境中审美主义演进的内在理路及其思想依托。在《叔本华与尼采》一文中，王国维有这样一段精彩的描述：

> 叔本华与尼采，所谓旷世之天才非欤？二人者，知力之伟大相似，意志之强烈相似。以极强烈之意志，而辅以极伟大之知力其高掌远蹠于精神界，固秦皇汉武之所北面，而成吉思汗、拿破仑所望而却走者也。九万里之地球与六千年之文化，举不足以厌其无疆之欲。其在叔本华，则幸而有康德者为其陈胜、吴广，为其李密、窦

① 李石岑：《尼采思想之批判》，《民铎》2 卷 1 号 "尼采号"，1920 年。

建德，以先驱属路。于是于世界现象之方面，则穷汗德之知识论之结论，而曰"世界者，吾之观念也"。于本体之方面，则曰"世界万物，其本体皆与吾人之意志同，而吾人与世界万物，皆同一意志之发见也"。自他方面言之："世界万物之意志，皆吾之意志也。"①

这是就叔本华与康德的关系而言的，关于叔本华与尼采的关系，王国维则认为：

> 自吾人观之，尼采之学说全本于叔氏。其第一期之说，即美学时代之说，其全负于叔氏，固可勿论。第二期之说，亦不过发挥叔氏之直观主义。其末期之说，虽若与叔氏相反对，然要之不外以叔氏之美学上之天才论，应用于伦理学而已。②

透过王国维对审美主义演进逻辑所作的中国式诠释，至少有三个问题值得重视。首先，在王国维的视野中，尼采审美主义的形成，与康德对现象界与本体界的区分具有渊源关系，正是由于这种区分，并通过叔本华的意志哲学这个重要的中介或过渡，此岸的、感性的、当下的也就是审美的存在，成为一切外在世界与内在世界存在的基点，世界成为"我的世界"，用王国维的话来说就是"于是我所有之世界，自现象之方面而扩大于本体之方面，而世界之在我自知力之方面而扩于意志之方面"。③其次，在"世界者，吾之观念"思想的统摄下，尼采的审美主义，事实上经历了由康德意义上的"审美无利害"到叔本华的"直觉主义"的"史前期"，尼采思想的不断演进以至最终形成，意味着审美由精神世界

---

① 王国维：《叔本华与尼采》，《王国维文学美学论著集》，周锡山编校，北岳文艺出版社1987年版，第72页。
② 同上书，第60页。
③ 同上书，第72页。

中一个相对独立的成员，逐步变成一个足以取代相关精神元素的特殊因素或超因素。因此，再次，尼采的所谓审美主义，不仅表现在美学领域和认识领域，表现在艺术与审美的场合，而更主要地表现在现实的生活与生命伦理中，所谓以美学上之天才论应用于伦理学，其实正是以审美的原则来取代伦理的原则，以审美的原则（或无原则）来面对和介入现实的生活。王国维是这样来概括叔本华与尼采在这个问题上所具有的不同思想路径的："由叔本华之说，最大之知识，在超绝知识之法则。由尼采之说，最大之道德，在超绝道德之法则。天才存于知之无所限制，而超人存于意之无所限制。而限制吾人之知力者，充足理由之原则；限制吾人之意志者，道德律也。"① 尽管二人所直接面对的限制分别是知识与道德，但是用以反对这些限制的思想依托却是一致的，那就是康德的"三大划分"中，与知识、道德平行存在的另一极：审美。这样，尼采实际上就在思想范畴内实现了对康德和叔本华的超越和转换。比较而言，如果说，在康德的意义上，审美走向了对自身的认识；在叔本华意义上，审美（"美术"）成为一种高于科学的存在并凌驾于理性之上的话；那么，可以说在尼采的意义上，审美在进一步占领伦理的世袭领地的同时，就在一定程度上实现了对科学与道德的全面渗透与统摄，审美原则也因而被泛化为一种无所不在的精神与生活原则了。对一切问题的讨论实际上都可以用审美的方式来进行，对一切事物的衡量归根结底都要服从审美的内在要求。这样一来，审美不再仅仅是一个知识学的问题，而且是与实际人生直接相关，与每一个人的具体行为和日常生活逻辑不可分离的了，甚至成为一切问题的本根与出发点。也正是在这个意义上，我们将尼采思想的本质理解为一种审美主义。

王国维以《列子·周穆王篇》中的老役夫"昔昔梦为国君，居人民之上，总一国之事，游燕宫观，恣意所欲，其乐无比，觉则复役"的故

---

① 王国维：《叔本华与尼采》，《王国维文学美学论著集》，第62页。

事，来说明尼采与叔本华的审美主义在本质上的不同：

> 叔氏之天才之苦痛，其役夫之昼也；美学上之贵族主义，与形
> 而上学之意志同一论，其国君之夜也。尼采则不然。彼有叔本华之
> 天才，而无其形而上学之信仰，昼亦一役夫，夜亦一役夫，醒亦一
> 役夫，梦亦一役夫，于是不得不弛其负担，而图一切价值之颠覆。
> 举叔氏梦中所以自慰者，而欲于昼日实现之，此叔本华所以尚不反
> 于普通之道德，而尼采则肆其叛逆而不惮者也。①

这就意味着，对于形而上学的关怀与对于审美乌托邦的眷恋，在尼采那
里，已经彻底被削平为一种日常伦理。无价值成为一种价值，而感性生
命本身实际上成为一切价值的唯一依托。从这个意义上来说，林同济以
艺术的方式还尼采的本来面貌就不是没有道理的，而李石岑将"艺术即
生活"作为尼采思想的重要构成，也可以说是其来有自。甚至，我们对
尼采思想的讨论，在一定程度上就是对一种审美主义的把握。

正是沿着王国维的思想路径，中国知识人对尼采与叔本华的思想联
系作了许多很有意义的分析与探究。比如，和王国维一样，田汉在肯定
了尼采与叔本华思想的相关性的同时，对他们在对待人生问题上的不同
态度进行了细致的剖析。② 而这种剖析，实际上给出了审美主义思想的
两种取向，有所谓消极与积极之分，或者说否定与肯定之分。饶有兴味
的是，对于这个问题，陈铨是借助尼采、叔本华和《红楼梦》的关系来
加以论述的，这就使得尼采、叔本华之间的思想关联与中国审美文化很
有意义地交织在一起。

40 年代初期，陈铨发表了两篇迄今似未引起足够重视的文章，一篇

---

① 王国维：《叔本华与尼采》，《王国维文学美学论著集》，第 73 页。
② 田汉：《说尼采的〈悲剧之发生〉》，《少年中国》第 1 卷第 3 期，1919 年 9 月。

是《叔本华与红楼梦》，① 另一篇是《尼采与红楼梦》。② 单看第一篇，我们或许认为那不过是王国维的《红楼梦评论》在 40 年后的一个翻版，但是，如果我们将两篇联系起来看的话，就不难看出，陈铨在对《红楼梦》的思想实质的解说中所表现出的与王国维的分歧，实际上是与尼采和叔本华的思想分歧有一定的对应关系的，甚至于与后者对康德的继承与批判有某种相关。

《叔本华与红楼梦》一文开宗明义就谈到了陈铨还在清华中学读书时阅读静安先生的《红楼梦评论》所受到的影响，并进而与王国维一样，将叔本华思想和曹雪芹联系了起来："在思想方面，叔本华同曹雪芹，有一个同一的源泉，就是解脱的思想。"而在陈铨看来，这种思想，就叔本华来说，也与康德有重要的干系："叔本华继承康德的哲学，把所谓世界一切的事物，都归纳到人类的心灵的观念。世界不是真实，乃是幻觉，我们不能知道物的本身，只能知道物的现象，真实与幻觉的界限，在实际人生中很难划分，所以庄周蝴蝶梦，柏拉图的石穴阴影，成了千古不磨的妙喻。"③ 这是问题的一个方面，另一方面，"叔本华超出康德的思想，发现人类一种极重要的精神活动，这一种精神活动，是推动一切的力量，使世界人生包含另外一种意义，这就是意志……叔本华根据观念和意志，说明世界一切的本源"。④ 这样，基于康德、叔本华的思想框架，陈铨指出，在观念世界里，一切的一切都是人自身的心灵幻觉，这就打破了人类天真的自信；在意志的世界里，人类的活动处处受意志的支配束缚，因而精神上感到极大的痛苦。解脱的方法只有两条，那就是"佛家的涅槃"和"在艺术的创造和欣赏的过程中间……暂时摆脱人生一

① 陈铨：《叔本华与红楼梦》，《今日评论》第 4 卷第 2 期，1940 年 7 月。

② 陈铨：《尼采与红楼梦》，《文学批评的新动向》，正中书局 1943 年版。

③ 陈铨：《叔本华与红楼梦》，见温儒敏等编《时代之波——战国策派文化论著辑要》，中国广播电视出版社 1995 年版，第 278 页。

④ 同上书，第 279 页。

切的关系，无欲以观物，使我们的心灵，暂时自由解脱"。而对人生求解脱则是"叔本华哲学一切问题的中心，也是曹雪芹红楼梦一切问题的中心"。①

但是，这种宗教的或者是审美的解脱，从根本上说来是消极的与悲观主义的。陈铨于是便将研究的方向由"叔本华与红楼梦"转向了"尼采与红楼梦"，他说：

> 到底悲观主义，对人生有什么价值，解脱的理想，对人生是否可能，这一个问题的解决，恐怕只有进一步研究尼采的思想。尼采是最初笃信叔本华哲学的人，后来从叔本华的悲观主义，一变而为他自己的乐观主义，从叔本华的生存意志，一变而为他自己的权力意志，从叔本华的悲惨人生，一变而为他自己的精彩的人生，这一个转变的过程，是世界思想史最饶有兴味的一段历史。也许红楼梦前后的评价，不在讨论"叔本华与红楼梦"，而在研究"尼采与红楼梦"了。②

陈铨的这种转变，还基于这样的一个认识："研究叔本华，我们只能揭示红楼梦，研究尼采，我们就可以进一步批评红楼梦。根据叔本华来看红楼梦，我们只觉得曹雪芹的'是'，根据尼采来看红楼梦，我们就可以觉得曹雪芹的'非'。"③ 也正是在这个意义上，陈铨实现了对王国维的超越。换言之，王国维更多地是通过叔本华这面镜子来发现《红楼梦》的意义"是什么"，而陈铨则企图借助尼采这个相反的参照，来批判《红楼梦》所蕴涵的思想所具有的消极因素，从而回答《红楼梦》的思

---

① 陈铨：《叔本华与红楼梦》，见《时代之波——战国策派文化论著辑要》，第280页。

② 同上书，第283页。

③ 陈铨：《尼采与红楼梦》，见《时代之波——战国策派文化论著辑要》，第284—285页。

想意义究竟"怎么样"的问题——这样做的前提如前所说：在逻辑上，《红楼梦》的消极因素与叔本华的思想无疑是相通的。

那么，对陈铨而言，尼采与叔本华（或者说曹雪芹）的思想究竟有怎样的分歧呢？这实际上也代表了陈铨与王国维的某些不同点。

陈铨将尼采的思想发展分为三个阶段来讨论上述问题。在第一阶段，尼采改造了叔本华的悲观主义，"人生是痛苦的，我们必须要清楚地认识人生，再鼓起勇气来承受它。这就是尼采所提倡的希腊悲剧精神，和叔本华悲观主义的精神已经两样"。① 在第二个阶段，尼采的思想依托由希腊悲剧向"快乐的科学"过渡。这样，叔本华的哲学在尼采看来是不健康的，因为他的遁世主义，实际上是麻醉剂。所谓快乐的科学，已经超出了一般的科学范畴，而毋宁说是一种审美精神的表达。如果科学和理智成为生命的障碍，如果真理成为人生的桎梏，那么，"理智主义也和悲观主义同样的不可靠"。因为"尼采对人生的态度，始终是肯定的。他要的是人生，真理可以牺牲，人生不可以牺牲。人类最大的问题，不是什么是真理，乃是怎样发展人生，假如真理能够解决这个问题，真理就值得我们采用，假如真理不能担任这一使命，真理就是一个无用的东西，要不要根本毫无关系"。② 尽管同样是以意志来否定理智的主宰地位，但是很显然，在这里尼采已经几乎完全否定了叔本华对形而上问题的任何关切，意志，实际上与人的感性当下存在是等价的，生命的现实存在，而不是任何高于或外在于它的东西，成为一切意义和真理（假如还有真理的话）的发源地。③ 由此向前延伸，在尼采思想的第三阶段，生命意志的作用得到了可以说是极端的强调。陈铨说："叔本华哲学中间最严重

---

① 陈铨：《尼采与红楼梦》，见《时代之波——战国策派文化论著辑要》，第286页。

② 同上书，第287页。

③ 对叔本华、尼采（特别是尼采）上述思想特征的概括，可以与齐美尔在《现代文化的冲突》一文中的看法互相参看，见刘小枫主编《人类困境中的审美精神——哲人诗人论美文选》，东方出版中心1994年版，第245—246页。

的问题，就是怎样摆脱意志，尼采哲学中最严重的问题，就是怎样激励意志。尼采发现，人类除了生存意志之外，还有一个最伟大的生命力量，就是'权力意志'。人类不但要求生存，他还要求权力。生存没有权力，生存就没有精彩。权力意志最强烈的时候，人类可以战胜死亡，生存意志再也不能支配他。要解除人生的束缚，不应当勉强摆脱生存意志，应当强烈地鼓励权力意志。"① 这就是说，在陈铨看来，尼采的"权力意志"这一核心概念，正是其以个体生命存在为本原的审美主义思想的重要延伸乃至完成；就尼采与叔本华的分歧而言，在这个层面也可以说走到了极限。

进而，如果拿尼采思想与曹雪芹或《红楼梦》的理想来比较的话，在陈铨看来"正像北极和南极的距离"。因为《红楼梦》像叔本华一样是审美地摆脱生存意志——这与王国维的解释如出一辙，而尼采则是审美地将人生这场戏尽可能"唱得异常精彩，异常热烈"。②

应该说，陈铨的上述阐释是颇发人深省的。透过他关于积极审美主义和消极审美主义的言说，我们看到的是由康德开始，经过叔本华，再到尼采，德国美学所完成的由认识论到本体论的革命性转变。当我们在康德的体系中将审美问题作为一个知识论范畴来论说时，我们更多地关心的是审美作为一种人类能力在科学与伦理之间的桥梁作用，以及它作为现代性方案的有机组成部分对人的感性存在的肯定。在这个意义上，人在审美过程中，以一种不同于理性和道德的方式而对世界加以认识。也就是说，审美的认识方式只是所有认识方式中的一种而已。但是，如果我们在尼采的意义上来讨论审美问题的话，正如陈铨（还有王国维等人）所分析的那样，事实上那已经不是一个认识论层面的问题，而是一个本体论问题，我们应该回答：人怎样以一种审美的而不是与世界相对的方式来生活？无论是消极地还是积极地面对苦难的人生，最关键的是，

---

① 陈铨：《尼采与红楼梦》，见《时代之波——战国策派文化论著辑要》，第 288 页。
② 同上书，第 289 页。

我们不是世界之外的存在，而是世界的一部分，我们无法与世界机械地分开，而必须以我们的"意志"来为世界立法，以我们的"生命"来规定真理的疆界，总之，以我们的审美情怀来给定世界以意义。而且只有在审美中，我们才能做到这一切。这也就是说，审美不再是一种认识世界的方式，而是一种与世界相交融的生存方式。从审美现代性的角度来说，尼采的思想，实际上已经将启蒙运动以来对"人"的肯定，变成了一种对"审美的人"的肯定。审美，以其对抽象的理性原则与伦理原则的否定，回到了人自身，也以其对科学与道德律的怀疑，成为对现代社会批判的力量，并最终成为现代性中的反现代性因素，开了后现代主义的先河。

如果说，上述这一切，还只是在尼采与其他哲人的对比之中，解释了尼采的思想本质与中国审美主义思潮的关联的话，那么，当我们分析在中国语境中，知识人对尼采所提倡的"酒神精神"的解说时，这个问题也许会看得更加清楚。

三 酒神精神与现代审美主义的内在纠结

在尼采思想构成中与日神精神相对的酒神精神，似乎早已是一个为人们所熟悉的思想或审美范畴。完整翻译《悲剧的诞生》，[①] 尽管是 20世纪 80 年代之后的事情，但是，早在这个世纪的上半叶，就有人对此作过很有意义的论述。问题的复杂之处在于，在尼采那里，酒神精神是与现代文化精神相对存在的，[②] 而在中国语境中，这种以古希腊悲剧来指

---

① 《悲剧的诞生——尼采美学文选》，周国平译，生活·读书·新知三联书店1986 年版，第 1—108 页。

② 尼采下面的话就是一个证明："现代萎靡不振文化的荒漠，一旦接触酒神的魔力，将会突然如何变化！一阵狂飙席卷一切衰亡、腐朽、残破、凋零的东西，把他们卷入一股猩红的尘雾，如苍鹰一般把他们带到云霄。"引自周国平译《悲剧的诞生》，第 89 页。

陈的审美精神，实际上又代表了一种现代思想类型：与尼采用审美来反对基督教传统相平行，中国人对酒神精神的肯定与借鉴，乃至对"酒神精灵查拉图斯特拉"（尼采语）① 的大量涉及，也是与对传统思想的消极因素所作的批判无法分开的。而我们在这里讨论"酒神精神"的中国化阐释历史，其意义还在于，"《悲剧的诞生》是尼采哲学的'真正诞生地和秘密'，作为其中心思想的酒神精神是理解尼采全部思想的一把钥匙。尼采哲学的主要命题，包括强力意志、超人和重估一切价值，事实上都脱胎于酒神精神：强力意志是酒神精神的形而上学别名，超人的原型是酒神艺术家，而重估一切价值就是用贯串着酒神精神的审美评价取代基督教的伦理评价"。② 换言之，酒神所代表的审美精神，既是尼采其他一切思想的出发点又是其归属。

请看李石岑20年代初是怎样解说尼采的"酒神精神"的！这些解释也是从尼采对叔本华的继承、批判与发展开始的：

> 尼采最初受叔本华之影响，于悲剧之发生一书内，以阿婆罗代表个别之原理，以爵尼索斯表现意志之直觉；前者立于梦幻的认识之上，后者立于生命之直接之酣醉欢悦之上。然叔本华之意志之自认识，为较高之认识，尼采反此，则视为较高之活动酣醉欢悦者，人类一切象征的能力达于最高之状态也。欲达人类生活之高潮，不特言语与概念，而特浑身一切力之解放之自我之象征的表白。叔本华"生活否定"之意志之直觉，即尼采所视为生活之高潮也；故没却意识的自我，而突入生活之涡卷中，于此乃以纯粹之生命，而与存在之永劫之快乐相融合：此即吾人本来之生活也。③

---

① 这一说法见尼采为《悲剧的诞生》再版所写的序言《自我批判的尝试》一文，引自周国平译《悲剧的诞生》，第279页。
② 周国平：《尼采：在世纪的转折点上》，上海人民出版社1986年版，第70页。
③ 李石岑：《尼采思想之批判》，《民铎》2卷1号，"尼采号"，1920年。

不难看出，李石岑在这里已然认识到尼采对阿波罗和狄俄尼索斯的区分，就是对"意志之自认识"与"生命之直接之酣醉欢悦"所作的区分。而狄俄尼索斯所代表的酒神精神也就因此已经不再是一种认识论范畴。酒神精神不是像叔本华的"意志之直觉"所表达的那样是对生命的否定，而恰恰就是"意志之直觉"本身，只有在这种忘我的境界中，人才会回到"本来之生活"，使生命与永劫之快乐相融合。李石岑的这一解释，无疑使尼采思想的审美主义本质通过狄俄尼索斯昭然呈现在我们的面前：生命的本质是"直接之酣醉欢悦"，是"不恃言语与概念"的，因而也是审美的。而只有在审美中，人才是人自身。这实际上也就意味着，审美被置于了言语与概念、理性意识以及个别原理之上，而具有了本体论的内涵。不妨对照一下尼采自己在回顾《悲剧的诞生》的写作旨趣时，是怎样解释他的审美主义的：

> 只有作为审美现象，人世的生存才有充足理由。事实上，全书只承认一种艺术家的意义，只承认在一切现象背后有一种艺术家的隐蔽意义，——如果愿意，也可以说只承认一位"神"，但无疑仅是一位全然非思辨、非道德的艺术家之神。他在建设中如同在破坏中一样，在善之中如在恶之中一样，欲发现他的同样的快乐和光荣。①

尼采的这些自述之中，"非思辨、非道德"几个字格外可圈可点。中国学人对他以审美为本位反科学、反道德的思想本质所作的概括，与他的自我认识可以说是惊人地相似。"只有作为审美现象，人世的生存才有充足理由"，这可以说是尼采的审美主义精神或者酒神精神的最集中概括。

事实上，酒神精神不仅在与叔本华的意志哲学的对比之中显出其重要特征；它与日神精神的分野，也使其审美精神特质更加突出。对此，

---

① 尼采：《自我批判的尝试》，引自周国平译《悲剧的诞生》，第 275 页。

常苏波的观点无疑是非常值得重视的，他对尼采哲学和美学中这两位悲剧之神的本质，作了很有意义的解剖和对比："尼采从希腊人借用了阿坡罗与狄奥尼苏司这两个名词。这两个神明与艺术发展的密切关系正如男女两性与人类生育的不可分离。我们从这两个希腊人的艺术之神悟晓在希腊世界之中存在一个广大的对照，渊源与目的完全是相对的，即是造型的艺术与音乐的艺术。"更重要的是，"他两个所代表的是两个不同的世界。阿坡罗是日神，代表梦幻的世界；狄奥尼苏司是酒神，代表沉醉的世界"。在这二者之中，日神"看重的是和谐、限制与哲学的冷静"，因为他"代表着在一个虚幻世界之前，在赋有美丽外形的世界之前的恍惚镇静的状态"，"他知道眼前看见的是梦幻世界，但是他还喊着‘这是梦幻，我还要再梦’"。而狄奥尼苏司呢？常苏波认为在尼采那里他"比较更原始。春之来临与催眠药酒觉醒了狄奥尼苏司精神。人类受了他的精神的鼓舞自由发泄他原始的本能，沉溺在狂欢，酣歌，舞蹈之中。人与人之间的一切藩篱都被打破，人类又与自然合一，沉入神秘的原始的一致中，达到一种完全忘我的境界。在歌唱与舞蹈中，人类如与神明同在，他不知道该如何走，如何唱，他简直要快活地腾如空中。他自己感觉着他是一个神明，他神魂荡漾意气昂扬到处倘佯着如同他在梦幻中看见的神明一样，人在这个时候不复是一个艺术家，他已经变成一件艺术品。他对一切固定的事物都不满，他建造他又破坏。生命在他是一席转动的盛馔，所谓幸福就是无休止的活动与野性的放荡"。①

在常苏波对尼采所作的解释中，日神对世界所持的哲学般冷静的态度，与酒神所具有的沉溺的态度，所形成的绝好的对照，当然是值得注意的；而更为值得注意的是，日神以一种对梦的自觉来享有梦境的精神，实际上正是一种审美乌托邦。不过，与酒神完全让自己变成一件艺术品，在忘我境界中投入自然和艺术的做法不同，日神始终保持着与这个世界

---

① 常苏波：《尼采的悲剧学说》，《中德学志》第 5 卷第 1 期，1943 年。

的距离，处于一种以审美的方式来认识世界的地位，而不像酒神那样，将自身直接化为世界的一部分，审美，实际上就是世界的全部表征与意义之所在。进一步说，常苏波的这种分析，实际上，也可以看作是将康德特别是叔本华意义上的审美认识论与尼采意义上的审美本体论的区别，转换成了悲剧意义上日神与酒神精神的区别——当然机械地将二者等同又是很不明智的。就尼采审美主义的本质而言，酒神精神无疑处于更加重要的地位，对此，常苏波是这样说的：

> 悲剧中的阿坡罗元素的幻觉之助完全胜利了狄奥尼苏司的主要的音乐元素，并且以音乐作为达到它的目的之工具，不过这个阿坡罗幻觉在最主要点是要消灭了的。在悲剧的整个效果说，狄奥尼苏司元素却又占了阿坡罗的上风。阿坡罗幻觉最后被发现只不过是内在的狄奥尼苏司效果的悲剧扮演中热心的面网。狄奥尼苏司效果极有力量，它逼迫着阿坡罗戏剧用狄奥尼苏司的智慧来谈话，强迫他否认自己，与它的阿坡罗超越性。[①]

说狄奥尼苏司凭借自身的强力，否定了"阿坡罗的超越性"，可以认为是点到了酒神精神的关键之处。如前所说，酒神精神实际上是否定一切形而上的存在的，他所感觉到的神明就是他自己："他自己感觉着自己就是一个神明"。这种对自我的极端肯定，无疑，正是审美主义地强调当下生命的意义而否认生命之外的任何超验因素的直接结果。

　　不过，即使我们可以认为李石岑和常苏波对尼采以酒神精神为代表的审美主义，给予了切近而清晰的解释，我们仍然不能简单地以为，尼采的审美主义在中国语境中只有一种唯一的内涵与"正解"。即使局限到对酒神精神的理解这个角度来说，至少朱光潜就与常苏波有不同的看

　　① 　常苏波：《尼采的悲剧学说》，见《中德学志》第 5 卷第 2 期。

法。而这种分歧本身，实际上使尼采审美主义在中国知识人的视野中，获得了复杂而丰富的知识社会学意义，甚至有助于我们对中国传统审美主义内核的重新理解与重新认识。

朱光潜在 20 世纪 40 年代是这样来解释尼采的酒神精神的：

> （尼采）认为人类生来有两种不同的精神，一是日神阿波罗的，一是酒神达奥尼苏斯的。日神高踞奥林匹斯峰顶，一切的事物借他的光辉而得形象，他凭高静观，世界投影于他的眼帘如同投影于一面明镜，他如实吸纳，却恬然不起忧喜。酒神则乘生命最繁盛的时节，酣饮高歌狂舞，在不断的观照的生命跳动中忘却生命的本来注定的苦恼。从此可知日神是观照的象征，酒神是行动的象征。依尼采看，希腊人的最大成就在悲剧，而悲剧就是使酒神的苦痛挣扎投影于日神的慧眼，使灾祸罪孽成为惊心动魄的图画。从希腊悲剧，尼采悟出"从形象得解脱"（redemption through appearance）的道理。世界如果当作行动的场合，就全是罪孽苦恼。如果当作观照的对象，就成为一件庄严的艺术品。①

表面看来，尼采的酒神精神和审美主义实质在朱光潜那里被最终归结到日神精神上了，因为，酒神的一切作为只有在日神的慧眼中才能真正成为"一件庄严的艺术品"。但是，仔细分析朱光潜的上述解释，我们又不难看到，通过艺术的方式来解脱人间的罪孽与苦恼的思维逻辑——无论它是直接通过酒神的行动，还是由酒神方式上升到日神的观照方式，从本质上说实际上都没有逸出审美主义的范围，审美仍然是最终的解决之道："从形象得解脱"，而不是从理性和形而上学得解脱。

更值得我们关心的也许是，朱光潜的上述论点，在不经意间把尼采

---

① 朱光潜：《看戏与演戏》，《文学杂志》第 1 卷第 2 期，1947 年。

的审美主义思想与中国传统的审美主义思想传统至少是部分地联系了起来。在静观中获得审美的或艺术的忘我之境，而不是在外在生命表现的躁动中进入超越境界，可以说是更具有中国色彩的审美理想。对尼采思想所作解释的正确性成为问题的次要方面，更重要的是，在尼采这面镜子前，我们看到的是两幅不同的审美知识图景。对李石岑与常苏波来说，酒神精神的意义在于，它将人们对生命的醋畅体验与违反生命本质的一切人为的东西形成了鲜明的对照，因而实际上是与前文论及的刘天行的"兴奋剂"说，乃至林同济、谢无量、章太炎等人的观点一脉相承的，审美精神在这里是一种新的社会知识范型的集中代表，反映了当时的中国知识人要求个性解放、突破传统束缚的内在追求，尼采因而是一个文化的符号，一个新思想表征。而朱光潜的解释，则实际上力图在尼采思想与中国传统思想中间寻求一种共同的东西，一种融合而不是对立的精神联系。这样我们就不难理解，为什么朱光潜在强调日神与酒神之间"占有优势与决定性的倒不是达奥尼苏斯而是阿波罗，是达奥尼苏斯沉没到阿波罗里面，而不是阿波罗沉没到达奥尼苏斯里面"的同时，要将他所理解的尼采思想来与王阳明的"知行合一"说加以连接了。因为他认为，"知行合一"是侧重行动的看法，而"止于知犹未足，要本所知去行，才算功德圆满"。①

总之，审美主义，不只是德国思想的遗产，而且也是中国语境中具有特定现代性内涵的知识话语。尼采审美主义思想在中国知识界所引起的不同反响，无疑为我们在东方视域中理解审美主义提供了不可多得的历史资源。

四　尼采审美主义：现代性建构与乌托邦冲动

作为德国审美主义思想传统的集大成者，尼采思想的审美特性已经

---

① 朱光潜：《看戏与演戏》，《文学杂志》第 1 卷第 2 期，1947 年。

展现在我们的面前。在现代中国语境中，尼采审美主义的凸显，不是一个孤立的现象，它与整个中国的现代性进程紧密相关。可以说，只有在这样一个广阔的思想史背景下，我们才能真正理解中国知识人重新阐释尼采审美主义的内在动因以及所面临的问题，而审美主义的现代性思想逻辑以及乌托邦冲动，因此也才能得到进一步的认识。

我们先来看看审美主义的现代性逻辑。首先，从外在的表现来看，中国知识界对尼采的介绍是为了使用这个批判的武器来反对旧伦理、旧文化与旧的传统束缚，建造一个新世界，这与中国的现代性进程直接呼应。无论是王国维从审美对"超越道德法则的生活"的重要作用这个角度出发，对尼采的审美主义所予以的肯定；还是李石岑将尼采的审美精神与"艺术即生活"的审美态度所作的联系；抑或陈铨通过对《红楼梦》的思想内容与尼采思想的本质所作的跨文化与跨时空的对照；或者常苏波对尼采所谓的酒神精神与审美主义的内在关联所作的描述……甚至田汉、林同济乃至谢无量、傅斯年等人对尼采的介绍与分析，不管其切入问题的角度、深度和广度有什么不同，这一点似乎都是无法回避的。

其次，从思想依托来说，审美主义也并没有真正脱离现代性赖以建立的启蒙主义知识框架。在对尼采思想的中国式诠释中，我们不难发现，西方启蒙运动以来对人的精神领域所作的知、情、意三大划分，在这里依然发挥着重要的效用。从一定意义上说，人们企图利用审美精神资源，从个体生命在当下文化语境中所获得的意义出发，而不是从既有的伦理与理性原则出发，来建立现代世界的精神坐标。审美，作为与伦理和理性平行的第三个维度在此显得格外引人注目。

再次，从现代性方案的整体建构来进行分析，中国语境中的尼采审美主义，既是现代性的肯定因素，又同时具有否定意味。从肯定的意义上来说，如前所述，审美主义通过彻底肯定人的感性生存来肯定人的主体性。从中我们看到的是一个更侧重于人的感性发展与生命自由的现代性方案。如果说，早在19世纪末叶，器物和制度层面的现代化就是中国知识人关心的重要问题，而人本身的问题最终也并没有逸出人们的视野的话，那么，可以说从审美角度来切入后一个方面的问题，不仅与现代美学的主题正相契合，同时也与现代中国社会结构、经济—政治生活样态大变局之中，人的精神存在所发生的变化是同步的。或者毋宁说，现代中国知识人在对德国审美思想的批判性诠释中所体现的审美现代性，正是对现代文化发展中人的位置与人的命运的一个最切近个体本身的思考。人，首先不是现代经济与政治制度中理性的人，不是社会结构中伦理的人，而是作为一个活生生的个体的人，成为现代性问题的中心之所在。这同时实际上也就意味着，在韦伯意义上的"理性化"的现代性线索之外，我们还能发现一条从"感性主体"出发的现代性线索。从否定的意义上说，尼采审美主义，实际上在现代性话语本身之中设定了一个很有意义的对照性的话语系统。当更多的知识人在谈论如何通过现代科学、现代政治与法律以及现代经济操作方式来使中国走向现代化的时候，有一批人文知识分子从自身的知识系统出发，来思考现代性进程中中国人感性个体精神样态的问题。现代中国，不仅意味着科技的发展与民主制度的建立，而且更重要的是，它还是人的精神性内质的革命性变化，这种变化是与现代科技发展与社会制度相辅相成的，同时，如果从审美的角度来看问题的话，它也提醒我们必须对现代性本身提出质疑。从这个意义上来说，我们与其把审美现代性作为一个取代其他现代性的方案，不如更准确地说，它是整个现代性工程中的"异己"成分，对现代性本身具有潜在的批判力量。而之所以具有批判作用，很显然，并不是因为它提出了一条真实的解放之路，而在于它深刻显示了现代社会违反美的理想的一面。

因此，透过尼采审美主义的现代性逻辑，我们不难看到这种现代知识话语的乌托邦冲动。托马斯·曼曾对尼采思想的审美主义本质作了非常有意义的概括。曼认为，尼采继承了叔本华的下列思想，即生活唯有作为表象，纯粹加以直观，通过艺术再现，才是一生有意义的戏剧。而这一思想的内涵其实就是"生活唯有作为审美对象才有存在的理由。生活只是艺术和假象，如此而已。因此（文化、生活范畴的）智慧高于（道德领域的）真理，这一悲剧性、讽刺性的智慧出于艺术本能，为了艺术而限制科学，为了保卫生活这一最高价值而兵分两路：一路抵挡诽谤生活者和崇尚彼岸或涅槃的悲观主义，另一路抵御自封理智者和改变世界者的乐观主义——这些乐观主义者编造关于天下均可得尘世幸福，关于公道的童话，为发动社会主义的奴隶起义作准备。这种悲剧性智慧为充满虚妄，艰辛的生活祝福，尼采为这种悲剧性智慧洗礼并起名狄俄尼索斯"。① 比较一下托马斯·曼的上述看法与中国学人的一系列观点，我们不难发现其中有惊人的契合之处。正像王国维及其后继者们所分析的那样，尼采是叔本华的学生，而不是他的真正论敌。而在审美主义这一点上，应该说尼采与叔本华的联系表现得更加突出。生活只有作为审美对象才真正有意义的观点，以及对艺术本能的强调和对狄俄尼索斯精神的追寻，不仅使尼采思想与叔本华思想的联系与分别得以凸显，而且实际上也正是中国知识界重视尼采思想的深层的哲学原因之所在。李石岑的下面这段话是很有代表性的："我们目前第一步的工作就是在于打破中国人的固定观念（fixed ideas）。这便是改变中国人的因袭性而代之以创造性。"而这种创造性的本质就是酒神精神，"完全是酒神的思想，完全是属于意志的世界。我们要在这个世界里面活动，才可以唤醒不进步的中国人，才可以救济带有黏液质的中国人，才可以根本改变中国人消极和廉价的肯定的人生。这是现在唯一的方法，也是我现在唯一的希望"。② 这种良好的通过审美来改造国民性的乌托邦冲动是否能够成为现实，尽管颇可怀疑，但是，尼采的审美主义得以进入中国的动因却是非

---

① 托马斯·曼：《从我们的体验看尼采哲学》，见刘小枫主编《人类困境中的审美精神》，第320—321页。
② 李石岑：《超人哲学浅说》，商务印书馆1931年版，第43页。

常清楚的。如果乌托邦也有积极与消极之分的话，那么，尼采审美主义对艺术与审美人生的肯定应该属于积极之列吧？然而，积极的乌托邦依然是乌托邦。试图以审美的方式来解决本该由理性和伦理来解决的问题，不仅是僭越，而且是不切实际的。

对尼采而言，所谓审美，实际上是感性自足的代名词，是现代人企图按自身感官经验来建立新世界的企图的生动体现，它否定的正是任何意义上唯有精神才被视为至高无上的东西的旧生活体系和思想原则。这种企图的最终结果，不仅如倭铿所说的那样，"由于……寻求实现一种与所有传统与环境束缚相对立的审美意义上的生活和一种艺术的文化，它将与传统的宗教与伦理发生极为激烈的冲突"。① 而且，作为一种倭铿意义上的审美个体主义，尼采的审美主义不可避免地将"以虚假来代替真实，以至于到了竟然相信那种虚假的产品已经就是真实的地步了"，也就是说将审美过程中的纯然表面化的"心境的生命"，当成了一种真实的生命，将审美体验中的主观世界的现实，当成了真正的现实。② 从这个意义上来看，如果说，从审美的原则出发来批判传统世界的不合理性以及对人性的戕害与限制人性，具有其切中肯綮之处的话；那么，我们不能不同样看到，尼采思想本身的缺陷，事实上使他在克服与反对现代社会的机械与异化的生活现实的同时，也在另一个方面，面临着现代社会机制与文化运作所带来的价值虚无与意义失落的困境。它所营造的正是一种审美乌托邦。在尼采审美主义那里，如在所有的审美个体主义体系中那样，"精神与感官是混合一体的这种对精神的一切要求和精神活动的一切独立性因而都全被放弃了，从而感官将必然地统治着精神。结果造成一种精神的简单退化，一种纯化过的感官，而这对于反对一种粗俗的

---

① 倭铿：《审美个体主义之体系》，见《人类困境中的审美精神》，第191页。
② 同上书，第195页。

愉快之闯入是无济于事的"。① 换言之，尼采思想在批判现代生活逻辑的同时，并不能真正解决现代生活本身所带来的问题，它自身甚至已经构成了现代问题的一部分。从这个意义上来说，我们就不难理解为什么中国知识界对尼采的肯定与鼓吹，并未能从根本上为中国之现代精神空间的形成带来建设性的成果了。如果说，现代社会的技术与职业文化对人的感性存在与生命内在深度的限制，与传统专制社会对人的发展的钳制，构成了一种负面的"进步"的话，那么，尼采审美主义所留下的精神意义上的空白，也是与现代社会与现代文化对人的精神与灵魂的宁静与崇高所构成的侵害，具有同样的危害性的。中国学人在 20 世纪上半叶对尼采思想的审美主义实质的认识，也许不仅可以作为一种历史批判的材料，而且，也会对人们如何面对削平和消解了的当代精神世界有所启示。将现代性建构在一种乌托邦冲动之上，不仅是危险的，而且甚至是一种海市蜃楼。

托马斯·曼说，对尼采而言具有灾难性的错误有两个，"一是完全地、故意地（人们只能这样认为）颠倒了让人世间本能和理智之间的力量对比，好像理智是危险的主宰，好像从理智手里解救本能刻不容缓……二是认为生活和道德在分庭抗礼，从而完全摆错了这两者之间的关系"。② 回顾中国知识界对尼采的接受与批判的历史，本能与理智之间，生活与道德之间的矛盾，似乎不是问题的主要方面。更重要的是，在尼采身上，我们进一步看到了在现代性思想格局中审美所具有的两面性：它既是现代性中批判的力量，既批判传统也批判现代性自身；同时又代表着现代性本身无法克服的矛盾——人必须按自身的生命体验来确立自身，又不能只按照个体的审美生存方式来确立自身。现代社会人的

---

① 倭铿：《审美个体主义之体系》，见《人类困境中的审美精神》，第 201 页。

② 托马斯·曼：《从我们的体验看尼采哲学》，见《人类困境中的审美精神》，第 328、329 页。

解放，不能忽视审美的维度，但现代性如果仅仅建立在个体心理和个体感性的层面，与之相关的一切设计也终将化为乌有。

（原载《中国社会科学》1999 年第 3 期）

两种"距离"，两种"审美现代性"

——以布洛和齐美尔为例

金惠敏*

在西方美学史研究中，"距离"是一个老话题了，似乎熟烂到无话可讲的地步。但近年来，学界关于全球化和电子媒介所造成的"趋零距离"如何危及——如果不至于"终结"的话——文学以及其他一切人文形式的存在的讨论和争鸣，使得这个沉默多年的话题大有复兴之势。对于"文学终结"论与"距离"的关系问题，笔者已有专论，[①]此处不再重复。本文将从另外一条思路进入这个问题。我们就从"心理距离"开始。

一 "心理距离"说与"审美现代性"

说到"心理距离"，自然是以爱德华·布洛的论述在美学史上最为典型的了，它最系统，最严密，也最有影响。但如果说它是布洛的首创，恐怕是要加上很多的限定方可说得通的。就其理论谱系，朱光潜先生早就指出，"'心理距离'说可以在德国美学中找到根源。叔本华已经把审美经验说成是'彻底改变看待事物的普遍方式'"。[②]其实，叔本华也是更具体地

---

  * 金惠敏：中国社会科学院文学所研究员。

  ① 金惠敏：《媒介的后果——文学终结点上的批判理论》，人民出版社 2005 年版。

  ② 《朱光潜全集》第 1 卷，安徽教育出版社 1987 年版，第 233 页。

使用过"距离"一词，不过因出处冷僻而不大为人注意罢了："我们的生命履历就像一幅马赛克图案：惟当与其拉开一定的距离，我们方才能够认识它、鉴赏它。"① 朱光潜对"距离"的分析是："就我说，距离是'超脱'；就物说，距离是'孤立'。"② 这是对布洛"心理距离"说的阐发，也是对叔本华由哲学而美学的"距离"的解读。距离在审美主体，是"超脱"于为利害盘算所困扰的日常生活中的自我，在对象或客体则是将其从与我们的功利性关系中"孤立"出来，审美活动由此距离化而发生。

对此我们尚需进一步指出，第一，自我的"超脱"与对象的"孤立"分开说是虽各有侧重，一为"我"，一为"物"，但整体观之它们又是同一审美活动的两个方面，是同时出现的，是辩证一体的。不能在"超脱"与"孤立"之间序出个时间的先后来。审美主体的形成过程同时就是审美对象的形成过程，这尤体现于自然之成为美这一现象。不过说到艺术品也不例外，虽然自然或生活已经转化为艺术品，但这样的艺术品并不就是审美对象，而是用接受美学的术语说，文本，有待于在阅读或欣赏中活动起来，成为"作品"，即成为我的审美对象。当然我们并不否认审美教育在培养审美主体方面的作用，但无论如何，未进入审美活动的主体都不能被视为审美主体，他至多只是一个潜审美主体或文本性主体。形象地说，"音乐的耳朵"在未听到音乐的时刻不过就是普通的耳朵；"音乐的耳朵"只能是在音乐中的耳朵。

第二，由于物不能自己就呈现为审美对象，所以物之"孤立"说到底将取决于一个审美主体的存在及其作用，这就是何以布洛被作为"态度"（attitude）理论家的原因。换言之，主体的审美"态度"是一物能够出现为审美对象的终极性原因。尽管不可否认物理性间隔如时间和空

---

① 转引自金惠敏《意志与超越——叔本华美学思想研究》，中国社会科学出版社1999年版，第173页。

② 《朱光潜美学文集》第1卷，上海文艺出版社1982年版，第22页。

间等天然地具有造成心理距离的效能，但心理距离在布洛那儿首先是一种积极的主观态度，"距离经验是我们能够学习获得的某种东西"，如研究者所指出，"在这一基本的意义上，距离是一个心意状态或一个态度，而非一个数量尺度。审美距离没有物理距离那样的单位。距离经验几乎可以发生在任何情境，指向任何对象，只要一个观照者有足够的能力施之于如此的经验"。① 那么"至少在理论上，任何东西都可以是审美欣赏的潜在对象"。② 不难发现，在其对"态度"的强调上，布洛的距离说实在就是笛卡尔—康德主观唯心主义哲学的美学翻版，就是美学上的"人类中心主义"，或审美上的现代性，尽管这并非一定是说布洛对此已有明确的意识或意图。这里我们只是愿意指出布洛距离美学所暗涵的倾向而已。可以作为对照的是，叔本华的审美距离观恰恰是反人类中心主义的，是对生命意志的否定和弃绝，因而预示了20世纪的后现代主义思潮。

布洛从心理学的角度去研究审美欣赏中的距离问题，其特色，如果说不是什么创新的话，不在于心理学方法的使用，不在于距离问题的指出，进而总体上说也不在于心理学地考察审美现象，而在于以心理学的方法探讨了一个具体而又自康德以来便位处核心的现代性美学概念即"距离"。布洛在20世纪美学史上的经典意义首先是心理学的，"心理距离"是一个审美心理学的概念；但远不止于此，逸出于心理学界限，布洛以独辟的"心理距离"视角进而还窥测了如今被广泛讨论的"审美现代性"问题。

二　货币、距离与"社会的审美现代性"

所谓"审美现代性"，其底色是自始以来审美或艺术从日常、功利、实用和理性中的疏离，是这种疏离生产出以艺术为其精华的审美活动，

---

① Dabney Townsend (ed.), *Aesthetics*, *Classic Readings from the Western Tradition*, Belmont: Wadsworth, 2001, p. 238.

② Michael Kelly (eds.), *Encyclopedia of Aesthetics*, vol. 4, New York & Oxford: Oxford University Press, 1998, p. 317.

而现代社会对于工具理性的过度崇尚和依赖即由此而形成的一套现代价值观念或简单来说"现代性"又给这亘古便有的艺术与日常生活的矛盾涂抹了新的色彩、强度和复杂性。在"审美现代性"理论中，"审美"被作为对"现代性"的救赎，但反讽的是，这"审美"又与"现代性"同根同祖。可以看到，以现代艺术所体现的"审美"理想恰是自主、自由、个性、创新等这些最基本的现代性原则，于是"审美现代性"就成了一个自相矛盾的概念。这究其根源不在两种观念内部的相悖与相合，而是出自于观念被付诸现实所必然发生的"异化"，因而"审美现代性"不是别的，它是现代性对其后果的审美反思，现代主义艺术的社会批判凡是触及源出现代性的文化现实的都当如是理解。

在这一"审美现代性"的理论语境中，"审美"如果说不只是"距离"，那么"距离"至少也是"审美"最关键的内容。格奥尔格·齐美尔（Georg Simmel，1858—1918）指出："在那些提供实际愉悦的案例中，我们对客体的欣赏就不是特别地审美的，而是实用的；只有当其作为增加距离、抽象和升华的结果，它才能够变成审美的。"[1] 说"距离产生美"，在康德"审美无利害"观念为主导地位的现代性美学中似乎并无多少新意可言；齐美尔曾以康德专论获取博士学位，在 1902 年至 1905 年间他几乎每年都在讲授美学，他自然不会就此止步。我们看到，他更以"距离"作为考察现代社会形成和特点的一个重要视点，例如他认为："货币将我们置于愈益根本的与客体的距离之中；印象、价值感受、对事物兴趣的直接性被削弱了，我们与它们的联系断裂了，我们要体验它们仿佛是只有经由一个中介，它不允许它们完整的、自主的和直接的存在全部地呈现出来。"[2] 货币在使用价值和交换价值、我们的自然需求

---

① Georg Simmel, *The Philosophy of Money*, trans. Tom Bottomore & David Frisby, London: Routledge & Kegan Paul, 1978, p. 90.

② 齐美尔：《社会学美学》，转引自 David Frisby（ed.），*Georg Simmel*, *Critical Assessments*, vol. Ⅲ, London & New York: Routledge, 1994, p. 54。

和此需求的满足、主体世界和客体世界之间插进一个（货币）"中介"，即一个"距离"，而如果依存于"距离产生美"这一公式，货币当具有艺术的特征和作用，如同艺术它也是对现实生活的抽象化、符号化即距离化，因而原则上货币就具有要求被认作艺术品的权利，"例如说货币交易看来就像是去创造那种作为审美判断一个必要前提的距离"。① 如果不能否认距离与美的相关性，如果也不能否认造成距离的货币因此与艺术品的可类比性，而另一方面我们又无法不看资本主义生产方式与精神生活如艺术和诗的敌对而坦然接受它们在距离美学上的和解，那么我们就必须将艺术从距离美学中进一步地区分出来，齐美尔就是这样做的："只要对象仅仅是有用的，那么它们就是可以互换的，任何东西都可以被其他能够发挥相同效用的东西所取代。但是如果说是美的，那么它们就具有一个特殊的个体存在，一方的价值不能为另一方所取代。"② 美的之所以成为美的，固然一方面是由于如齐美尔所看到的"美是典型的、超个体性的和普遍有效的事物"，③ 如货币所分享于此的，但可能更是由于另一方面它是一种不可重复、不可替代而独具个性的存在。在此齐美尔揭开了美或艺术的一个悖论：它们既是普遍的，又是特殊的；既是全体的，又是个体的；既是理念的，又是现实的，是接通了所有普遍真理的具体的现实存在。这似乎又回到了黑格尔的"美是理念的感性呈现"的经典话题，在那儿"理念"是"一"，"感性"是"多"，前者是普遍性，后者是个性或个体性。

但是，齐美尔"距离美学"的意义，既不在康德，即将美形式化、去功利化，也不在黑格尔，将丰富而复杂的整个世界蒸发为一个"概念"；换言之，不在用现代性生活去加强经典的力量，恰恰相反，而是沿

① David Frisby, "The Aesthetics of Modern Life: Simmel's Interpretation", in David Frisby (ed.), *Georg Simmel*, *Critical Assessments*, vol. III, p. 54.

② Georg Simmel, *The Philosophy of Money*, pp. 74—75.

③ Ibid., p. 74.

着既往美学的思路开辟对现代社会特征及本质的新理解和新概括。当代英语世界最著名的齐美尔专家大卫·弗里斯比一语破的："说到底，齐美尔现代性分析的重要意义是，它突出了我们现代经验的审美之维。"① 或者，"说到底，齐美尔无可置疑地就是最先使我们意识到现代生活美学的社会学家之一"。② 这即是说，齐美尔最重大的美学贡献是，将美学分析施之于我们的现代生活或我们对现代生活的新经验。在齐美尔的意义上，我们可以断定，现代社会就是一个"美学社会"，即一个以距离美学为特征的社会；由是观之，在当代学者如费瑟斯通（Mike Featherstone）和波德里亚对由于图像、符号而引起的"日常生活审美化"的"后现代性"讨论中，是游荡着齐美尔"审美现代性"的理论幽灵的。据此，尽管我们不能否认在齐美尔那里也有那一为浪漫主义、现代主义所标榜的"审美现代性"（例如他揭示过"冒险"与"艺术"在本质上的相类，它是与世俗日常世界的"断裂"，是生活中的"岛屿"或"飞地"），但是其特殊之重要性则只能是依赖于他对现代社会的这种美学描述和界说。

可以将前者称之为"艺术的审美现代性"，后者为"社会的审美现代性"；进而也可以将"距离"分别为"艺术的距离"和"社会的距离"。对于齐美尔来说，"社会距离"是既包含有艺术的"对象化"即人性的显出和确证，也可能发展为"异化"即对人性的片面化和否定的。因而一个"美学社会"有可能是"反美学"的"社会"。对此倾向，齐美尔有暗示、有警告；我们看到在波德里亚那里，常常是"日常生活审美化"（或用我们的术语，"社会的审美现代性"）与"艺术的审美现代性"的对抗，前者总是被置于后者之批判的审视之下，从而被暴露出其"反美学"的性质来。艺术诚然需要距离，但艺术所需要的那种距离又

---

① David Frisby, "The Aesthetics of Modern Life: Simmel's Interpretation", in David Frisby (ed.), *Georg Simmel*, *Critical Assessments*, vol. III, p. 63.

② Ibid, .

两种「距离」两种「审美现代性」

从来是有节度的。

　　布洛主题不能被解除，实际上也没有被后人所解除。在海德格尔对"人诗意地栖居"的憧憬中，在他对电子媒介之造成地理距离之消除而并未因此使人多少地更切近于"物"的批评中；在德里达对因电信技术而致情书消失的哀悼中，尽管一同消失的还有他憎恶的西方形而上学和形而上学的认识论；在詹姆逊关于后现代主义新空间如何使"批判距离"被净除的描述中，在他对于沃霍尔"无深度"艺术的深度剖析中；需要再次提及波德里亚，在他对拟像是怎样地谋杀了真实的揭露中，一个典型的后现代景观，都或有所保留地表达了对"艺术的审美现代性"的乡愁。这提醒我们，即使"艺术的审美现代性"或简言之"审美现代性"是一个有问题的理论，它至少也是不能那么被轻易地弃之如敝屣的。

　　　　　　　　　　　　　（原载《天津社会科学》2007 年第 4 期）